내면소통 명상 수업

내면소통
명상수업

마음근력 향상을 위한 명상 가이드

김주환

ǏNFLUENTIAL
인 플 루 엔 셜

이론편 내면소통 명상을 위해 배워야 할 것들

실습편 내면소통 명상 가이드

이 책의 목표

2023년도에 출간된 나의 전작 《내면소통》은 방대한 분량의 전문 학술서임에도 불구하고 많은 독자의 사랑을 받았다. 나는 독자들에게 책의 내용에 대해 좀 더 자세히 설명하고자 1년 반 넘는 기간 동안 주말 저녁마다 2시간에 걸쳐 유튜브 라이브 강의를 진행했다. 그 결과 뇌과학 기반의 내면소통 명상은 실제로 마음근력을 향상시켜 주는 효과가 있음을 확실히 알게 되었다. 많은 분이 길고도 자세한 댓글을 달아 여러 가지 내면소통 명상을 실천해 큰 도움을 받았음을 알려주셨던 것이다. '삶이 달라졌다'고 말하는 분도 많았다.

이 책의 목표는 명확하다. 《내면소통》에서 이론화했던 마음근력 향상법으로서의 내면소통 명상을 보다 쉽고 체계적으로 알려드리는 것이다. 그래서 제목도 《내면소통 명상 수업》이라고 했다. 수업이란 '학습'을 위한 시공간이다. 그러므로 이 책은 내면소통 명상을 학습하기 위한 교과서인 셈이다.

나는 많은 분이 이 책의 내용을 터득해서 주변 사람들과 함께 서로 가르치고 배우면서 함께 명상하는 일이 일어나기를 바란다. 그렇게 된다면 나의 평생 소원인 명상하는 나라(Meditation Nation)에 한 발 더 다가갈 수 있을 것이다. 한국인 중 절반 이상이 하루에 단 5분씩이라도 규칙적으로 명상하는 습관을 갖는다면 우리는 조금 더 사람 살 만한 세상을 만들게 될 것이다.

분노의 감정에 빠져서 헤매는 많은 사람이 좀 더 따뜻하고 친절한 마음을 지니게 되고, 그 결과 여러 가지 형태의 폭력도 줄어들 것이다. 그리하여 훨씬 더 건강하고 행복한 사람들이 모여 사는 나라가 될 것이다. 하루 단 5분간의 즐겁고도 편안한 명상을 통해서도 이 모든 것이 가능해지리라고 나는 확신한다.

규칙적인 명상을 하면 편도체가 안정화되고 전전두피질이 활성화된다. 분노와 불안으로부터 벗어나 편안하고 행복한 일상을 사는 사람이 훨씬 더 많아질 것이다. 우리 모두의 건강 상태가 눈에 띄게 좋아지고, 감정조절장애나 만성통증으로 시달리는 사람도 대폭 줄어들 것이다. 수면의 질과 양도 좋아져서 치매, 암, 심혈관질환, 당뇨 등 여러 가지 만성질환이 줄어들 것이다. 뿐만 아니라 다양한 종류의 공격성과 폭력성이 대폭 줄어들 것이고, 가족관계를 포함한 여러 가지 인간관계로 인한 갈등도 줄어들 것이고, 가정과 학교에서의 폭력도 대폭 감소할 것이다.

자기조절력이 강화되어 성취역량이 향상될 것이고, 각자 자신의 잠재력을 충분히 발휘할 수 있게 될 것이다. 서로가 서로에게 친절하고 따뜻한 공동체가 형성되어갈 것이며 정치 과정에서 벌어지는 온갖 종류의 폭력성은 점차 사라지고 진정한 민주주의가 일상적인 삶을 통해 구현되어나갈 것이다.

나는 이것이 실현 가능성이 매우 높은 현실적인 목표라고 확신한다. 명상 상태에 있는 것은 '그냥 있는 것'이고 현존이며, 존재의 본질적 상태다. 명상은 우리의 본모습 그대로 존재하는 것이다. 잠시라도 그냥 존재할(be) 수 있어야 무엇이든 제대로 할(do) 수 있게 된다. 24시간 내내 행위상태(doing mode)에 있고 단 한순간도 존재(being mode)하지 않는다면 몸과 마음에 탈이 날 수밖에 없다.

나는 매일 5분 이상 명상하는 것이 누구에게나 당연시되는 날이 반드시 오리라 믿는다. 원래 인류는 양치질을 하지 않았다. 그런데 오늘날에는 거의 모든 사람이 매일 양치질을 한다. 양치질이라는 새로운 습관이 인간의 보편적인 행동 습관으로 자리 잡게 된 것은 의무교육에서 양치질의 중요성을 가르치기 시작한 20세기 이후의 일이다. 마찬가지로 의무교육에서 명상의 중요성과 방법을 가르친다면, 21세기 이후부터는 명상이 인류의 보편적인 행동 습관으로 자리 잡을 것이라고 믿는다.

명상은 인간의 건강과 행복의 증진에 큰 도움을 준다. 한 인간의 건강과 행복은 개인적인 차원의 일이 아니다. 한 개인의 건강과 행복 여부는 그 사람이 몸담고 있는 공동체 전체에 영향을 주기 때문이다.

한 가지 예를 들자면, 한 개인이 병에 걸리면 가족과 공동체에 큰 부담을 준다. 의료보험이라는 제도 자체가 개인의 질병은 공동체가 함께 감당해야 한다는 원칙을 반영한 것이다. 몸과 마음이 아픈 사람이 많아지면 개인이 감당해야 하는 의료보험료 역시 계속 오를 수밖에 없다. 따라서 나의 건강을 지키는 것은 공동체의 일원으로서 져야 할 최소한의 도덕적 의무다. 즉 내 건강을 내가 지키지 않고 건강을 상하게 하는 일을 한다면 이는 공동체의 일원으로서 매우 부도덕하고 파렴치한 짓이라는 말이다. 흡연과 음주를 한다든지, 잠을 제대로 안 잔다든지, 운동을 안 한다든지 하는 것은 나의 건강을 해치는 나만의 문제에 그치지 않는다. 그것은 공동체의 구성원 전체에게 피해를 줄 수 있다. 의무교육에서는 이러한 것을 중요하게 가르쳐야 한다.

분노와 두려움에 사로잡혀 늘 부정적 감정으로 가득 차 있는 사람 역시 타인의 편도체를 활성화해 피해를 주게 된다. 분노와 두려움, 짜증이나 공격성 같은 부정적 감정의 표출은 타인의 몸과 마음의 건강에 직접적인 해를 입히는 매우 부도덕한 일이다. 따라서 친절하고 행복한 마음을 유지하는 것은 권리이기 이전에 의무다. 내가 행복해지는 것은 나의 권리이면서 동시에 공동체의 일원으로서의 의무다. 우리는 함부로 분노나 짜증 같은 부정적 감정을 표출해서 주변 사람들의 기분을 끌어내리고, 다른 사람의 편도체를 활성화할 권리가 없다. 주변 사람의 암, 심혈관질환, 치매, 당뇨 같은 만성질환의 유발 가능성을 높일 권리는 없는 것이다.

공동체적 삶을 산다는 것은 그리 어려운 일이 아니다. 물론 우리가 무슨 위대한 업적을 남겨서 공동체에 커다란 공헌을 하기란 어렵다. 그러나 적어도 타인에게 폐를 끼치며 사는 것은 피할 수 있다. 일단 그것부터라도 해야 한다. 예컨대 담배를 피워 나와 주변 사람들의 건강을 해치면서 사회 정의를 부르짖는 것은 어불성설이다. 주변 사람들에게 분노와 짜증을 수시로 분출하면서 공정한 척하는 것도 앞뒤가 맞지 않는 행동이다. 운동도 하지 않고 매일 술을 마시면서 타인에게 피해를 주지 않는다고 생각하는 것은 착각이다. 자신의 건강과 행복을 위해서 살지 않는 것은 결국 가족, 지인, 공동체 구성원들에게 피해를 입히는 매우 비도덕적인 일임을 명심하자.

나의 몸과 마음의 건강과 행복을 유지하는 것은 공동체의 일원으로서 살아가기 위한 최소한의 의무다. 또한 나 자신을 위하는 일이기도 하다. 나와 공동체는 하나이기 때문이다.

그렇다면 몸과 마음의 건강과 행복을 위해서는 어떻게 해야 하는가? 바로 이 질문에 답하기 위해 이 책을 썼다. 몸과 마음의 건강과 행복을 위한 체계적이고도 효과적인 훈련법이 마음근력 훈련이다. 그리고 그 구체적인 수행 방법이 바로 내면소통 명상이다.

마음근력이란?

마음근력은 매우 포괄적인 개념으로, 감정조절력과 집중력, 끈기

등을 포함하는 자기조절력, 공감능력을 포함하는 대인관계력, 성취역량과 창의성을 포함하는 자기조절력 등으로 이루어져 있다. 물론이 각각의 능력의 중요성은 오래전부터 알려져왔지만, 현대 뇌과학은 이러한 능력들이 전전두피질의 신경망을 공유하는 서로 비슷한뇌기능에서 비롯된다는 것을 밝혀냈다. 다시 말해서 자기조절력, 대인관계력, 자기동기력은 서로 밀접하게 연결되어 있어서 어느 하나의능력을 높이면 나머지 능력도 같이 높아질 가능성이 있다.

이 사실은 기존의 상식을 뒤집어엎는다. 예컨대 뛰어난 창의성이나 끈기 혹은 집중력을 발휘하는 사람은 어느 정도 부정적 정서를지니게 마련이라는 것이 우리의 통념이다. 그래서 천재는 종종 짜증이 많고 신경질적인 사람으로 묘사된다. 그러나 사실은 정반대다. 전전두피질과 두정엽이 고루 활성화되어야 어떤 문제든지 잘 풀어내고창의성도 발휘할 수 있는데, 그러한 사람은 긍정적 정서로 가득 차있기 마련이다. 천재는 잘 웃고, 밝고, 행복한 사람이다. 그런 사람이집중력도 뛰어나고 끈기도 발휘한다.

창의력이 넘치고 문제해결 능력이 뛰어난 사람은 왠지 대인관계력이 떨어지고 공감력도 떨어져서 외톨이일 것 같다. 그러나 그 반대다. 대인관계력 역시 전전두피질과 측두엽 측의 연결망에 주로 기반하는 능력이기 때문이다. 한마디로 문제해결 능력과 공감력은 매우밀접하게 연관되어 있다. 그런데도 연민이나 공감의 능력은 문제해결능력과는 정반대되는 능력인 양 묘사되곤 한다.

우리가 부딪히는 문제는 결국 사람 사는 것과 관련된다. 따라서 문제를 제대로 해결하려면 인간에 대한 연민과 공감이 바탕이 되어야 한다. 공감력에 기반하지 않는 문제해결 능력이란 없다고 해도 과언이 아니다. 한편 문제를 제대로 인식하지 못하고 해결하려는 의지조차 없는 상태에서 발휘되는 공감이란 진정한 공감이 아니다. 스스로의 감정에 도취되는 것일 뿐, 타인에 대한 진정한 공감이나 배려라고 할 수 없기 때문이다. 공감력과 문제해결력은 함께 발휘되어야 하고, 당연히 우리 뇌도 그런 식으로 작동한다. 문제해결이라는 의도는 생겨나지 않은 채 지나치게 공감만 하고 있다면, 진정한 공감이 아닐 가능성이 높다. 자신의 감정에 도취되어 있는 것은 아닌지 한번 돌아볼 필요가 있다.

자기조절력, 대인관계력, 자기동기력 등의 구성 요소를 살펴보면 별개의 능력이거나 심지어 서로 반대되는 능력인 것처럼 보이기도 한다. 그러나 이들은 서로 구분되지만 매우 밀접한 상관관계가 있는 하나의 커다란 능력이라 할 수 있다. 그것이 곧 마음근력이다.

그런데 이 마음근력은 '마음'에만 관련된 것이 아니다. '마음근력'이라는 말 자체가 이러한 오해를 불러일으킬 소지가 있다. 그러나 《내면소통》과 유튜브 강의를 통해 여러 번 강조했듯이 몸과 마음은 한 덩어리다. 뇌는 몸이면서 동시에 마음에 관한 것이다. 감정은 통증과 마찬가지로 몸의 문제다. 나는 지금 몸과 마음의 '연결성'을 강조하려는 것이 아니다. '연결'되어 있다는 것은 별개인 두 개의 실체가 어떠한 연결고리를 통해서 서로 영향을 주고받는다는 뜻이다. 그러나 몸과 마음은 그러한 두 개의 별개 실체가 아니다. '나'라는 하나의 존재에 들어 있는 다양한 기능과 측면이 곧 나의 몸과 마음인 것이다.

자기조절력, 대인관계력, 자기동기력 등은 모두 몸의 다양한 기능에 바탕을 둔다. 우리의 마음을 다스리고 강화하기 위해서는 몸을 체계적으로 움직이고 그러한 움직임을 알아차리는 훈련을 해야 한다. 이것이 내면소통 명상의 핵심이 움직임 명상인 이유다.

내면소통이란?

2023년에 《내면소통》이라는 책을 내게 된 사연은 이러하다. 원래는 출판사와 마음근력 향상을 위한 대중서를 내기로 계약하고 2017년 여름까지 원고를 넘기기로 했다. 그런데 마음근력에 대해 연구할수록 내가 그동안 공부해온 다양한 주제들과 관련이 있다는 사실을 깨달았다.

나는 학자의 역할은 연구 분야가 무엇이든 간에 이 세상을 조금이라도 더 사람 살 만한 곳으로 만드는 데 기여하는 것이라고 늘 생각해왔다. 그런데 '사람 살 만한 세상'은 곧 마음근력이 건강한 사람들이 모여 사는 세상이라는 사실이 점차 명확해졌다. 마음근력은 인간과 세상을 바라보는 새로운 세계관을 제공한다. '사람답다'는 것은 곧 마음근력이 튼튼하다는 뜻이고, 아이를 사람답게 '교육'시킨다는 것은 '마음근력을 향상'시킨다는 뜻이다. 그리고 마음근력을 향상시키는 다양한 방법은 결국 나와 내 몸과 마음 사이의 소통의 문제라는 것도 알게 되었다. 즉 마음근력 훈련의 본질이 내면소통에 있다는 사실이 분명하게 다가왔던 것이다. 내면소통 훈련을 통해 마음근력을 향상시키는 방법을 연구하는 것이 커뮤니케이션 학자로서 내가 평생 해야 할 가장 중요한 일이라는 것을 깨달았다.

먼저 오랫동안 축적된 뇌과학 연구들의 성과를 되돌아보고, 내가 가장 존경하는 학자인 로버트 새폴스키의 모든 책과 강의를 몇 번이고 섭렵하면서 마음근력에 관한 이론적인 체계를 정리하기 시작했다. 대학원생 시절부터 매료되어 있던 데이비드 봄의 내재적 질서와 내향적 펼쳐짐의 개념, 움베르토 에코에게서 배웠던 찰스 샌더스 퍼스의 가추법 등을 접목시켜서 내면소통에서의 '내면'의 의미에 대한 이론적 토대를 만들었다. 그리고 이러한 이론적 틀을 적용해서 칼 프리스턴과 능동적 추론 이론에 관한 논문을 쓰기도 했다.

결국 약속했던 원고 마감 시한보다 6년이나 지체되어 원고를 출판사에 넘길 수 있었다. 즐겁지만 외로운 작업이었다. 이런 방대한 작업을 혼자 고군분투하면서 해나갈 수 있었던 원동력은 학자로서 이 세상에 자그마한 성과 하나는 남기고 가야겠다는 일념이었다.

나는 커뮤니케이션학이라는 학문 분야 안에 '내면소통(inner communication)'이라는 하위 학문 분야가 필요하다고 오래전부터 생각해왔다. 그런데 아무도 만들고 있지 않으니 나라도 만들어야겠다고 생각한 것이다. 커뮤니케이션학 분야에는 매스커뮤니케이션, 정치커뮤니케이션, 광고와 홍보, 저널리즘, 문화커뮤니케이션, 인간관계 커뮤니케이션 등 여러 하위 분야가 있다. 그러나 무엇보다도 중요한 인간 내면에서 일어나는 커뮤니케이션에 대한 연구는 잘 이루어지지 않고 있다. 내면소통은 모든 형태의 커뮤니케이션에 보편적으로 내재되어 있는 커뮤니케이션의 원형이다. 내면소통을 통하지 않고는 소통의 본질에 다가갈 수 없다고 생각한다. 어떠한 형태의 커뮤니케이션 현상을 연구하든 연구자는 내면소통을 염두에 두어야 한다.

나는 아울러 커뮤니케이션이 이미 머릿속에 들어 있는 메시지를 주고받는 과정에 불과한 것이 아니라는 사실을 내면소통 이론을 통해 입증하고자 했다. 소통이란 내가 나일 수 있고, 네가 너일 수 있으며, 우리가 우리일 수 있는 본질적인 과정이다. 소통을 통해서만 너와 나의 관계 형성이 가능하고, 그러한 관계 형성 과정에서 생겨나는 것이 나(self)이고, 너이고, 이 세상이기 때문이다. 따라서 나를 바꾸고 나아가 세상을 바꾸기 위해서는 소통을 바꾸어야 한다. 그러한 변화를 위해서는 모든 소통의 가장 근본적인 형태이자 뿌리인 '내면소통'에 우선 집중해야 한다. 그러므로 내면소통 훈련이란 나와 너의 삶을 바꾸고 우리의 세상을 바꾸기 위한 시도다. 그렇지만 무작정 '바꾸자'라고 하는 것은 너무나 추상적이고 방향성도 결여되어 있다. 그래서 마음근력을 향상시키자는 구체적인 목표를 제안했던 것이다.

《내면소통》 원고를 탈고하고 보니, 전문학술서로 쓴 책이니만큼 내용도 어렵고 분량도 방대해서 많은 사람이 쉽게 접근할 수 없겠다는 생각이 들었다. 그래서 원고를 출판사에 보내놓고 나서 본격적으로 책에 있는 핵심 내용들을 유튜브 라이브로 강의하기 시작했다. 대학원 수준의 상당히 어려운 내용이 많았음에도 점점 더 많은 사람이 보기 시작했다. 매주 2시간가량의 강의를 1년 반 동안 꾸준히 했더니 《내면소통》에 대한 전반적인 설명을 마칠 수 있었다.

그 과정에서 다양한 종류의 마음근력 훈련 방법과 내면소통 명상법을 차근차근 설명해나갔다. 그러자 점점 더 많은 사람이 실제로 마음근력 훈련을 해보니 효과가 있었다며 감사의 인사를 보내오기 시작했다. 유튜브 라이브 강의나 동영상에 많은 사람이 '큰 도움을 받았다'는 글을 남기곤 했다. 처음에는 그냥 인사말이겠거니 했는데 갈수록 진지하고 상세한 글이 많이 올라왔다. 책과 유튜브 강의를 보고 꾸준히 마음근력 훈련을 실천에 옮기는 사람이 점점 많아지고 있다는 것을 알게 되었다.

나는 궁금해졌다. 도대체 사람들은 어떠한 어려움을 겪고 있고, 마음근력 훈련과 내면소통 명상을 통해 어떠한 도움을 받고 있는지 좀 더 구체적으로 알고 싶었다.

내면소통 명상의 효과

2024년 12월 22일 '김주환의 내면소통' 유튜브 채널 게시판에 나는 다음과 같은 글을 올렸다.

그동안《내면소통》책이나 내면소통 유튜브 강의 내용 중에서 어떠한 것이 도움이 되었는지를 알려주셨으면 합니다. 특히 어떤 변화나 효과가 있었는지를 말씀해주시면 제가 앞으로 강의나 교육 프로그램을 구성할 때 소중한 길잡이가 될 것입니다.

며칠 만에 670개가 넘는 댓글이 달렸다. 그리 많은 개수는 아닐지 모르지만 그 내용은 놀라웠다. 짧은 댓글은 거의 없었다. 대부분 삶이 주는 고통에 대한 자세한 이야기를 담고 있었고, 하나하나 읽을 때마다 글을 올린 분의 아픔과 고통과 괴로움이 그대로 전해져서 내 마음도 같이 아팠다.

모두가 하나같이 '변화하고 있다', '큰 도움을 받았다'고 말했다. 혹시 '내 삶은 너무 힘들다'는 생각이 든다면 그 게시판에 가서 아무 댓글이나 몇 개 읽어보기 바란다. '나보다 더 힘들겠구나' 하는 생각이 드는 글을 여럿 발견하게 될 것이다.

내가《내면소통》을 쓸 때나 유튜브 강의를 시작할 때만 해도 이렇게 많은 분이 내 책이나 강의를 통해 실질적인 도움을 받게 될 줄은 예상하지 못했다. 내가 제안한 마음근력 훈련을 자발적으로 실천함으로써 적극적으로 자신의 삶을 변화시켜가는 분이 이렇게나 많을 줄은 몰랐다. 댓글에 가장 많이 언급되었던 삶의 어려움을 순서대로 나열해보자면 다음과 같다.

첫째는 우울증, 불안장애, 수면장애, 공황 등 감정조절장애와 관련된 내용이었다. 극심한 우울감으로 일상생활을 하는 데 필요한 기능이 저하되거나 불안 및 공황에 시달린다고 하는 분이 많았다. 만성통증이나 소화불량, 어지럼증 등의 신체적 증상을 언급한 분도 많았고, 수면장애로 잠을 제대로 이루지 못하는 고통을 오랫동안 겪은 분도 많았다.

둘째는 자신에 대한 부정적 태도로 인한 고통이었다. 자기 비난, 자책, 낮은 자존감, 인정중독, 완벽주의 등을 언급하는 분이 많았으며, 사소한 실수에도 극도로 자책하거나 좌절한다고 했다. '잘해야 한다'는 압박감에서 오는 스트레스를 언급한 분도 꽤 많았다.

셋째는 스트레스나 트라우마로 인한 무력감이었다. 어린 시절 학대받았던 경험과 그로 인한 자책감, 자기혐오 등에 대한 언급도 상당히 많았다.

이러한 어려움을 극복한 사람들이 확실한 효과를 보았다고 공통적으로 언급한 방법이 존2(zone 2) 운동이었다. 심박수를 체크하면서 규칙적인 걷기나 달리기를 꾸준히 해서 편도체 활성화를 낮추고 부정적 감정을 이겨내는 데 큰 도움을 받았다고 하는 분이 많았다. 심폐기능이 좋아지면서 감정 기복도 줄어들었다고 했다.

그다음이 명상과 호흡 훈련이었다. 특히 수면 유도 명상으로 많은 도움을 받았다는 글이 많았다. 수면 문제로 고생하는 분이 많다는 것도 다시 한번 확인할 수 있었다.

또한 감정이 마음이 아니라 몸의 문제라는 사실을 이해함으로써 부정적 감정에 대처하는 능력이 좋아졌다는 취지의 글도 여럿 있었다. 마음과 생각으로 감정을 다스리기보다는 몸을 편안하게 하고 움직이는 습관(뇌신경계 이완, 알아차림, 유산소운동 등)에 집중해서 좋아졌다는 글도 많았다.

그리고 상당히 많은 분이 자타긍정(용서, 연민, 사랑, 수용, 감사, 존중) 명상이나 자기확언의 효과를 언급했다. 자기 자신에게 친절한 태도(자기연민)나 자신을 용서하고 받아들이는 것이 효과적이었다는 분도 여럿 있었다. 또한 감사일기와 감사 명상의 효과를 언급한 분도 많았다.

댓글을 읽으면서 많은 분이 실제로 내면소통 명상 훈련을 하고 있다는 사실에 내심 놀랐다. 아직 구체적이고도 체계적인 명상 훈련 프로그램을 만들어 소개한 적도 없는데 많은 분이 자발적으로 이런저런 내면소통 명상 훈련을 하고 있었고, 실제로 효과를 보고 있었던 것이다.

많은 사람이 잘못된 편견과 고정관념 때문에 스스로를 괴롭히고 고통을 겪으며 살아가고 있다. 데카르트와 칸트 식의 기계론적 세계관과 몸과 마음의 이원론에 여전히 사로잡혀 있는 의무교육 과정이 우리의 몸과 마음에 대해 잘못된 편견과 오해를 심어준 결과다. 그런데 과학적인 연구결과들이 알려주는 부정적 감정의 본질과 그것에 따른 해소 방법 몇 가지를 강의하는 것만으로도 이렇게 적극적으로 일상에서 실천하는 분이 많다니, 놀라운 일이었다.

마음근력 훈련을 자발적으로 실천하고 있는 분들은 삶이 주는 고통을 이겨낼 능력과 의지가 있는 적극적이고도 능동적인 분들이다. 삶의 고통에서 벗어나서 건강과 행복을 위해 훈련과 수행을 할 의지가 있는 분이 많다는 사실을 확인했으므로, 이제 내가 해야 할 일은 체계적인 마음근력 훈련 방법을 알려주어 그분들을 돕는 것이다.

지난 2년간 유튜브 채널을 통해 산발적으로 소개했던 내면소통 명상을 자발적으로 실천하는 분들의 생생한 이야기를 접하면서, 내면소통 명상을 일상생활 속에서 더 쉽고 효율적으로 활용하는 법을 안내해야겠다는 사명감과 의무감을 더 강하게 느끼게 되었다. 결국 보다 구체적인 내면소통 명상법에 대한 가이드를 마련하게 되었는데, 그 결과물이 바로 이 책이다.

그렇기에 이 책은 학술적인 연구서가 아닌 실용서다. 이론이나 원리를 소개하기보다는 무엇을 해야 몸과 마음의 건강과 행복을 찾을 수 있는가를 구체적으로 알려드리기 위해 쓴 책이다. 그래서 여러 논문이나 문헌을 인용하고 싶은 직업적인 본능을 억눌러가며 최대한 간결하게 내용을 전달하고자 애썼다. 혹시 관련 문헌이 궁금한 학구적인 분들은 《내면소통》을 참고하시기 바란다.

아울러 12주간의 내면소통 명상 기초 과정이라는 온라인 교육 과정도 만들었다(joohankim.org). 마음근력 훈련의 이론적 배경과 마음근력 훈련 방법을 보다 체계적으로 정리해서 알려드리고 주어진 일정 기간 동안 꾸준히 명상 훈련을 해나갈 수 있도록 가이드해드리기 위해서다. 나아가 명상을 가이드하는 방법도 알려드리기 위해서다. 온라인 교육 과정과 이 책을 병행해서 공부한다면 더욱 효과적일 것이다.

왜 내면소통 명상 '수업'인가

가장 좋은 학습법은 자신이 배운 것을 곧바로 다른 사람에게 가르쳐주는 것이다. 가르치는 것이야말로 습득을 위한 최선의 방법이다. 성적 차이가 나는 학생들을 한 그룹으로 묶어서 서로 가르치고 배우는 협동학습을 실시하면 공부 잘하는 학생은 친구에게 가르치는 과정을 통해 복습하는 효과가 있고 공부 못하는 학생은 선생님의 설명을 들을 때보다 더 잘 이해한다는 연구결과도 있다. 그야말로 윈-윈이다. 명상 역시 마찬가지다. 명상하는 나라를 만들어가려면 명상 방법을 서로 가르쳐주고 배우는 문화가 널리 퍼져야 한다.

《내면소통》과 유튜브 강의에서 여러 차례 강조했듯이, 명상은 신비한 기술이나 비법이 아니다. 이 책을 통해 더 확실해지겠지만 명상은 달리기나 수영 같은 일종의 근력 향상을 위한 훈련이다. 몸의 건강을 위한 것이 운동이라면, 마음의 건강을 위한 것이 명상이다. 운동이 누구에게나 필요하듯이 명상 역시 누구에게나 필요하고 좋은 것이다. 다만 운동이든 명상이든 효과를 보려면 제대로 해야 한다.

운동이 누구에게나 좋긴 하지만 잘못된 자세로 함부로 하다가는 오히려 부상만 입을 우려가 있다. 명상 역시 선입견을 버리고 차근차근 즐거운 마음으로 해나가야 이로울 수 있다.

나는 이 책이 주변 사람들끼리, 즉 아끼고 배려하고 사랑하고 존중하는 사람끼리, 서로가 서로에게 명상을 가르치는 데 사용되는 일종의 명상 교과서가 되길 바란다. 이 책을 펴는 순간 명상 수업이 시작되고, 이 책을 펴는 바로 그 자리가 명상 교실이 되리라 믿는다. 이 책은 그러한 내면소통 명상 '수업'을 위한 것이다.

수업에서 이루어지는 것은 학습(學習)이다. 학(學)은 배우는 것(learning)이고 습(習)은 훈련 또는 연습이므로, 수업에서는 가르치고 배우는 것과 함께 익히기 위한 훈련의 과정도 포함되어야 한다. 이 책에서는 마음근력 향상을 위해서 배워야 할 것과 훈련해야 할 것을 균형 있게 담아내고자 했다. 책 앞부분의 '이론편'이 배워야 할 것이며, 뒷부분의 '실습편'이 훈련해야 할 것이다.

한 가지 주의할 사항은 이 책에서 말하는 마음근력 '훈련'은 트레이닝(training)보다는 프랙티스(practice)에 가깝다는 점이다. 여기서 훈련의 두 종류라 할 수 있는 트레이닝과 프랙티스에 대해 잠시 살펴보도록 하자.

트레이닝(training)은 동사 'train'의 명사형이다. 명사 'train'은 기차라는 뜻이다. '기차'와 '훈련'은 전혀 다른 개념 같지만, 어원적으로는 공통된 뿌리를 가지고 있다. 영어 단어 'train'은 라틴어 'trahere'(끌다, 당기다, 이끌어내다)에서 파생했다. 원래 무언가를 끌거나 당기는 행위를 의미했던 이 단어는 열차들이 서로 연결되어 한 줄로 끌려가는 모습을 묘사하는 의미로 확장되어 '기차'를 뜻하게 되었다.

동사 'train'은 '연속적인 연습이나 행동을 통해 능력을 기르다'라는 의미로 확장되었다. 즉 어떤 기술이나 행동을 '끌고 따라오게 한다'는 개념이 연장되어 체계적인 교육이나 연습을 의미하게 된 것이다. 기차는 기관차가 이미 정해진 기찻길을 따라서 나머지 열차들을 끌고 간다. 트레이닝 역시 마찬가지다. 기관차 역할을 하는 트레이너가 정해진 길을 따라 피훈련자를 끌고 간다. 하지만 우리가 원하는 훈련은 이처럼 피동적이며 가야 할 '옳은' 길이 이미 정해져 있는 트레이닝이 아니다.

한편 영어 단어 프랙티스(practice)는 그리스어 πρᾶξις(praxis)에서 유래했는데, '행동', '실행', '실천'을 의미한다. 관련 형용사 πρακτικός(praktikos)는 '실용적인' 또는 '실천에 적합한'이라는 뜻이다. 이 그리스어 단어들이 라틴어로 전해지면서 '실용적인' 혹은 '실행에 관련된'이라는 뜻의 'practicus'가 되었다. 이후 'practice'라는 형태로 영어에 편입되면서 '실행하다', '연습하다', '훈련하다'는 의미로 발전했다. 즉 'practice'는 본래 '행동'이나 '실행'이라는 뜻에서 '연습'이나 '훈련'의 의미로 확장되어 실천적이고도 실용적인 행위로서의 훈련이라는 의미를 지니게 되었다. 우리가 원하는 명상 수행은 바로 이러한 '프랙티스'로서의 훈련이다.

내면소통 명상 수업은 학습이 이루어지는 '러닝'과 배운 것을 체화하는 '프랙티스'로 구성되어야 한다. 틀에 박히고 정답이 이미 정해져 있어서 배우는 사람이 가르치는 사람을 무조건 따르고 복종해야 하는 트레이닝이 아니라, 실용적이고도 실천적이며 자발적인 실행에 바탕을 둔 프랙티스, 즉 수행을 통해 '습'이 이루어지는 수업이 되기를 바란다.

이론편

내면소통 명상을 위해
배워야 할 것들

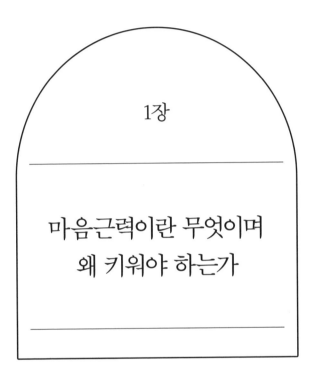

1장

마음근력이란 무엇이며
왜 키워야 하는가

마음근력의 세 가지 핵심 요소

우리는 나 자신, 타인 그리고 세상과 끊임없이 소통하면서 살아간다. 결국 인간이 삶에서 마주치는 문제는 크게 세 가지 중 하나다. 첫째, '나 자신'과의 문제로 대표되는 내면의 영역으로, 여기서는 자기조절력이 핵심이다. 둘째, 타인과의 문제인데, 이는 대인관계력을 통해 표현된다. 셋째, 사물 또는 세상과의 문제로, 여기에는 여러 요인이 관련되지만 특히 자기동기력이 가장 중요한 요소다.

이 세 가지 범주는 인간 존재의 기본적인 영역이며, 이와 관련된 자기조절력, 대인관계력, 자기동기력이 바로 마음근력이다. 마음근력은 인간이 인간답게 건강하고 행복하게 살아가기 위한 '기초체력'에 해당한다고 하겠다. 실제로 마음근력은 면역력과도 직결되어 몸의 건강에 큰 영향을 미친다.

이 세 가지 능력은 궁극적으로 '나'라는 주체가 자신, 타인, 그리고 세상과 어떻게 소통하는가에 관한 문제로 환원되며, 이 세 가지 요소는 각기 독립적이면서도 상호 보완적이다. 내면소통을 통해 자기 자신을 잘 이해하고 조절할 수 있어야 타인과의 관계에서도 진정한 '나-너'의 만남이 가능하며, 나아가 세상일에 대한 열정과 창의적인 문제해결 능력도 발휘된다.

마음근력이란 단순한 기술이나 특정한 삶의 태도라기보다는, 인간의 존재 양식과 직결된 근본적인 역량이다. 마음근력은 내면의 소통을 강화하고, 타인과의 관계를 풍요롭게 하며, 세상을 변화시키는 창의적 열정을 불러일으키는 능력이다.

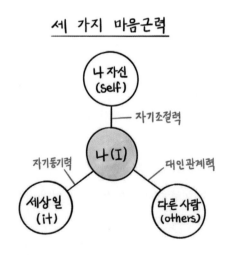

세 가지 마음근력

이론편: 내면소통 명상을 위해 배워야 할 것들

자기조절력: 나 자신과의 소통능력

자기조절력은 자신의 감정과 행동을 통제하고 목표를 달성하기 위해 끈기와 집중력을 발휘하는 능력이다. 이는 감정조절, 충동통제, 성실성, 도덕성 등 다양한 하위 요소를 포함한다. 자기조절력의 핵심은 주관적 자아(I)가 객관적 자아(me)를 조절하는 능력이다. 즉 나 자신을 객관적으로 바라보고, 현재의 상태와 미래의 목표를 비교하며, 그 차이를 좁히기 위해 노력하는 힘이다.

내가 나 스스로를 잘 다스리기 위해서는 자신을 객관적으로 바라보고, '경험하는 자아(experiencing self)'와 '기억하는 자아(remembering self)' 간의 관계를 조율할 수 있어야 한다. 그래야 나의 내면의 상태를 인지하고, 아직 구현되지 않은 미래의 이상적 자아를 향해 나아갈 수 있다. 이러한 자기조절력의 하위 요소에는 감정조절력, 과제지속력, 충동통제력, 자기억제력, 집중력, 끈기 등이 있다.

뇌과학에서는 자기억제(inhibition)를 자기조절력의 핵심 요소로 보며, 감정을 인지하고 조절하는 것이나 주의력을 통제하는 것 역시 중요한 요인으로 여긴다. 이를 위해서는 자신의 상태를 자각하는 자기참조과정(self-referential processing) 능력이 필수적이다. 예를 들어 운동선수가 경기에 집중하거나 수험생이 문제풀이에 몰입하기 위해서는, 자신의 내면 상태를 지속적으로 모니터링하면서 동시에 외부 자극에 주의를 집중할 수 있어야 한다. 이러한 능력은 주로 mPFC(내측전전두피질)와 관련된 신경망을 통해 발휘된다.

마음근력에서의 자기조절력이란 단순히 자신을 억제하고 통제하는 것이라기보다는 자신에 대한 알아차림과 내면소통을 통해 건강한 '나와 나(I-me)'의 관계를 형성하고 효과적으로 자신의 감정과 행동을 통제하는 능력이다.

한편 자기조절력의 또 다른 중요한 요소인 감정조절력은 단순히 감정을 억누르는 힘이 아니라, 자신의 감정을 제대로 알아차리고 객관적으로 바라보고 재평가하는 능력을 의미한다. 예를 들어 화가 났을 때 그 감정을 무조건 억누르기보다는 왜 화가 났는지 원인을 파악하고, 그 감정을 어떻게 조절할지에 집중하는 것이 중요하다. 이러한 과정을 통해 우리는 감정을 건강하게 관리할 수 있게 된다. 감정조절력 역시 반복적이고도 체계적인 훈련을 통해 강화될 수 있다. 앞으로 살펴보게 될 내부감각이나 고유감각 명상은 감정조절력을 키우는 데 매우 효과적인 방법이다.

대인관계력: 타인과의 소통능력

대인관계력은 타인의 마음을 헤아리고 존중하며 공감하는 능력과 자신의 의도와 생각을 효과적으로 전달하는 능력이다. 여기에는 공감력, 관계성, 자기표현력 등이 포함된다. 타인과의 진정한 소통은 마르틴 부버(Martin Buber)가 말하는 '나-너(I-Thou)'의 관계를 기반으로 이루어지며, 이는 단순히 메시지를 주고받는 상호작용이라기보다는 타인을 존중하고 배려하는 윤리적인 행위다.

대인관계력의 핵심은 나와 타인의 의도를 알아차리는 능력이다. 특히 타인의 관점에서 사물을 바라보는 능력, 즉 역지사지의 능력과 깊은 관련이 있다. 예를 들어 상대방이 어떤 상황에서 어떤 감정을 느끼는지 이해하고, 그에 맞춰 반응하는 것은 대인관계 능력의 핵심이다. 이러한 능력은 타인과의 갈등을 줄이고 더 원활한 소통을 가능하게 한다.

타인의 마음을 읽고 이해하는 '마음이론(Theory of Mind)'도 mPFC 중심의 신경망을 기반으로 한다. 타인의 감정 상태를 추론하는 과정 역시 vmPFC(복내측전전두피질)와 dmPFC(배내측전전두피질) 등의 연결망을 통해 이루어진다.

자폐증이나 감정표현불능증처럼 타인과 소통하는 데 어려움을 겪는 경우는 mPFC 중심의 신경망(특히 mPFC-TPJ)이나 그와 연계된 신경망의 문제와 밀접한 관련이 있다고 알려져 있다. '소통의 뇌'라고도 부르는 mPFC 중심의 신경망은 자기 자신에 대한 정보처리와 타인에 대한 정보처리를 하는 데 중요한 역할을 하므로 대인관계력의 기반이라 할 수 있다.

한편 대인관계력은 긍정적 정서와도 연관되어 있다. 긍정적 정서는 타인에게 더 많은 친절과 배려를 베풀게 하며, 대인관계력을 강화하는 데 도움이 된다. 예를 들어 다른 사람의 행복에 관심을 갖고, 그들이 기뻐할 만한 일을 찾아 도와주는 것은 대인관계력을 키우는 좋은 방법이다.

인간관계로 인한 갈등과 괴로움은 신체적 고통과 동일한 수준의 고통을 유발한다는 연구결과도 있다. 건강한 인간관계를 맺고 있는 사람일수록 암, 치매, 심혈관질환과 같은 만성질환에 걸릴 가능성이 낮다는 연구결과도 많다. 이처럼 인간관계를 건강하게 유지할 수 있게 해주는 대인관계력은 마음의 건강뿐만 아니라 몸의 건강을 위해서도 매우 중요하다.

자기동기력: 세상과의 소통능력

자기동기력은 자신이 하는 일에 열정을 발휘하고 스스로 동기를 부여하는 능력이다. 이는 내재동기, 자율성, 유능감, 열정 등을 포함한다. 내재동기와 자율성을 바탕으로 자신이 하는 일에 의미와 가치를 부여하는 힘은 창의성과 문제해결 능력으로 이어진다. 어린아이가 놀이를 통해 세상을 변화시킬 때 즐거움을 느끼듯, 인간은 주변 환경에 영향을 미치며 성장하고 발전한다.

자기동기력의 핵심은 내재동기다. 내재동기는 외부의 보상이나 압력보다는 스스로 흥미와 열정을 갖고 일을 하려는 동기다. 예를 들어 돈이나 명예 등 외적 보상을 얻기 위해서가 아니라 그 일 자체가 즐겁기 때문에 일을 하는 것이다. 내재동기는 창의성과 문제해결력을 높이는 데 큰 도움을 준다. 내재동기가 강한 사람은 어려운 상황에서도 끈기를 발휘하며, 목표를 달성하기 위해 꾸준히 노력할 수 있다.

자기동기력은 세상일을 통해 나와 타인을 연결하며, 이를 통해 스스로 성장하고 변화하는 능력이다. 자신이 하는 일에 의미를 부여하고, 그 일을 통해 세상을 변화시킬 수 있다는 믿음은 자기동기력을 강화하는 데 중요한 역할을 한다.

자기동기력은 자기결정성과 유능감에서 나오며, 캐럴 드웩(Carol Dweck)의 능력성장신념(growth mindset)과도 밀접한 관련이 있다. 능력성장신념은 자신의 노력을 통해 능력을 향상시킬 수 있다는 믿음으로, 자기동기력을 강화하는 데 반드시 필요하다. 예를 들어 실패를 두려워하지 않고 오히려 실패를 통해 배우고 성장할 수 있다는 믿음은 회복탄력성의 바탕이 되며, 동시에 자기동기력을 키우는 데 큰 도움을 준다.

자기동기력의 핵심은 나 자신에 대한 긍정적 태도다. 내가 내 삶의 주인이라는 자율성의 느낌이 내재동기와 긍정성을 불러일으키고, 그 결과 전전두피질을 활성화하여 창의력을 향상시킨다. 자기동기력이 강한 사람일수록 좌우 양쪽의 dlPFC(배외측전전두피질)와 mPFC 간의 연결성이 두드러지게 나타나는데, 이러한 신경망은 두정엽 쪽의 신경망과 연계되어 문제해결 능력과 창의적 사고의 기반이 되기도 한다.

마음근력을 '훈련'한다는 의미

뇌과학 연구들은 우리가 살펴본 마음근력의 다양한 구성 요소들이 대부분 mPFC를 중심으로 한 전전두피질의 신경망과 밀접한 관련성이 있다는 것을 보여준다.

자기조절력은 감정조절력, 과제지속력, 충동통제력, 집중력 등의 하위 요소로 이루어지는데, 이러한 역량들은 주로 mPFC를 비롯하여 vlPFC(복외측전전두피질), dlPFC(배외측전전두피질) 등의 연결망에 기반한다. 또한 어떠한 대상에 집중하여 에너지를 쏟아붓기 위해서는 끊임없이 자기 자신에 대한 정보처리가 필요하다. 즉 경험하는 자아와 기억하는 자아 사이의 긴밀한 조율이 이루어져야 하는데, 이는 주로 mPFC와 PCC(후방대상피질), 설전부(precuneus) 간의 연결망과 밀접한 관련이 있다.

대인관계력에서 중요한 것은 타인의 의도나 감정을 파악하고 타인의 관점을 추론하는 것인데, 여기에는 dmPFC(배내측전전두피질), vmPFC(복내측전전두피질), 그리고 TPJ(측두엽-두정엽 연접부) 등의 신경망이 관여한다. 이 신경망들은 타인의 감정과 의도를 읽어내고, 공감 및 사회적 소통능력을 발휘하는 데 필수적이다. 대인관계력 역시 mPFC를 중심으로 한 다양한 신경망에 기반하고 있는 것이다. 예컨대 매튜 리버만 같은 뇌과학자는 mPFC가 자기 자신과 타인에 대한 정보를 통합하여 소통을 가능하게 하는 핵심적인 역할을 한다고 강조했다.

자기동기력은 내재동기와 창의성을 기반으로 하는데, 여기에는 디폴트모드네트워크(DMN)와 전두-두정 네크워크(FPN) 등의 기능적 연결성이 중요한 역할을 한다. DMN은 휴식 상태뿐 아니라 자기참조과정 및 창의성의 발휘와도 밀접한 관련이 있으며, mPFC는 DMN의 핵심 허브이기도 하다.

이처럼 마음근력의 세 가지 요소는 모두 mPFC를 중심으로 한 전전두피질 신경망과 깊은 관련성이 있다. 따라서 마음근력을 강화한다는 것은 mPFC를 중심으로 한 전전두피질의 기능을 강화한다는 뜻이다. 신경가소성 덕분에 이러한 신경망은 근육과 마찬가지로 훈련을 통해 강화될 수 있다. mPFC를 중심으로 한 신경망을 지속적으로 활성화해주는 것이 곧 마음근력 훈련의 핵심이며, 이를 위한 효과적인 방법이 내면소통 명상이다.

그런데 전전두피질을 활성화하려면 우선 과도하게 활성화된 편도체를 안정시켜야 한다. 특히 mPFC와 편도체는 기능적으로 강력하게 연결되어 있으며, 마치 시소처럼 반대 방향으로 움직이는 경향이 있다. 따라서 편도체가 습관적으로 활성화되는 사람은 전전두피질이 활성화되기 어렵다. 이 때문에 우선 편도체를 안정화하는 명상 훈련이 필요하다.

현대인은 대부분 만성적인 스트레스로 인해 편도체가 늘 활성화되어 있다. 마음근력 훈련을 위해서 무엇보다도 편도체를 안정화해야 하는 이유다. 우선 내면소통 명상을 통해 불필요한 공포나 두려움을 줄이고, 만성적인 스트레스를 완화해야 한다. 즉 위급한 순간에도 편도체가 아니라 전전두피질이 주도적으로 작동할 수 있도록 뇌의 기능적 습관을 바꿔놓을 필요가 있다. 그래서 마음근력 훈련은 두 가지 요소로 구성된다. 하나는 편도체 안정화 중심의 훈련이고, 다른 하나는 전전두피질 활성화 중심의 훈련이다. 이것이 바로 내면소통 명상이 '편안전활(편도체 안정화와 전전두피질 활성화)'을 강조하는 이유다.

한편 다른 조건이 동일할 경우 긍정적 정서가 유발될 때 전전두피질은 활성화된다. 이처럼 긍정적 정서 유발과 관련이 있는 전전두피질의 활성화는 자기 자신에 대한 긍정적 정보나 타인에 대한 긍정적 정보를 처리할 때 강하게 발생한다. 예컨대 사랑과 존중의 마음으로 자신을 대하고 주변 사람을 대할 때, 우리는 행복감을 느낀다. 이러한 행복감이 진짜 행복감이며, 전전두피질을 활성화하고 마음근력을 강화한다. 이는 도파민 회로 중심의 보상체계가 활성화될 때 느끼는 짜릿한 쾌감과는 상당히 다른 형태의 행복감이다. 자기긍정과 타인긍정을 통해 전전두피질이 활성화되는 상태, 이것이 진짜 행복이다.

다양한 전통적인 명상법은 편도체를 안정시키고 mPFC를 비롯한 전전두피질의 신경망을 활성화하는 데 탁월한 효과가 있다는 사실이 현대 뇌과학에 의해 계속 밝혀지고 있다. 특히 자기참조과정을 활성화하는 것은 자기조절력과 감정조절력을 증진하는 데 뛰어난 효과가 있음이 다수의 연구를 통해 입증되었다.

내면소통 명상은 이러한 전통적인 명상 기법 중에서 편도체 안정화와 전전두피질 활성화에 효과가 있다고 입증된 기법을 중심으로, 종교적 의미는 덜어내고 현대인의 일상생활에 어울리게 구성했다.

내면소통 명상에 기반한 마음근력 훈련은 (1) 편도체를 안정화하여 불안·우울·분노 등 부정적 정서의 습관적 유발을 완화시켜줄 것이다. (2) mPFC를 중심으로 한 신경망의 기능적 연결성을 강화하여 일상생활 속에서 높은 수준의 마음근력을 발휘하게 할 것이다. 마음근력 훈련은 자기조절력, 대인관계력, 자기동기력을 향상시킴으로써 내가 나 자신을 잘 조절하고, 대인관계를 잘 맺고 유지하게 하며, 성취역량을 발휘하여 하고자 하는 일을 해낼 수 있는 힘을 길러줄 것이다. 이제 마음근력 훈련의 핵심 원칙인 편도체 안정화와 전전두피질 활성화(편안전활)에 대해서 살펴보자.

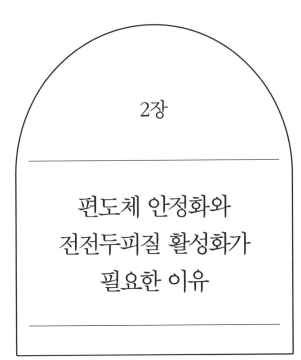

2장

편도체 안정화와
전전두피질 활성화가
필요한 이유

원시인 뇌와 현대인 뇌의 위기에 대한 공통적 반응

인류는 약 200만 년 전부터 3만 5000년 전까지 서서히 진화해왔으며, 이 기간 동안 인간의 생활방식은 주로 유전적 변화에 의존하여 이루어졌다. 그러다가 재레드 다이아몬드(Jared Diamond)가 '대약진(Great Leap Forward)'이라 명명한 3만 5000년 전 이후로 인간의 생활양식은 급격히 변화했다. 문화와 기술의 발전을 토대로 오늘날 우리가 누리는 다양한 사회적·경제적 환경이 형성되었지만, 현대인의 생물학적 구조와 뇌의 작동방식은 3만 5000년 전의 크로마뇽인과 큰 차이가 없다. 그래서 다이아몬드는 현대인이 크로마뇽인을 만나더라도, 비행기 조종술을 가르칠 수 있을 정도로 기본적인 지능이나 언어 능력에서는 큰 차이가 없을 것이라고 말했다. 이는 우리 뇌의 구조와 작동원리가 원시인의 그것과 크게 다르지 않음을 의미하며,

동시에 현대 사회와 맞지 않는 본능적 반응이 여전히 작동하고 있다는 뜻이기도 하다.

원시시대 인간의 생존방식은 기본적으로 수렵과 채집이었다. 위기 상황에 직면하면 원시인의 뇌는 자동적으로 '비상사태'를 선포하고, 생존을 위한 최적의 신체 상태를 준비한다. 예를 들어 사냥하다가 멧돼지를 마주쳤을 때 즉각 심박수가 증가하고, 호흡이 빨라지고, 어깨·목·안면·턱 등의 근육이 긴장한다. 위협적인 대상과 싸우거나 아니면 도망칠 수 있도록 준비하는 것이다. 이것이 바로 스트레스 반응이다.

이때 에너지를 근육으로 몰아주다 보니, 소화기관이나 전전두피질, 면역계 등으로 공급되던 에너지는 줄어들고, 그 결과 전전두피질, 면역기능, 소화기능 등이 크게 저하된다. 이러한 스트레스 반응은 근육을 통해 위기 상황을 타개하려는 것이다. 이는 원시인에게는 합리적인 시스템이다. 왜냐하면 원시인이 마주했던 위기 상황은 대부분 '멧돼지'처럼 근육을 써야 해결되는 문제였기 때문이다. 그러나 현대인이 마주하는 위기 상황은 근육보다는 논리적 사고나 문제해결 능력을 요구한다. 즉 전전두피질을 사용해야 한다. 그럼에도 현대인의 뇌에는 위기에 대한 원시적 반응이라 할 수 있는 스트레스 반응 메커니즘이 여전히 남아 있다. 그 결과 우리는 과도하게 불안해하거나 분노하게 되는 것이다.

근육의 힘으로 해결할 수 없는 문제에 대해서도 현대인의 뇌는 스트레스 반응을 일으킨다. 대학 수능, 취업 면접, 프레젠테이션 같은 중요한 상황에서도 마치 원시인이 멧돼지와 마주쳤을 때에나 도움이 될 법한 몸 상태를 만들어버리는 것이다. 현대인에게는 위기 상황일수록 전전두피질의 기능, 즉 논리적 사고나 문제해결력, 집중력 등이 필요한데, 오히려 스트레스 반응으로 인해 전전두피질의 기능이 대폭 저하되는 것이다.

전전두피질은 논리적·이성적 사고, 문제해결, 창의적 판단 및 의사결정 등 고차원적 인지기능을 담당한다. 대니얼 카너먼(Daniel Kahneman)의 '천천히 생각하기(slow thinking)' 개념에서 나타나듯, 전전두피질은 상황을 분석하고 판단하는 데 필수적인 역할을 수행한다. 그러나 위기 상황에서는 편도체가 즉각 활성화되면서 전전두피질의 기능이 일시적으로 '중지'되거나 억제된다. 즉 위급한 상황에서는 감정적·본능적 반응이 먼저이고 논리적 사고가 뒷전으로 밀리는 것이다.

현대인의 뇌는 '위기 상황'이라 판단되면 무조건 편도체를 활성화하여 신체 각 부위의 긴장을 유발하고, 심박수와 호흡 등을 불규칙하게 변화시킨다. 그 결과 뇌는 불안, 두려움, 분노 등의 부정적 감정에 휩싸이게 된다. 수능 시험지를 받아들고 스트레스 반응에 의해 시험불안증에 빠지는 수험생의 뇌를 생각해보라. 전전두피질을 활성화해서 집중력과 문제해결력을 발휘해야 하는 상황에서 오히려 편도체가 활성화되는 것이다. 그 결과 시험불안증에 빠져 집중력과 문제해결력이 마비되는 경우가 허다하다.

불안감이나 두려움이 얼른 해소되지 않으면 이러한 감정은 분노의 감정이나 공격적 행동으로 표출되기도 한다. 이처럼 불필요하게 불안감과 분노의 감정을 불러일으키는 뇌의 자동 반응 시스템을 바꿔서 편도체를 보다 안정화하고 전전두피질을 활성화하는 것은 현대인에게 꼭 필요한 훈련이다.

편도체와 전전두피질의 상호작용

편도체는 변연계의 핵심 부위로서, '감정 중추'로 불리며 위기 상황에서 두려움과 공포를 즉각적으로 유발하는 역할을 한다. 위급한 상황에서 편도체는 심박수를 급격히 변화시키고, 신체가 즉각적인 반응(싸움 또는 도주)을 할 수 있게 준비시킨다.

한 실험에서 쥐에게 일상적인 소리와 깜짝 놀라게 하는 큰 소리를 번갈아 들려주었다. 그 후에는 일상적인 소리만을 들려주어도 쥐의 편도체가 활성화되었다. '자라 보고 놀란 가슴 솥뚜껑 보고 놀란다'는 속담은 바로 이 '공포 학습' 효과를 한마디로 표현한 것이다. 큰 두려움을 한번 경험하고 나면 사소한 자극에도 과도하게 반응하는 공포 회로가 형성된다. 이 상태에서는 사소한 자극에도 편도체가 민감하게 반응한다. 한마디로 쉽게 짜증내고 자주 분노하는 예민한 사람이 되는 것이다.

이 속담에서 주목할 것은 자라 보고 '놀라는' 것이 마음이나 생각이 아니라 '가슴'이라는 사실이다. 즉 편도체 활성화는 심장박동의

이론편: 내면소통 명상을 위해 배워야 할 것들

변화와 밀접한 관련이 있다. 불안장애에 시달리는 사람은 쉽게 심박이 불규칙해지는데, 뇌에서는 불규칙한 심박 신호를 '불안'이나 '분노'의 감정으로 해석한다. 이처럼 불안이나 분노는 마음의 문제라기보다는 몸의 문제다.

한편 편도체 기능 장애가 있는 환자의 경우 특정 자극에 대해 두려움이나 공포를 느끼지 못하는 사례가 보고되었는데, 좌우 편도체가 모두 제 기능을 상실하면 이런 현상이 나타난다. 편도체는 좌우에 동일한 크기와 모양으로 존재하는데, 한쪽이 손상되어도 어느 정도 정보처리가 가능하지만, 양측 모두 손상되면 감정 반응이 급격히 소실된다. 편도체는 본질적으로 생존을 위한 즉각적 반응을 조절하는 중심축이며, 과도한 활성화는 불안장애와 PTSD(외상 후 스트레스 장애) 등의 문제와도 밀접하게 연관되어 있음이 여러 연구를 통해 확인되었다.

편도체와 전전두피질은 마치 시소와 같은 관계다. 한쪽이 과도하게 활성화되면 반대쪽은 억제된다. 이는 위기 상황에서 본능적 반응이 고차원적 인지기능을 잠식하는 원리를 잘 설명해준다. 이러한 상호작용은 원시인의 생존에는 유리하게 작용했을지 모르나, 현대 사회에서는 문제해결과 집중력, 창의성을 억제하는 부정적 영향을 미친다.

여러 연구에 따르면, mPFC와 편도체 사이의 기능적 연결성이 강한 사람일수록 위기 상황에서도 침착함을 유지하고 감정을 효과적으로 조절한다. 부정적 자극에 노출되었을 때 mPFC가 활발히 작동

편도체와 mPFC

내측 전전두피질
(mPFC)

편도체

* 시소와 같은 '상반관계'
→ 서로 강력하게 연결되어
있으며, 서로가 서로를
억제하는 관계

편도체를 안정화 시키고, 전전두피질이 활성화되는 "편안전활"

하는 사람은 편도체의 과도한 반응을 억제할 수 있음이 확인되었다. 또한 이러한 기능적 연결성은 유년기부터 청년기에 걸쳐 발달하는데, 이 시기의 부정적 정서나 스트레스 경험은 특히 해롭다. 즉 성장 과정에서 과도한 스트레스를 지속적으로 받으면 mPFC-편도체의 연결성이 약화되어 감정조절력이 떨어진다.

현대인에게 편도체 안정화가 필요한 이유

편도체는 뇌의 비상벨과도 같은 존재로, 신체를 위기 상황에 대처하기에 적당하도록 신속하게 바꿔주는 장치다. 이 과정 자체는 몸과 마음의 건강에 별로 해롭지 않다. 오히려 일시적인 스트레스는 건강에 좋다는 연구결과도 있다. 그러나 스트레스가 지속되면 문제가 생긴다.

원시인의 편도체를 자극했던 위기 상황은 아마도 대부분 5분 이내에 빠르게 끝났을 것이다. 멧돼지로부터 도망을 가든, 때려 잡든, 아니면 잡아먹히든, 어떤 식으로든 위기는 짧은 시간 내에 해소되었을 것이다. 그러나 현대 사회의 위기 상황은 몇 분 내에 해결되는 경우가 드물다. 수능 시험이든, 가족 간 갈등이든, 업무로 인한 갈등이든, 길게는 수년 혹은 수십 년 동안 지속되면서 우리를 심리적으로 계속 압박한다.

내가 가장 존경하는 학자인 로버트 새폴스키 교수의 저서 중에 《왜 얼룩말은 위궤양에 걸리지 않을까(Why zebras don't get ulcers)》라는 책이 있다. 아프리카에서 얼룩말은 하루에도 몇 번씩 사자에게 쫓기는 상황에 놓여 극심한 스트레스를 받는다. 사자가 쫓아올 때 얼룩말의 편도체는 엄청나게 활성화될 것이고, 스트레스 호르몬인 코르티솔이 순간적으로 엄청나게 분비된다. 그럼에도 불구하고 얼룩말은 위궤양이나 만성 스트레스 질환에 시달리지 않는다. 왜 그럴까?

'사자의 추격'이라는 위협은 단기간에 해소되기 때문이다. 사자의 추격을 피하든지 아니면 잡아먹히든지. 만성 스트레스 상태로 이어지지 않는다. 사자의 추격을 피해 살아남은 얼룩말은 금세 평화롭게 풀을 뜯으며 여유로운 시간을 보낸다. 그러다가 사자가 쫓아오면 다시 편도체가 활성화될 뿐이다. 그러니 얼룩말에게는 '만성 스트레스'라는 것이 없다. 습관적 편도체 활성화라는 고약한 습관이 장착되지 않는 것이다.

그러나 인간은 다르다. 사자의 추격을 피한 후에도 그 사건을 회상한다. 그리고 "저 나쁜 사자가 나를 괴롭혔지. 가만두지 않겠어"라고 하면서 분노에 가득 차 복수심을 이글이글 불태운다. 복수심은 '공격하려는 마음'이다. 이때 편도체는 다시 엄청나게 활성화되고 온몸의 에너지가 근육으로 모인다.

동시에 "저 사자가 다시 쫓아오면 어떻게 하지?"라고 걱정하기 시작한다. 걱정은 꼬리에 꼬리를 물어 지속적인 불안 상태를 야기한다. 지금은 눈앞에 사자가 없는데도 사자에게 쫓길 때와 거의 비슷한 수준으로, 혹은 그 이상으로 편도체가 활성화된다. 사자가 눈앞에 없는 상태에서도 지속적인 스트레스 상황에 놓이는 것이다. 그 결과 소화, 생식, 면역기능 등 생리적 기능이 저하되고, 마음근력이 약해지며, 다양한 신체적·정서적 문제가 발생한다. 얼룩말처럼 사자에게 쫓길 때에만 스트레스 반응을 보이고 평상시에는 편도체가 안정화되는 정상적인 감정 상태를 유지하는 것이 바로 현존이고, 알아차림이고, 명상이다.

현대인이 마주하는 다양한 사회적·경제적 스트레스 요인, 예컨대 수능, 취업 면접, 업무 평가, 진상 고객, 경기 침체, 질병, 인간관계 갈등 등은 '원시인의 멧돼지'와 같은 위협으로 인식된다. 하지만 원시인의 멧돼지와는 달리 몇 년이고 오랫동안 지속된다. 이에 따라 편도체가 활성화된 상태가 계속 유지되면, 무엇보다도 전전두피질의 기능이 저하되어 몸과 마음이 다 약해진다. 소화기능, 생식기능, 면역기능 등이 만성적으로 저하되어 신체 전반의 건강이 나빠지고, 암, 심혈관질환, 당뇨, 치매, 노화 등의 만성질환에 시달릴 가능성이 높아진다.

내면소통 명상은 습관적으로 활성화되는 편도체를 안정화하고 인간의 건강과 성취역량의 핵심인 전전두피질의 신경망을 강화하는 것을 목표로 한다. 그런데 한 가지 짚고 넘어가야 할 것이 있다. '편도체 안정화와 전전두피질 활성화'라는 개념은 사실에 대한 기술이라기보다는 일종의 환유적 표현이라는 점이다. 다시 말해 편도체 활성화가 곧 스트레스나 부정적 정서의 유발이라는 등식이 항상 성립하는 것은 아니다.

매우 기쁘거나 에너지가 넘칠 때에도 편도체가 활성화된다. 관심 있는 대상을 발견했을 때에도 편도체는 활성화된다. 게다가 편도체는 뇌의 다양한 부위와 복잡하게 연결되어 있다. 편도체 앞부분과 뒷부분은 각각 다양한 뇌 부위와 연결되어 있으며, 편도체 자체도 복잡한 신경회로망을 지니고 있다. 그러나 다른 조건이 동일할 때, 편도체의 활성화는 대체로 부정적 정서 유발과 강한 상관관계가 있으며, 위기 상황에서 특징적으로 활성화된다. 따라서 편도체 활성화는 곧 만성 스트레스와 연관되며 편도체가 쉽게 활성화되는 사람은 부정적 감정에 더 자주, 더 쉽게 휩쓸리는 예민한 성격을 보인다.

전전두피질 활성화가 긍정적 정서와 관련된다는 점 역시 마찬가지다. 긍정적 정서가 주로 OFC(안와전두피질) 혹은 왼쪽 전전두피질의 활성화와 관련이 있다는 것은 잘 알려진 사실이다. 하지만 분노나 공격성이 표출될 때에도 이러한 부위가 활성화되기도 한다. 뇌는 복잡하다. '특정 부위의 활성화＝특정 감정'이라는 일대일 대응관계가 성립하지 않는다. 실제로는 뇌의 다양한 부위가 역동적으로 상호작용하며 복합적인 기능을 수행한다는 점을 염두에 둘 필요가 있다. 그렇지만 여러 조건이 동일할 때 편도체의 과도한 활성화는 두려움·공포·분노 등 부정적 감정의 중요한 지표로 볼 수 있으며, 전전두피질의 활성화는 긍정적 정서 유발이나 자기조절력, 대인관계력, 자기동기력 등과 큰 관련성이 있다. 따라서 '편안전활'은 내면소통 명상의 목적을 직관적으로 이해하는 데 유용한 개념 정도로 이해하면 된다.

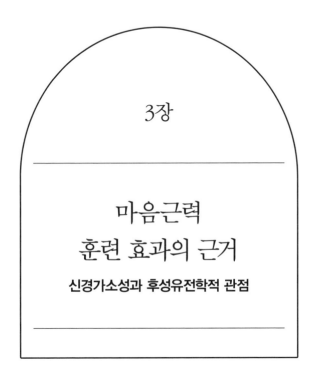

3장

마음근력
훈련 효과의 근거

신경가소성과 후성유전학적 관점

마음근력 훈련은 우리의 몸과 마음에 변화를 일으킬 수 있다. 뇌는 끊임없이 변화하는 신경가소성이 있다는 것과 '환경'에 따라 유전자의 발현 방식이 달라진다는 후성유전학적 관점이 바로 그 근거가 된다.

신경가소성이란 반복적으로 특정한 자극을 주면 뇌 신경망의 연결이 달라진다는 것인데, 편안전활의 마음근력 훈련이 바로 이러한 변화를 가능하게 해주는 자극이다.

한편 우리 몸을 구성하는 30조 개가 넘는 세포는 끊임없이 세포분열을 일으키며 지속적으로 새로운 세포로 교체된다. 이때 어떤 환경적 조건이 주어지느냐에 따라 유전자 조절 과정이 달라지며, 세포분열 시 발현되는 유전자 정보도 달라진다. 우리 몸을 변화시키는 환경적 조건 중에서 가장 중요한 것은 외부가 아니라 내부에 있다. 즉 감정과 생각이다. 내면소통 명상을 중심으로 하는 마음근력 훈련

은 긍정적 정서 유발을 습관화하여 세포분열을 위한 최적의 후성유
전학적 조건을 조성해준다. 우선 신경가소성부터 살펴보자.

신경가소성이란?

우리의 뇌는 외부 환경에서 제공되는 여러 가지 감각정보에 대해
일정한 방식으로 반응한다. 다른 사람들 앞에서 말을 하려고 하면
긴장되고 떨린다거나, 시험지만 받아들면 손바닥에 땀이 차고 목이
바싹 마른다거나, 전화 벨소리만 울리면 깜짝 놀란다거나, 운전대만
잡으면 말이 거칠어진다는 것 등은 모두 뇌의 '습관적인 작동방식'이
다. 내가 의도하지 않아도 뇌가 일정한 방식으로 반응하는 것이 곧
'습관'인데 이는 훈련을 통해 얼마든지 바꿀 수 있다. 악기, 운동, 예
술 등의 분야에서 일정한 '훈련'을 한다는 것은 곧 체계적이고 반복
적인 자극을 주어서 뇌의 기능적-구조적 변화를 일으키겠다는 의
미다.

뇌는 고정된 실체가 아니다. 특정한 자극에 대해 어떤 부위의 신
경망이 어떤 방식으로 상호작용하면서 반응하는가 하는 기능적 연
결성은 끊임없이 달라진다. 그래서 학습이 가능하고 새로운 습관을
들이는 것도 가능해진다. 뿐만 아니라 특정한 뇌 부위의 피질이 다
른 사람에 비해 더 두껍다든지, 용적량이 더 크다든지, 특정한 영역
의 신경다발이 더 길다든지 하는 구조적인 측면 역시 계속 바뀌어

간다. 우리의 뇌는 외부로부터 주어지는 다양한 자극에 반응하면서 스스로를 적극적으로 바꾸어간다. 이것이 뇌의 기본적인 성질이며, 이러한 '변화'를 신경가소성(neuroplasticity)이라고 한다.

신경가소성의 기본 원리로 '헤비안 원칙(Hebbian principle)'이 있다. 1949년 도널드 헵(Donald Hebb)이 제안했다고 잘못 알려진 "함께 활성화되는 신경세포들은 함께 연결된다(Neurons that fire together, wire together)"라는 명제는 반복적인 자극을 주면 신경세포 간의 연결이 강화되는 원리를 설명한다. 그런데 함께 활성화하는 신경세포들이 더 단단하게 연결되는 현상을 최초로 발견한 사람은 헵이 아니라 1980년대 스탠퍼드대학의 카를라 샤츠(Carla Shatz)다. "Fire together, wire together"라는 유명한 명제 역시 샤츠가 제안한 것이다.

가소성(plasticity)이란 인간의 뇌가 컴퓨터와 같은 경직된 기계가 아니라, 말랑말랑한 찰흙이나 변형 가능한 플라스틱처럼 환경에 맞춰 변화할 수 있음을 의미한다. 뇌의 특정 부위는 대체로 정해진 기능을 수행하지만, 반복적이고 체계적인 자극을 주면 그 기능이 변화하거나 다른 역할을 수행하도록 재조직될 수 있다. 예를 들어 시각정보는 뒤통수 쪽의 시각피질에서 주로 처리된다. 그런데 사고나 질병 등 후천적인 이유로 시력을 잃으면 기존의 시각피질은 어떻게 될까? 우리의 뇌는 그냥 놀고 있는 것을 좋아하지 않는다. 더 이상 시각정보가 전달되지 않아 할 일이 없어진 시각피질의 신경세포들은 점차 청각정보나 촉각정보, 공간정보 등을 처리하기 시작한다. 덕분에 시각장애인은 청각정보나 촉각정보에 더 예민하고 섬세하게 반응할 수 있게 된다.

뇌에 반복적이고도 체계적인 자극을 주는 수행(practice)은 뇌의 신경세포 연결망, 즉 시냅스의 생물학적 변화를 유도하는 과정이다. 새로운 시냅스 연결은 단백질 합성을 통해 이루어지며, 이는 2000년 노벨 생리의학상 수상자인 에릭 캔들(Eric Kandel)의 연구를 통해 잘 입증되어 있다. 반복적인 훈련은 뇌의 기능적 연결성과 구조적 연결성을 동시에 변화시킨다. 뇌의 기능적 연결성은 특정 자극에 대해 신경세포들이 상호작용하는 패턴을 의미하고, 구조적 연결성은 이러한 패턴이 반복되어 뇌의 기본 상태로 자리 잡는 것을 말한다.

예를 들어 피아니스트가 연습을 반복하면 손가락 근육이 단련된다기보다는 이를 제어하는 뇌의 신경망이 강화된다. 마찬가지로 마음근력 훈련은 mPFC를 중심으로 한 전전두피질 및 관련 부위의 신경망을 강화하여 보다 효율적으로 작동하도록 만든다.

한편 새로운 것을 학습하거나 배울 때 신경전달물질인 에피네프린이나 아세틸콜린의 분비가 동반되면 신경가소성이 더 효율적으로 일어날 수 있다. 쉽게 말해서 처음 배울 때의 실패나 좌절감은 무엇인가를 더 빠르고 확실하게 배울 수 있는 기회를 제공해주는 셈이다. 호흡 명상이나 격관 명상을 처음 배울 때에는 잘 안 되는 것 같아서 좌절감을 느낄 수 있다. 그러나 바로 그때, 뇌는 신경가소성을 제대로 일으켜서 더 효과적으로 배울 준비를 하고 있는 것이다.

신경가소성의 효과는 충분한 수면을 취했을 때 더 잘 보존되고 강화된다. 신경가소성을 위한 단백질 합성은 자는 동안에 많이 일

이론편: 내면소통 명상을 위해 배워야 할 것들

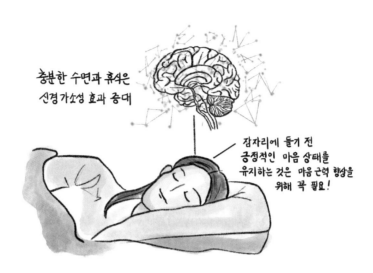

충분한 수면과 휴식은
신경가소성 효과 증대

잠자리에 들기 전
긍정적인 마음 상태를
유지하는 것은 마음 근력 향상을
위해 꼭 필요!

어난다. 따라서 잠들기 전에 편도체를 안정화하고 전전두피질을 활
성화하는 것이 중요하다. 잠든 후에도 그 상태 그대로 굳어질 가능
성이 높기 때문이다. 잠들기 전에는 특히 긍정적 정서를 유발하는
것이 좋다. 무엇보다 부정적 생각이나 분노, 두려움 등의 감정에 사
로잡혀 편도체가 활성화되는 일을 피해야 한다. 한마디로 잠자리에
들기 전에 긍정적인 마음상태를 유지하는 것은 마음근력 훈련을
하는 데 결정적인 도움을 준다.

신경가소성과 마음근력 훈련의 효과

내면소통 명상 훈련을 통해 뇌의 작동방식을 '편안전활'로 바꿀 수 있는 것도 신경가소성 덕분이다. 내면소통 명상 등의 마음근력 훈련은 체계적인 자극을 반복적으로 주어 뇌 신경세포 간의 연결망을 변화시켜 기존의 습관적 작동방식을 근본적으로 바꾸는 과정이다.

신경가소성은 기능적 연결성뿐만 아니라 구조적 연결성을 변화시킴으로써 행동, 감정조절, 성취역량 등 다양한 영역에 걸쳐 커다란 영향을 준다. 신경망에 의도적인 변화를 가져오는 신경가소성은 대략 8주 이상의 체계적인 훈련을 해야 강화된다. 명상 훈련의 효과를 검증하기 위한 많은 뇌과학 연구가 8주간의 실험을 진행하는 이유이기도 하다. 내면소통 명상 역시 뚜렷한 효과를 느끼기 위해서는 적어도 2개월, 여유 있게는 12주가량 매일 10분 이상 잠들기 전에 하는 것이 좋다.

마음근력 훈련은 단순히 좋은 생각을 하거나 마음을 굳게 먹는 훈련이 아니다. 신경가소성을 기반으로 생물학적 변화까지 이끌어내는 '의도된 달라짐'을 추구하는 체계적인 훈련이다. 마음근력 훈련은 새로운 지식이나 기술을 습득하는 것을 넘어, 기존의 습관적인 신경망 연결을 새로운 방식으로 재구성하는 것을 의미한다.

마음근력이 약한가 강한가에 따라서 동일한 상황에서도 뇌의 작동방식이 현저히 다르게 나타난다. 마음근력이 약한 사람은 작은 좌절이나 두려움에도 편도체가 과도하게 활성화되고 전전두피질의 기능이 저하되어 쉽게 부정적 정서에 빠진다. 반면 마음근력이 강한 사람은 감정조절과 자기통제가 뛰어나서 어떠한 상황에서도 침착함을 유지한다. 그러나 이러한 뇌의 습관적 작동방식을 단순히 '마음을 굳게 먹는' 것만으로 변화시킬 수는 없으며, 근육을 강화하는 것과 마찬가지로 꾸준한 훈련과 실행이 요구된다.

신경가소성은 반복적인 훈련과 학습의 결과로 신경망이 변화하는 원리이므로 그 방향이 긍정적일 수도, 부정적일 수도 있다. 예컨대 부정적 정서 유발을 자주 반복하면 오히려 편도체가 활성화되는 신경망이 강화되어 불안, 불면증, 무기력, 분노조절장애 등이 점점 더 심하게 나타나기도 한다. 운동은 대체로 몸을 건강하게 만들지만, 잘못된 자세로 잘못된 움직임을 계속하면 오히려 건강을 해치듯이, 올바른 수행만이 마음근력을 강화할 수 있다. 고통과 부정적 정서를 계속 유발하는 해로운 명상 수행을 반복해서 하면 오히려 편도체를 활성화하여 마음근력을 약화한다.

다행히 신경가소성은 나이에 크게 영향을 받지 않는다. 그러니 '내 머리가 이미 굳어버린 것은 아닐까' 하는 걱정은 버려도 좋다. 나이보다는 '나는 나이가 많아서 뇌가 바뀌지 않을 거야'라는 부정적 생각이 오히려 신경가소성에 걸림돌이 된다는 연구결과도 있다. 첼리스트 파블로 카잘스는 95세가 넘어서도 하루 6시간씩 연습을 했는데, 그 이유는 "실력이 계속 조금씩 좋아지고 있기 때문"이었다. 뇌의 신경망은 평생 변화하며, 이는 새로운 지식을 학습하거나 새로운 습관을 형성하는 데 중요한 역할을 한다.

매일 꾸준히 마음근력 훈련을 실행할 경우 2~3개월 내에 긍정적 변화를 체감할 수 있다. 마음근력 강화는 단순한 기술 습득을 넘어, 기질 자체를 변화시켜 더 강하고 유능한 인간으로 발전시킨다는 점에서, 개인의 성장과 발전을 위해서도 대단히 중요하다. 마음근력 훈련과 신경가소성의 관계를 이해하는 것은 자기 변화의 과정에 체계적으로 접근하기 위한 필수조건이며, 이 책에서 다루게 될 내면소통 명상은 이를 바탕으로 한 구체적인 훈련법이다.

유전자 결정론의 환상은 마음근력 훈련을 방해한다
유전자 발현의 메커니즘

우리는 보통 '나는 원래 이러저러한 사람이다'라는 고정관념에 사로잡혀 있다. 이러한 믿음은 자신이 변화할 수 없다는 환상을 낳으며, 마음근력 훈련에 대한 확신과 꾸준한 노력을 방해한다. 아직도 많은 사람이 부모로부터 물려받은 유전자라는 생물학적 요소에 의해 자신의 능력 수준과 행동 유형이 결정된다고 믿고 있다. 그러나 이는 환상에 불과하다. 신체적 형질이나 외형에 유전자가 어느 정도 영향을 미치는 것은 사실이지만, 성취역량, 감정조절, 성격, 행동양식 등은 결코 유전자에 의해 '결정'되지 않는다. 유전자에 의해 결정되는 많은 부분 역시 후천적 환경과 경험을 통해 재구성된다.

이론편: 내면소통 명상을 위해 배워야 할 것들

후성유전학은 유전자의 염기서열은 바뀌지 않으면서도, 그 유전자가 발현되는 정도와 방식이 환경적 요인에 의해 조절된다는 점을 분명하게 보여준다. 우리 몸의 모든 세포에는 동일한 DNA 설계도가 존재하지만, 실제로 어떤 유전자가 전사(transcription)되어 어떤 단백질을 만들어내는지는 유전자 조절(gene regulation) 과정을 통해 결정된다. 이 과정은 세포가 경험하는 다양한 환경적 조건(영양 상태, 스트레스, 신체 활동, 감정 상태 등)에 크게 영향을 받는다.

세포핵에 들어 있는 염색체 내의 DNA는 단순한 '설계도'에 불과하다. 이 설계도가 실제로 '사용'되어 발현되는 경우는 특히 세포분열이 일어날 때다. 중요한 것은 어떤 유전자가 어떤 단백질을 만들어내는지가 DNA에 의해 자동적으로 결정되지 않는다는 사실이다. 유전자 조절 과정은 여러 환경적 요인에 영향을 받으며 그에 따라 유전자들은 상이한 단백질을 만들어낸다. 즉 같은 설계도로 집을 짓더라도 당시 환경적 조건에 따라 다른 형태의 집이 만들어지는 것과 마찬가지다. 하나의 '건물'이라는 결과물은 설계도 이외에도 자재, 기술, 환경, 시공법 등 여러 요소에 의해서 달라지듯, 유전자의 발현 역시 유전자 자체에 의해 기계적으로 결정되는 것이 아니라 그 유전자를 읽고 실행하는 과정에서의 환경적 요인에 의해 좌우된다. 따라서 우리가 마음근력 훈련을 통해 우리 내면의 환경을 개선하고 긍정적인 감정이라는 좋은 자극을 지속적으로 제공한다면, 유전자 발현도 얼마든지 좋은 방향으로 바뀔 수 있다.

우리의 감정 상태가 유전자 조절 과정에 큰 영향을 미친다는 사실은 이미 많은 연구를 통해 밝혀졌다. 마음근력 훈련은 그저 우리의 기분이나 감정에만 영향을 미치지 않는다. 유전자 조절 과정을 통해 다양한 유전자 발현에도 커다란 영향을 미치는 것이다. 만성 스트레스에 시달리는 사람에게 노화가 빨리 찾아오고 암이나 심혈관질환 혹은 치매나 당뇨 등의 만성질환이 많은 것도 유전자 조절 과정과 깊은 관련이 있다. 후성유전학적 관점에서 볼 때 마음근력 훈련은 유전자 조절 과정을 위한 이상적인 환경 조건을 우리 몸에 제공하는 방법이라 할 수 있다.

유전자 발현과 환경의 상호작용

후성유전학적 관점을 보다 쉽게 이해하기 위해 식물의 성장에 관한 가상의 사례를 떠올려보자. 이 식물은 1, 2, 3의 세 가지 유전자 변형체를 가질 수 있으며, 이들 변형체가 식물의 키에 미치는 영향을 다음 세 가지 사례로 나누어 살펴볼 수 있다.

- **사례 1:** 사막에 서식하는 경우, 유전자 변형체 1, 2, 3 중 무엇을 가졌든 식물의 키가 모두 50센티미터로 동일하다. 습한 정글에 서식할 때는 세 경우 모두 1미터까지 자란다. 이는 유전자보다는 환경이 전적으로 이 식물의 성장에 영향을 주는 경우다.
- **사례 2:** 사막이든 정글이든 어떤 환경에서도 1번 유전자 변형체

이론편: 내면소통 명상을 위해 배워야 할 것들

를 가진 식물은 키가 10센티미터, 2번은 50센티미터, 3번은 1미터로 일정하게 자란다. 이 경우에는 환경과 상관없이 어떤 유전자를 갖고 있느냐에 따라 식물의 키가 결정된다.

● **사례 3**: 1번 유전자 변형체를 가진 식물은 사막에서는 키가 작고, 정글에서는 키가 크다. 반면 3번 유전자 변형체를 가진 식물의 경우 사막에서는 키가 크고 정글에서는 키가 작다. 즉 동일한 유전자 변형체라도 환경 조건에 따라 발현 방식이 달라진다. 다시 말해서 특정 유전자의 '의미' 자체가 달라지는 것이다. 이 경우에는 이 식물의 유전자가 "키와 관련이 있다"고는 말할 수 있지만, "키를 크게 한다, 혹은 작게 한다"고는 말하기 어렵다. 그 유전자가 어떻게 발현될지가 환경에 달려 있기 때문이다.

사례 3은 전형적인 후성유전학적인 사례다. 이 경우에는 식물의 키에 영향을 미치는 것이 환경인지 유전자인지를 논의하는 것이 무의미하다. 상호의존적이기 때문에, 즉 환경의 의미가 유전자에 의해 결정되고 유전자의 의미가 환경에 의해 결정되기 때문에 '환경이 중요한가, 유전자가 중요한가' 하는 질문 자체가 무의미하다.

인간의 경우도 정도의 차이는 있지만, 환경과 유전자의 발현 방식이 상호작용을 한다. 유전자와 환경 간 상호작용의 대표적인 사례가 모노아민 산화효소 A(MAO-A) 유전자다. MAO-A 유전자는 세로토닌 등 신경전달물질의 대사를 조절하는데, 이 유전자의 변형은 우울성향, 공격성, 분노조절장애, 불안 등과 관련된 행동 패턴을 보인다. 그런데 MAO-A 유전자 변형 자체가 무조건 부정적 영향을 미치는 것이 아니라, 어린 시절 학대나 트라우마 같은 부정적 경험과 결합될 때만 그 부작용이 극대화된다는 점에 주목할 만하다. 반면 안정적이고 긍정적인 환경에서 성장한 경우에는 MAO-A 유전자 변형을 가진 사람이 오히려 더 평온하고 긍정적인 성향을 보이는 것으로 나타났다. 즉 MAO-A 유전자의 변형 자체는 우울성향이나 공격성향의 발현과 관련이 있는 것이 확실하지만 그것이 우울성향이나 공격성향을 더 증가시키는지 감소시키는지는 환경을 고려하지 않고는 말할 수 없는 것이다. MAO-A 유전자의 변형의 의미 자체가 사례 3과 마찬가지로 환경에 따라 달라지는 것이다.

마찬가지로 5HTT 유전자 변형도 스트레스와 우울증 발현에 영향을 미치는데, 이 역시 환경과의 상호작용에 따라 그 효과가 달라진다. 즉 5HTT 유전자 변형이 스트레스를 많이 경험하는 사람에게 부정적 영향을 미치는 반면, 스트레스가 적은 환경에서는 오히려 긍정적인 결과를 가져오는 것이다.

이처럼 후성유전학적 관점에서 보면 환경이 더 중요한가, 유전자가 더 중요한가를 따지는 것이 무의미한 경우가 많다. 특정 유전자가 어떻게 발현될 것인지는 환경에 의해 결정되는 경우가 많기 때문이다. 유전자가 사람의 성향이나 행동방식을 '결정'한다는 것은 환상일 뿐이다.

과학적 관점에서는 유전자와 환경 중에 무엇이 더 중요하냐는 질문이 무의미한 경우가 많지만, 현실적으로 우리는 '환경'을 더 중요하게 고려할 수밖에 없다. 왜냐하면 유전자는 이미 주어진 것이므로 바꾸기가 어렵기 때문이다. 반면 환경은 얼마든지 바꿀 수 있기에 우리는 우리가 바꿀 수 있는 것에 집중해야 한다. 예컨대 어떤 아이가 MAO-A 유전자의 변형을 가지고 있다면 그 유전자를 바꿀 수는 없다. 그러나 그 유전자가 좋은 형질을 발현하도록 그 아이에게 좋은 양육환경을 만들어주는 노력은 얼마든지 할 수 있다. 즉 그러한 변형이 있는 아이는 특히 어린 시절에 학대 등의 스트레스를 받지 않도록 특별히 관심을 가질 필요가 있다.

이처럼 후성유전학적 관점은 유전자 결정론의 환상에서 빠져나와서 유전자 조절 과정에 좋은 영향을 미칠 수 있는 환경의 조성에 집중할 것을 요구한다. 그리고 유전자 조절 과정에 있어서 가장 강력한 영향을 미치는 것이 감정 상태다. 내면소통 명상을 통해 편안전활의 상태를 유지하는 것은 후성유전학적 관점에서 볼 때 매우 중요한 일이다.

환경이 유전자 발현에 미치는 영향

신경과학자 마이클 미니(Michael J. Meaney)와 달린 프랜시스(Darlene Francis)는 쥐를 대상으로 한 교차양육(cross-fostering) 실험을 통해, 어미의 양육 방식이 새끼의 신경 발달과 스트레스 조절 유전자 발현에 미치는 영향을 연구했다. 실험 결과 애정을 많이 표현하는 어미(자주 핥고 쓰다듬어주는 등)에게 양육된 새끼 쥐들은 정서적 안정과 학습능력이 크게 향상된 반면, 애정 표현이 적은 어미에게 양육된 새끼들은 높은 스트레스 호르몬 수치와 함께 불안감 및 낮은 학습 능력을 보였다.

또한 태어난 직후 다른 어미에게 양육되는 경우, 양육을 맡은 어미의 행동이 새끼 쥐의 유전자 발현에 결정적인 영향을 미친다는 사실도 확인되었다. 유전적 요소보다도 환경, 즉 양육 방식이 후성유전학적 변화에 큰 영향을 준다는 뜻이다.

주로 일란성 쌍둥이를 대상으로 진행된 인간의 후성유전학적 연구 역시 유전자 결정론이 지나치게 단순화될 수 있음을 경고한다. 동일한 유전자를 가진 일란성 쌍둥이라 할지라도, 태아 시기와 출생 후 경험하는 미세한 환경의 차이는 주의력결핍장애(ADD)의 발현에 영향을 미칠 수 있다. 입양된 일란성 쌍둥이 연구에서는 한 쌍둥이에게 ADD 증상이 나타날 경우 다른 쌍둥이도 50% 이상의 발병률을 보였는데, 이는 단순히 유전자의 문제만은 아니라는 점을 시사한다.

이와 비슷한 맥락에서, 같은 부모에게서 자란 자녀의 경우에도 첫째와 둘째 사이에는 부모의 심리적 긴장, 양육 방식, 경제적 여건 등 환경적 요인의 차이가 존재한다. 이러한 차이는 아이들의 두뇌 발달과 정신건강에 큰 영향을 미친다. 즉 첫째 아이는 부모의 기대와 초기 양육에서 오는 불안감으로 인해 상대적으로 더 많은 스트레스를 경험할 수 있으며, 이는 주의력결핍 등의 발현 위험을 높인다. 둘째 아이는 형제와 함께 자라는 환경 속에서 보다 안정된 양육을 제공

이론편: 내면소통 명상을 위해 배워야 할 것들

받는 경우가 많아서 그러한 위험이 다소 완화될 수 있다.

가보르 마테(Gabor Mate) 박사에 따르면, 첫째 아이의 경우에는 대개 부모의 경제력이 더 낮고 나이도 젊고 육아 경험도 미숙한 경우가 많다. 반면 둘째 아이의 경우에는 부모의 경제력과 사회적 지위가 좀 더 향상되었을 가능성이 높다. 부모가 더 성숙하고 경험도 있고 여유 있는 환경에서 자라게 되는 것이다. 또 부모는 첫째 아이에게 더 많은 것을 기대하고, 따라서 아이는 더 큰 스트레스를 받으며 자라게 된다. 이처럼 첫째와 둘째 아이는 결코 '같은 부모'와 '같은 환경'에서 자라지 않는다. 흔히 첫째가 둘째에 비해 스트레스에 더 취약하고 ADD가 더 많이 나타나는 것도 이러한 '환경적 조건의 차이'로 설명할 수 있다.

후성유전학의 관점에서 본 마음근력 훈련

후성유전학은 유전자 자체를 바꾸는 것이 아니라, 환경이 그 유전자가 발현되는 방식을 변화시킬 수 있음을 보여준다. 우리가 일상생활에서 접하는 다양한 경험(음식, 운동, 수면, 감정, 타인과의 소통 등)은 세포 내 분자생물학적 과정부터 신경계의 작동, 호르몬 분비, 그리고 전반적인 유전자 발현에 이르기까지 폭넓게 영향을 미친다.

마음근력 훈련은 명상을 통해 이러한 환경적 요인을 체계적으로 개선하고 긍정적 경험을 지속적으로 제공함으로써 세포 내 분자 단

위의 유전자 조절 단계에서부터 긍정적 변화를 유도하고자 하는 것이다.

마음근력 훈련의 핵심은 '내면소통'에 있다. 내면소통을 통한 자기인식과 감정조절 훈련은 편도체와 전전두피질 등 뇌의 주요 영역에 긍정적 변화를 유도한다. 이는 MAO-A 및 5HTT 유전자 변형처럼 환경에 민감하게 반응하는 유전자들의 부정적 효과를 상쇄하는 데에도 중요한 역할을 하게 될 것이다.

마음근력 강화는 단지 개인의 변화에 그치지 않고, 가족 및 사회 전체의 건강한 정서와 성취역량 확대로 이어진다. 좋은 가정환경, 즉 부모의 안정된 감정 상태와 양육 방식은 자녀의 두뇌 발달과 정신건강에 결정적인 영향을 미친다. 따라서 사회 전체가 바람직한 환경을 조성하기 위해 노력을 기울인다면, 다음 세대가 더욱 건강하고 강인한 마음을 갖게 될 것이다.

이미 주어진 유전자를 바꿀 수는 없다. 그렇지만 유전자의 발현 방식과 작용에 영향을 미치는 환경은 꾸준한 훈련과 긍정적 경험을 통해 변화시킬 수 있다. 내면소통 명상은 단순히 내면의 힘을 길러내는 것이 아니라, 우리의 신경계, 호르몬, 그리고 세포 수준에서부터 긍정적인 변화를 유도하는 환경을 지속적으로 제공하는 마음근력 훈련이다.

후성유전학의 관점에서 본 내면소통 명상은 선천적 한계를 넘어서 마음근력을 향상시킴으로써 몸과 마음을 재설계할 수 있는 무한한 가능성을 제공한다. 고정관념에 사로잡혀 변화의 가능성을 외면

이론편: 내면소통 명상을 위해 배워야 할 것들

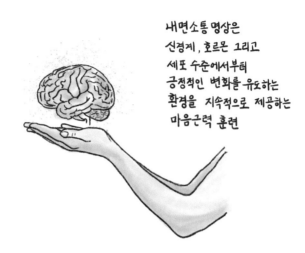

내면소통 명상은
신경계, 호르몬 그리고
세포 수준에서부터
긍정적인 변화를 유도하는
환경을 지속적으로 제공하는
마음근력 훈련

하기보다는 내면소통 명상을 통해 스스로 긍정적 감정을 만들어내어 더 건강하고 행복한 삶을 구축해나가야 한다. 사회 전체가 이러한 원리를 인식하고 제도적·교육적 차원에서 바람직한 명상 문화를 만들어간다면, 머지않은 미래에 더 살 만한 세상을 보게 될 것이다.

4장

감정은 몸의 문제다

불안장애와 만성통증

우리가 겪는 다양한 종류의 부정적 감정은 모두 불안감에서 나온다. 심리학에서 오랫동안 '기본 감정'이라고 여겼던 분노, 슬픔, 두려움, 역겨움, 행복감 등의 감정은 모두 불안감이라는 하나의 근원에서 비롯된다. 해결되지 않는 두려움 때문에 좌절감에 빠지고 이로 인해 공격적인 반응을 표출하는 것을 분노라고 한다면, 두려움과 분노는 본질적으로 서로 다른 감정이 아니다.

모든 감정의 본질은 두려움이다. 감정조절장애의 문제나 습관적인 부정적 정서 유발의 문제는 두려움에서 벗어남으로써 해결될 수 있다. 마음근력을 강화한다는 것은 모든 두려움에서 벗어나 불안감이 없는 상태에 가까워지는 것이다. 특히 실패에 대한 두려움이 사라지면 중요한 마음근력 중 하나인 회복탄력성이 강해진다.

우리는 불안감의 정확한 본질과 그에 따른 신체적·정신적 반응을 이해할 필요가 있다. 오랫동안 많은 사람이 불안감을 단순히 부정적인 마음 상태로 오해하곤 했다. 그래서 불안감을 없애기 위해 생각을 바꾸거나 주의를 딴 데로 돌리려고 한다. 그러나 이러한 시도는 효과가 없거나 오히려 불안감을 증폭시킬 뿐이다.

불안감은 어떤 생각이나 마음 상태의 문제가 아니다. 그보다는 신체의 특정한 변화와 밀접한 관련이 있다. 즉 불안감은 뇌의 편도체의 활성화에 따른 신체적 반응에서 비롯된다. 심장박동의 불규칙한 변화, 호흡의 가빠짐, 내장과 근육들의 긴장 등이 발생하고 다양한 생리적 변화를 동반하는데, 이러한 신체 변화에 관한 신호를 우리의 의식이 특정한 감정으로 해석하는 것이다.

앞에서 살펴본 것처럼 편도체는 위기 상황에서 자동적으로 활성화되는 알람 시스템과 같다. 위기 상황에서 편도체가 활성화되면 스트레스 호르몬(예를 들어 코르티솔)이 분비되고, 이와 함께 심장박동이 빨라지고 호흡이 가빠지며, 근육에 에너지가 집중된다. 이러한 신체 변화는 원시시대 생존을 위한 '싸움 또는 도주' 반응으로, 근육에 에너지를 집중시켜 위기를 극복하게 만든다. 그러나 현대인의 경우, 실제 위협이 없는 상황에서도 과거의 위기 상황을 회상하고 부정적인 미래를 상상함으로써 편도체를 지속적으로 활성화하기 때문에 만성적인 불안 상태에 있다. 우리는 과거에 집착하여 분노하거나 부정적 미래를 투사하여 불안해하지 않고, 지금 여기에 현존하는 방법을 배우고, 그것을 습관화해야 한다.

감정이란 무엇인가

감정은 단순히 뇌에서 발생하는 부정적 생각이나 기억 때문에 생겨나는 것이 아니라, 신체적 변화에 대한 해석의 결과로 생겨나는 것이다. 감정은 심장박동의 불규칙한 증가나 근육의 긴장 같은 몸의 변화를 대뇌피질이 불안감으로 해석할 때 유발되는 것이다.

이렇게 감정이 몸의 문제라는 것을 이해하게 된 배경에는 뇌과학의 발달이 있다. 1990년대 이후 활발해진 fMRI 연구결과들을 바탕으로 안토니오 다마지오(Antonio Damasio) 등의 뇌과학자들은 '신체표지가설(Somatic Marker Hypothesis)'을 제안했다. 이후 많은 연구가 다마지오의 신체표지가설을 입증했으며, 현재 학자들은 더 이상 '가설'이 아니라 '과학적 사실'로 받아들이고 있다. 즉 불안감으로 대표되는 부정적 감정은 신체의 변화가 주는 신호를 의식이 해석한 결과라는 것이다. 그리고 불안감은 분노를 포함한 대부분의 부정적 감정의 원천이다. 다시 말해서 공포, 불안, 걱정, 분노, 짜증, 공격성, 역겨움 등 온갖 부정적 정서는 편도체 활성화에 의해 촉발되는 '두려움'이라는 감정에서 파생된 것에 불과하다.

전통적으로 심리학은 분노, 슬픔, 두려움, 역겨움 등의 감정이 마치 과학적 실체가 있는 것처럼 착각해왔다. 이러한 감정들은 각기 특정한 뇌 부위와 관련이 있으며, 심지어 동물에게도 존재하는 보편적이고도 기본적인 감정이라고 여겼다. 그러나 수많은 뇌 영상 연구에 따르면 개별 감정에 대응하는 특정한 뇌 부위나 특정한 네트워크란 존재하지 않는다.

리사 펠드먼 배럿(Lisa Feldman Barrett) 교수에 따르면, 분노, 슬픔, 공포, 역겨움 등 전통적인 감정의 종류나 개념화는 일상적인 언어나 문화에서 비롯된 것일 뿐 과학적 근거가 없다. 심리학에서 오랫동안 믿어왔던 인간의 여섯 가지 기본 감정은 배럿 교수가 말하는 것처럼 과학적 사실이라기보다는 '통속심리학(folk psychology)'에 불과한 것이다. 이제 감정에 관한 연구는 뇌의 기본 작동방식에 대한 연구결과들을 바탕으로 귀납적인 방법으로 접근해야 한다. 부정적 감정은 몸 상태에 대한 해석의 결과라고 할 수 있으며, 감정 유발 과정은 다음과 같이 정리할 수 있다.

● **알람 시스템 역할**: 위기 상황에서 편도체는 비상경보 역할을 수행하며, 자동 반응으로 스트레스 호르몬을 분비해서 근육에 몸의 에너지를 몰아준다.

● **심장과 호흡의 변화**: 포도당과 산소를 근육 세포에 빨리 공급하려면 혈액 순환이 빨라져야 하므로 심박수가 갑자기 증가하고 산소를 충분히 흡입하기 위해 호흡도 빨라진다.

● **근육의 긴장**: 몸과 머리를 연결하는 주요 근육과 안구근육, 얼굴근육, 턱근육, 혀밑근육, 흉쇄유돌근, 승모근 등을 긴장시킴으로써 '싸움 또는 도주' 반응에 필요한 준비 상태를 만든다. 이러한 근육들은 대부분 뇌신경계를 통해 뇌간과 직접 연결되어 있으며 편도체와 긴밀하게 상호작용한다.

　　　　　　　　　　　　이론편: 내면소통 명상을 위해 배워야 할 것들

●　**시급하지 않은 기능들의 일시 정지**: 평소 에너지 소비가 많은 소화기관, 고차원적 사고를 담당하는 전전두피질, 면역기능 등은 위기 상황에서 잠시 '정지'되고 활용 가능한 에너지 대부분이 근육으로 집중된다. 현대인의 뇌는 여전히 원시인의 뇌처럼 '위기 상황에서 벗어나려면 일단 근육을 사용해야 한다'고 믿고 있는 것이다.

우리 몸의 여러 기관은 다양한 내부감각 자료를 끊임없이 뇌로 올려보내고, 뇌는 이들 자료에 대한 능동적 추론을 통해 현재의 신체 상태가 알로스태시스(allostasis)에 부합하는지를 계속 판단하고 실시간으로 피드백을 내려보낸다. 인간의 신체는 내부 혹은 외부 상태의 변화에 따라 끊임없이 불균형상태를 이루며, 뇌는 역동적 과정을 통해 '변화 속의 균형', 즉 알로스태시스를 추구한다. 이때 어쩔 수 없이 생기는 일시적 불균형상태로 인해 불쾌감이나 두려움의 느낌이 유발된다. 인간의 뇌는 불쾌감이나 두려움을 느끼면 되도록 빨리 그러한 불균형상태에서 벗어나려고 한다. 다시 말해서 불쾌감이나 두려움은 그 상태에서 벗어나는 것이 생존에 유리하기 때문에 유발되는 감정이다.

역설적으로 들리겠지만 불쾌한 감정 자체는 우리 몸이 알로스태시스를 추구하고 있다는 좋은 징조다. 문제는 불균형상태가 아닌데도 우리 뇌가 잘못된 능동적 추론에 의해 내부감각 신호를 잘못 해석하는 경우다. 우리 신체의 여러 기관은 끊임없이 온갖 내부감각

정보를 뇌로 올려보낸다. 대부분은 별 의미 없는 노이즈에 가까운 감각정보다. 무의미한 감각정보를 걸러내는 것이 뇌의 능동적 예측 시스템이 하는 중요한 일 중 하나다.

우리 몸의 감각기관과 신경시스템에는 수많은 감각정보 중에서 중요한 것을 부각시키고 중요하지 않거나 노이즈에 불과한 것은 무시하는 일종의 '볼륨 조정(gain control)' 시스템이 있다. 그런데 이 시스템에 이상이 생기면 노이즈에 불과한 잡다하고도 정상적인 내부감각 신호의 볼륨을 마구 키워서 마치 큰일이라도 난 것처럼 의식으로 올려보낸다. 보통의 경우라면 그냥 지나쳤을 법한 평범한 내부감각 정보들이 '이상 신호'로 둔갑하고 이로써 의식에 비상 경고등이 켜진다. 이때 우리는 강한 공포심이나 불쾌감 또는 통증을 느끼게 된다. 비상상태가 아닌데도 비상벨이 오작동하는 상황이 발생하는 것이다.

배럿에 따르면 불안장애나 우울증 등 감정조절장애를 겪는 환자는 신체의 특정 부위에서 전달되는 일상적인 노이즈에 가까운 별 의미 없는 감각정보를 불안감이나 불쾌감 등의 감정으로 끊임없이 해석한다. 별것도 아닌데 비상벨을 계속 울려대는 것이다. 이에 따라 수많은 내부감각 신호가 부정적인 감정으로 해석되고 여기에 확신까지 더해져 더욱 증폭되는 과정이 소용돌이처럼 반복된다.

정상적인 상황이라면 신체에서 계속 보내는 다른 감각정보에 기반해서 예측오류를 즉시 수정하고 바로잡는다. 그런데 불안장애나 우울증을 앓고 있는 경우에는 예측오류를 수정하는 과정이 원활하게 이뤄지지 않는다. 신체로부터 올라오는 다양한 내부감각 정보(별문제 없거나 노이즈에 해당하는 정보까지)를 모두 부정적인 감정으로 해석하고, 그것을 증폭시키고 확신이 더해지는 소용돌이에 갇히는 것이다. 예측오류의 수정 불능 상태에 빠지면 엄청난 불안감이나 분노, 또는 견디기 힘든 우울감에 휩싸일 수밖에 없다.

물질대사나 면역시스템의 이상 혹은 호르몬이나 신경전달물질의 불균형 등 다양한 생리학적 문제로 예측오류 시스템이 고장나는 경우도 있다. 과거의 나쁜 기억이나 트라우마 경험 역시 능동적 추론 시스템에 장애를 일으킨다. 인간관계 갈등으로 인한 과도한 스트레스 역시 추론시스템 오작동의 원인이 되기도 한다.

다양한 종류의 인지행동치료가 감정조절장애에 효과가 있는 것은 이러한 예측오류를 수정하는 데 도움이 되기 때문이다. 가령 우울증 환자에 대한 인지치료에서는 환자가 자신의 감정을 스스로 새롭게 해석하고 의미를 부여하도록 하는 데 초점을 맞춘다. 스스로 자신의 감정을 해석하는 새로운 개념적 틀이 생기면 기존의 예측오류 시스템을 수정하는 계기를 찾게 된다. 자신이 느끼는 감정이 무엇인지를 잘 구분하고 인지하는 사람일수록 감정조절 능력이 뛰어나다. 감정을 인지하는 것은 결국 내부감각에서 주어지는 정보를 얼마나 정확하고 효율적으로 능동적 추론을 해내느냐에 달려 있다. 따라서 감정조절 능력을 키우기 위해서는 내부감각 인지 훈련이 매우 중요하다.

습관적으로 부정적 정서가 유발된다면 마음근력이 약한 상태라고 봐야 한다. 특별한 이유 없이 공포 반응에 휩싸이거나 불안한 마음이 계속되거나 자주 분노가 솟구친다면 몸에서 올라오는 내부감각 신호를 처리하는 능동적 추론시스템에 문제가 생겼을 가능성이 있다.

내면소통 명상은 이러한 문제를 바로잡기 위한 효과적인 방법이다. 마음근력을 강화하는 내면소통 명상은 알아차림과 주의력의 재배치 훈련을 통해 두려움과 분노라는 부정적 정서로부터 영원히 벗어날 계기를 마련해줄 것이다. 이를 위해 먼저 감정과 통증이 능동적 추론 과정을 통해 생겨난다는 사실을 이해할 필요가 있다.

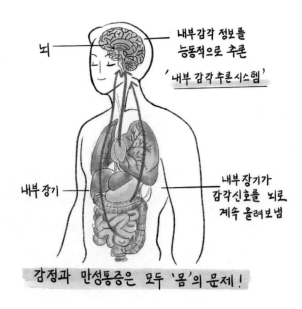

감정과 만성통증은 모두 '몸'의 문제!

감정조절장애와 만성통증의 문제

감정조절장애와 만성통증은 본질적으로 동일하다. 둘 다 내부감각 정보에 대한 능동적 추론시스템의 오류라는 공통점이 있다. 이러한 문제를 해결하기 위해서는 내부감각 정보에 대한 새로운 해석의 습관과 추론의 방식이 신경시스템에 자리 잡도록 해야 한다.

통증에는 급성통증과 만성통증이 있는데, 작동방식은 매우 다르다. 급성통증은 부상이나 염증 등으로 인해 신체 일부가 손상되었을 때 주로 나타난다. 예컨대 목디스크가 통증을 일으키는 가장 큰 원인은 디스크 수핵을 둘러싼 막의 손상이나 신경 뿌리에 생긴 염증이다. 이런 급성통증은 염증이 가라앉거나 상처가 아물면 사라진다. 반면 만성통증은 구체적인 신체 손상이나 염증 없이 주로 신경시스템의 오작동으로 인해 나타난다.

만성통증은 머리, 목, 어깨, 허리, 복부, 가슴, 관절 부위 등 여러 부위에서 발생한다. 특별한 이유 없이 오랫동안 몸 여기저기가 아프다. 더 큰 문제는 '이유 없는 통증'의 원인을 엉뚱한 곳에서 찾는 것이다. 허리에 특별한 이상이 없어도 얼마든지 요통이 생기고, 머리에 특별한 이상이 없어도 두통이 심할 수 있으며, 심장에 아무런 문제가 없어도 심한 흉통이 지속될 수 있다는 것을 대부분의 사람은 상상조차 하지 못한다. 통증을 몸이라는 일종의 '기계'에 이상이 생긴 신호라고 오해하기 때문이다. 대부분의 만성통증은 감정조절장애와 마찬가지로 내부감각에 대한 추론시스템의 오류 때문에 생긴다는 사실을 이해할 필요가 있다. 그래야만 하루빨리 통증에서 벗어날 수 있다.

우리가 고통을 느끼는 이유는 현재 몸에 문제가 생겼다고 뇌가 추론하기 때문이다. 유입되는 감각정보, 과거의 사전정보, 맥락 단서(contextual cue) 등이 이러한 추론의 기반이 된다. 능동적 추론의 관점에서 보자면 통증은 근육조직이나 혈관이나 근막 등 생체조직에 깃들어 있는 생리학적 증상이 아니다. 비물질적인 마음이나 정신에 깃들어 있는 신비로운 정신적 현상은 더더욱 아니다. 통증은 살아 있는 몸이 '의미를 찾는(sense-making)' 해석의 과정에서 발생하는 것이다.

칼 프리스턴(Karl Friston)의 능동적 추론 모델과 정밀정신의학의 관점에서 보자면, 만성통증은 신경시스템이 감각정보에 대한 볼륨 조절에 실패한 상태다. 만성통증을 포함하여 대부분의 '지속적인 신체 증상(persistent physical symptoms: PPS)'이 발생하는 이유는 내부감각에 관한 예측오류를 제대로 처리하지 못하고 별 의미 없는 자극에 대해서도 과민반응하는 상태에 빠졌기 때문이다. 특히 만성통증은 뇌가 '통각수용(nociception)'에 기능적으로 중독된 상태다. 통각수용은 감각신경계의 하나이며 주로 신체에 위해가 될 만한 외부자극에 반응한다. 압력, 열, 화학물질, 독성 등 몸에 해로운 자극에 민감하게 반응해 뇌에 통증이라는 형태의 강력한 경고를 보내는 신경시스템이다. 통각수용은 주로 피부에 존재하지만 골막이나 관절의 표면, 내장기관 등에도 분포한다. 통각수용에 기반한 통증은 신경압박, 디스크, 대상포진 등의 신경병증성 통증(neuropathic pain)이나 심인성 통증과는 구분된다.

만성통증은 고통에 대한 예측과 내부감각 사이에 불일치가 생길 때 일어난다. 즉 통증 자극에 대한 지속적이고도 반복적인 예측오류로 인해 발생한다. 몸의 내부에서 전달되는 다양한 감각을 증폭시켜 과장되게 통증으로 해석하는 것이 만성통증의 핵심 원인이다. 결국 통증은 내부감각 신호에 대한 뇌의 예측 시스템에 의해 생산된다. 이는 내부감각 신호를 바탕으로 불안, 공포, 분노, 우울 등의 부정적 정서가 유발되는 메커니즘과 매우 흡사하다.

이를 베이지안 추론(Bayesian inference)으로 기술하자면, '특정 내부감각이 주어졌을 때 그것이 통증에서 비롯된 것이라는 예측[=p(pain | sensation)]'과 '특정 통증이 주어졌을 때 그에 따라 특정 감각을 느끼게 되리라는 가능성[=p(sensation | pain)]' 사이에 상당한 정도의 불일치가 생길 때 만성통증 등 지속적인 신체 증상이 발생한다. 이때 환자의 신경시스템은 해롭지 않거나 아무 의미가 없는 자극까지도 통증의 결과로 해석한다. 즉 무의미한 노이즈에 불과한 내부감각 신호를 무시하는 능력을 상실한 상태라고 볼 수 있다. 다시 말해서 노이즈에 불과한 내부감각 신호의 볼륨을 '줄이는(attenuate)' 능력의 상실 혹은 '주의력 재배치(redeployment of attention)' 능력의 상실이 만성통증의 근본 원인이다. 이는 만성적으로 부정적 감정에 시달리는 감정조절장애에도 그대로 해당된다.

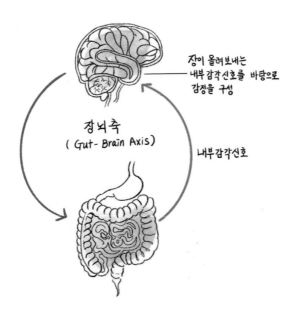

장이 올려보내는
내부 감각 신호를 바탕으로
감정을 구성

장뇌축
(Gut- Brain Axis)

내부감각신호

만성통증과 감정조절장애에서 벗어나는 방법은 같다

무엇보다 무의미한 내부감각 신호에 지나치게 중요성을 부여하는
신경시스템의 습관을 바꾸는 것이 중요하다. 즉 감각정보들의 볼륨
을 줄이고 잠잠하게 하는 것이다. 프리스턴은 이를 '주의력 재배치'라
고 불렀다. 노이즈에 불과한 특정한 내부감각 신호들에 과다하게 집
중되었던 주의를 거둬들이고 다른 감각 신호들로 주의를 분산시키
는 것이다.

신경시스템의 주의력 재배치는 몸과 마음이 늘 아픈 만성통증 환

자에게 꼭 필요하다. 여기서 말하는 '주의력(attention)'은 의식 차원에서의 '주의'가 아니다. 어디에 주의를 집중해야겠다는 의지를 발휘해서 바꿀 수 있는 주의력이 아니다. 이러한 의도보다 훨씬 하위 차원에서의 문제다. 즉 나의 뇌와 몸의 신경계에서 나의 의식과 상관없이 저절로 작동하는, 자동적인 능동적 추론의 방식을 바꿔야 한다는 의미다. 프리스턴이 말하는 '주의력 재배치'는 굳게 마음먹고 의도한다고 해서 되는 것은 아니지만, 간접적인 방식의 훈련을 통해서 얼마든지 달성할 수 있다.

그것이 바로 내면소통 명상의 내부감각-고유감각 훈련이나 뇌신경계 이완 명상이고, 그 기반이 되는 것이 호흡 명상이다. 지금 여기서 내 몸이 느끼는 여러 가지 감각정보에 최대한 주의를 집중하는 것이다. 호흡은 내 몸의 감각정보를 실시간으로 느끼기 위한 가장 효율적인 가이드다. 호흡은 늘 지금 여기서 나에게 벌어지고 있는 사건이기 때문이다. 호흡에 집중하는 것은 호흡이라는 행위가 내 몸에 어떤 느낌이나 변화를 가져오는지를 면밀하게 마음의 눈으로 관찰한다는 뜻이기도 하다.

정서적, 신체적으로 건강하다는 것은 내부감각이나 고유감각을 포함한 여러 가지 감각정보와 거기에서 유발되는 다양한 예측오류 정보에 대해 제대로 가중치를 배분하고 중요한 것에 '선택적 주의'를 둘 수 있다는 뜻이다. 반면 신경시스템이 건강하지 못한 상태는 수많은 감각정보 중에서 의미 있는 중요한 것과 노이즈에 불과한 중요하지 않은 것을 구분하는 능력을 상실한 것이다. 따라서 감정조절장애나 만성통증에서 벗어나기 위해서는 잘못된 능동적 추론 과정을 바로잡아야 한다.

불안장애, 우울증, 트라우마, 스트레스, 만성통증 등으로 고통을 겪는 환자뿐 아니라 일상생활에서 지속적인 스트레스나 분노, 무기력, 다양한 형태의 통증 등으로 불편을 겪는 사람도 정도의 차이는 있을지언정 내부감각에 관한 추론 과정에서 문제를 안고 있다고 보아야 한다.

다시 한번 강조하지만, 만성통증뿐 아니라 감정의 문제 역시 '몸'에 관한 증상이다. 분노, 짜증, 공격성, 불안, 공포, 우울, 좌절, 무력감, 역겨움 등의 '감정'은 우리 몸이 내부감각을 통해 뇌로 올려보내는 다양한 감각신호를 바탕으로 내적모델이 생산해낸 것이다. 통증과 감정의 기본적인 메커니즘은 동일하다. 마음이 아파서 몸에 통증이 생기는 경우도 많고, 몸이 아파서 마음의 문제가 생기는 경우도 많다.

우리는 허리가 아프면 허리를 주무르거나 펴면서 몸을 다스리려 한다. 그러나 불안이나 우울에 시달릴 때는 그러한 감정의 근본 원인인 몸을 다스리려 하지 않는다. 그저 이런저런 생각이나 의도로 자신의 감정을 다스리려는 오류를 범한다. 감정을 생각의 한 종류라고 착각하기 때문이다. 여전히 데카르트적인 심신이원론에 갇혀 있는 것이다. 생각을 바꾼다고 해서 허리 통증이 사라지지는 않듯이 생각을 바꾼다고 해서 불안이나 우울감이 사라지지는 않는다. 생각이나 의도만으로는 감정을 조절하기가 어렵다는 사실을 분명히 알아야 한다.

　물론 불안장애나 우울증이 심한 사람은 몸을 약간 움직이는 것조차 버거울 수 있다. 그래도 움직여야 한다. 호흡 알아차리기와 함께 간단한 스트레칭이라도 시작해야 한다. 내부감각과 고유감각에 대한 자각 훈련을 통해서 내 몸의 능동적 추론시스템이 새로운 방식으로 다양한 감각신호를 처리하게 해야 한다. 마음이 아플 때에는 몸의 움직임과 그 움직임에 대한 자각 훈련을 통해 해결 방안을 찾아야 한다는 뜻이다. 이것이 마음근력 훈련의 근본 원칙이자 기본적인 방향이다. 생각을 바꾼다고 해서 감정의 문제가 해결되지 않는다. 몸의 내부감각을 처리하는 시스템을 바꾸어야 한다. 마음근력을 키우기 위한 내면소통 명상에서 늘 호흡 알아차리기와 움직임 명상을 강조하는 것은 바로 이 때문이다.

5장

내부감각 명상

감각과 신체를 통한 감정조절

현대 뇌과학은 인간의 감정이나 의식작용이 단순히 뇌에서 이루어지는 정신적 작용만이 아니라 신체의 감각적 경험과 움직임 속에서 형성되고 조절된다는 사실을 분명히 보여준다. 바렐라(Francisco Varela)의 '체화된 인지(embodied cognition)' 이론이나 다마지오의 신체표지가설은 감정과 의식이 신체 내부와 외부에서 발생하는 생리적 변화와 환경 사이의 지속적인 상호작용을 통해 생성된다는 점을 강조한다.

신경계는 내부와 외부의 다양한 감각정보를 지속적으로 수집하고 처리하며, 이 과정에서 신체 상태를 미세하게 조절한다. 예를 들어 특정 공포를 경험할 때 과거의 신체적 경험과 연관되어 신체 반응이 강화되는 현상이 나타나는데, 이는 단순히 뇌의 계산 결과라기보다는 신체 전체의 작용의 결과임을 보여준다.

감각은 크게 외부감각과 내부감각으로 구분된다. 외부감각은 시각·청각·후각·미각·촉각 등 외부 환경의 자극을 인식하여 주변 세계를 이해하도록 돕고, 내부감각은 심장박동·호흡·장운동·체온 조절·근육 긴장도 등 신체 내부의 상태를 감지하여 감정 형성에 직접적인 역할을 한다. 감정은 신체 상태에 대한 신호를 뇌가 해석한 결과다. 따라서 내부감각을 정밀하게 알아차리는 내면소통 명상은 편도체 안정화를 위한 훈련의 핵심이 된다.

감정조절 능력 향상을 위한 내부감각 명상

감정조절장애를 겪는 사람은 정상적인 신체 감각을 위협 신호로 종종 오인하곤 한다. 신경계의 능동적 추론 능력을 향상시켜 감정조절력을 강화하기 위한 주요 내부감각 인지 훈련법은 다음과 같다.

● **호흡 알아차리기 훈련**: 호흡 명상에는 크게 호흡 알아차리기와 의도적인 호흡 조절하기가 있다. 호흡 명상의 기본이라 할 수 있는 '호흡 알아차리기' 훈련은 호흡에 의도적인 개입을 하지 않고 그냥 자연스레 호흡을 따라가는 것이다. 호흡 명상은 지금 여기에 온전히 존재하기 위한 가장 효과적이고도 강력한 방법이다. 호흡이란 항상 지금 여기서 나에게 벌어지는 사건이다. 호흡을 놓치지 않고 계속 따라가면서 알아차리는 것이 호흡 알아차리기 명상의 핵심이다. 이때 호흡을 의도적으로 조절하면 안 된

이론편: 내면소통 명상을 위해 배워야 할 것들

다. 호흡마저 또 하나의 의도적인 행위가 되기 때문이다. 어떠한 의도도 없이 그저 내 코로 들어오는 숨결과 나가는 숨결에 계속 주의를 두기만 하면 된다. 호흡 몇 번에 주의를 두는 것은 매우 간단하지만 지속적으로 주의를 두기란 쉽지 않다. 호흡 명상에 대해 더 자세한 설명을 원한다면 나의 전작 《내면소통》 11장을 참고하기 바란다.

● **호흡 조절하기 훈련**: 호흡 조절하기 훈련은 의도적으로 호흡을 '하는' 것이다. 아랫배에 주의를 집중해서 의도적으로 들이마시고 내쉬는 모든 종류의 호흡이 이에 해당한다. 명상 초보자라면 특수한 경우 이외에는 호흡 조절하기 훈련은 안 하는 것이 좋다. 초보자에게 권하는 '특수한' 호흡 조절하기 훈련으로는 미주신경 자극 호흡법이 있는데 편도체를 안정화하는 데 특히 효과적이다.

미주신경 자극 호흡(respiratory vagal nerve stimulation: rVNS)은 말 그대로 미주신경을 자극하여 편도체를 안정시키고 전전두피질의 기능을 활성화하여 여러 인지능력이나 문제해결력뿐 아니라 의사결정력 향상에도 도움을 준다. 여러 과학적 연구들이 그 효과를 입증한 바 있다.

미주신경 자극 호흡법의 핵심은 들숨보다 날숨을 두 배 이상 천천히 오래 내쉬는 것이다. 3초 동안 들이마셨으면 6초 이상 내쉬고, 4초 동안 들이마셨으면 8초 이상 내쉰다. 마음속으로 하나, 둘, 셋, 넷을 세면서 들이쉬고, 내쉬면서 하나부터 여덟까지 세도록 한다.

숨을 길게 내쉬기 위해 숨이 차고 힘이 들 정도로 무리해서는 안 된다. 몸과 마음이 편안해질 정도로, 턱과 목근육의 긴장이 풀리고 어깨가 내려갈 정도로 부드럽고 고요하게 해야 한다. 날숨을 길고 일정하게 내쉬는 요령은 입술을 조금만 벌리고 입으로 내쉬는 것이다.

자기 전에 누운 자세로 미주신경 자극 호흡을 하면 깊이 잠드는 데도 큰 도움이 된다. 자기 전에는 조금 더 긴장을 완화하기 위해서 4-4-8 호흡을 해볼 것을 권한다. 즉 4초 들이쉬고, 4초 멈추고, 8초 내쉬는 것을 반복한다. 또는 4-7-8 호흡도 좋다.

더 깊게 하려면 4-4-8-2로 한다. 즉 4초 들이쉬고, 4초 멈추고, 8초 내쉬고, 2초 멈추는 것을 호흡의 한 사이클로 삼아 반복한다.

4초 들이쉬고
4초 멈추고
8초 내쉬기

이론편: 내면소통 명상을 위해 배워야 할 것들

● **심장박동 인지 훈련:** 호흡 명상을 하면서 호흡 알아차리기를 하면 대부분 심박수는 안정된다. 호흡의 주동근인 횡격막의 움직임은 심막인대를 통해 심장에 직접 전달된다. 물론 심장박동을 의도적으로 조절하는 것은 불가능하다. 하지만 심장박동에 주의를 집중해서 고요하게 알아차리려는 노력을 기울일수록 심박수가 안정된다.

심장박동이 안정되었다고 느껴지면 심박수를 세어보도록 한다. 손가락을 손목이나 심장 부위 등에 대지 않은 채로 그냥 앉거나 누운 상태에서 심장박동을 느껴보는 것이다. 심장박동은 흔히 왼쪽 가슴 부위보다는 얼굴, 목, 배 쪽에 일어나는 느낌으로 알아차리게 된다. 스마트워치나 휴대폰의 심박 측정 앱을 이용해서 1분간의 심박수를 얼마나 정확히 인지할 수 있는지를 테스트해본다. 몸과 마음이 이완될수록, 몸과 마음이 고요함을 찾아갈수록 심박을 더 정확하게 인지할 수 있음을 알게 될 것이다.

● **근육 이완 훈련:** 얼굴, 어깨, 복부 등 온몸의 근육을 긴장시켰다가 이완하는 것을 반복함으로써 근육의 전반적인 긴장 상태를 점진적으로 해소하는 것을 점진적 근육 이완(progressive muscle relaxation, PMR) 기법이라 한다. 이 훈련은 편도체의 활성화를 감소시키고 감정조절을 하는 데 도움이 된다. 아우토겐 명상의 효과 역시 비슷하다. PMR이나 아우토겐 명상은 내부감각과 고유감각에 대한 인지능력을 동시에 높여주며, 이완의 효과

가 매우 뛰어나서 수면 유도 명상으로도 적합하다.

일상생활 속에서의 뇌신경계 이완 명상

내부감각 명상에는 편안한 자세로 앉아 눈을 감고 코끝에서 느껴지는 들숨과 날숨을 알아차리는 호흡 명상, 심박수를 스스로 알아차리는 심장박동 인지 훈련, 얼굴·목·어깨 등의 근육 긴장을 점진적으로 해소하는 점진적 근육 이완 기법, 손끝이나 발끝의 미세한 감각에 집중하여 내부 상태를 지속적으로 모니터링하는 감각 명상 등이 있다. 특히 뇌신경계와 연결된 신체의 특정 부위들은 감정 유발에 직접적인 영향을 미친다. 또한 날숨을 길게 하거나 해서 뇌신경계 10번인 미주신경을 활성화하면 심박수를 낮추거나 온몸의 긴장을 이완할 수 있다.

구체적인 뇌신경계 이완 명상 기법에는 편안한 자세에서 아래턱을 살짝 떨어뜨리고 턱근육(교근, 측두근)을 완전히 이완하는 방법, 눈을 감고 호흡을 가다듬은 후 눈동자를 부드럽게 좌우··상하로 움직여 안구근육을 이완하는 방법, 깊은 호흡과 함께 어깨를 부드럽게 떨어뜨리고 둥글게 돌려 승모근 및 흉쇄유돌근 긴장을 해소하는 방법, 혀끝을 윗니 뒤쪽에 가볍게 붙인 후 혀근육을 완전히 이완하며 호흡을 깊게 하는 방법 등이 있다. 이러한 기법을 통해 뇌신경계와 관련된 신체 부위들을 이완하면 뇌에 지금은 위기 상황이 아니라는

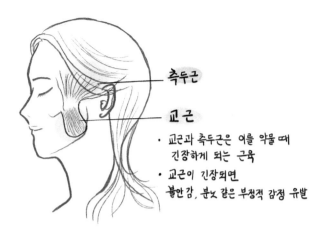

측두근

교근

- 교근과 측두근은 이를 악물 때
  긴장하게 되는 근육
- 교근이 긴장되면
  불안감, 분노 같은 부정적 감정 유발

것을 알려주어 편도체가 안정화되고 편안한 감정 상태를 유지할 수
있다.

일상생활에서 감정조절을 위한 나만의 실천 가이드를 마련해두는
것도 필요하다. 예컨대 스트레스 상황에서는 직장이나 가정에서 미
주신경 자극 호흡과 함께 턱 및 어깨근육 이완을 즉시 실행하거나,
수시로 감정과 관련된 신체 부위(턱, 어깨, 혀, 안구근육, 복부 등)의 긴
장 상태를 스스로 알아차리는 습관을 들이도록 한다.

거울을 보며 턱근육이나 승모근, 얼굴 표정 등이 과도하게 긴장되
어 있지 않은지도 확인한다. 특정 스트레스 상황이나 집중이 필요한
순간에는 습관적으로 자신만의 이완 기법을 적용할 수 있도록 하고,
자신의 신체적 긴장과 감정 변화를 명상일지에 기록하여 패턴을 살
펴보는 것도 유용하다. 이 모든 과정에서 핵심은 나의 신체 변화의

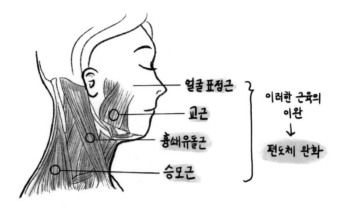

얼굴 표정근

교근

흉쇄유돌근

승모근

이러한 근육의
이완
↓
편도체 완화

패턴과 감정 사이의 일정한 연관성을 알아차리는 능력을 향상시키
는 것이다.

● **턱근육 이완**: 편안한 자세로 앉아 턱근육의 힘을 빼서 아래
턱이 중력에 의해 살짝 떨어지도록 하고, 입술은 다물되 위아
래 어금니가 서로 닿지 않도록 힘을 뺀다. 턱근육(교근, 측두근)
을 손으로 살살 마사지하면서 긴장된 부분을 더 이완하고 호
흡 명상을 하면서 숨을 내쉴 때마다 계속 편안하게 이완하도록
한다.

● **안구근육 이완**: 눈을 감고 호흡을 가다듬은 후 안구를 천천
히 좌우·상하로 움직인다. 안구근육의 이완을 직접적으로 느끼
기란 쉽지 않다. 한 가지 방법은 안구를 위나 아래쪽으로 끝까

지 움직였다가 툭 놓듯이 이완하는 것이다. 상하 좌우로 움직이기 시작해서 좌우 사선 방향으로도 움직이다가 원을 그려본다. 시계 방향으로, 그리고 시계 반대 방향으로 원을 그린다. 안구근육이 어느 정도 이완이 되었다고 느껴지면 이번에는 완전히 힘을 빼고 안구가 따뜻한 물 위에 가볍게 떠 있다고 상상하면서 천천히 호흡을 계속한다.

● **승모근 및 흉쇄유돌근 이완**: 깊게 호흡하면서 양쪽 어깨를 귀쪽으로 들었다가 툭 내려놓는 것을 반복한다. 그리고 팔을 내려뜨린 상태에서 어깨를 둥글게 돌려 긴장을 해소한다. 귀와 어깨 사이가 멀어진다는 느낌으로 자세를 바로잡고, 호흡과 함께 어깨의 긴장을 점차 이완해서 양쪽 어깨가 점점 더 골반 쪽으로 내려오는 듯한 느낌을 가져본다.

● **혀근육 이완**: 입술을 가볍게 다문 상태에서 입속에서 혀끝을 윗니 뒤쪽에 가볍게 붙이고, 혀밑근육을 완전히 이완시키며 천천히 호흡한다. 혀와 입천장이 분리되는 느낌을 유지하면서 동시에 뺨 안쪽, 콧등, 비강 부위가 이완되는 것을 느껴본다. 혀근육과 턱근육을 교대로 이완하면서 계속 편안하게 호흡한다.

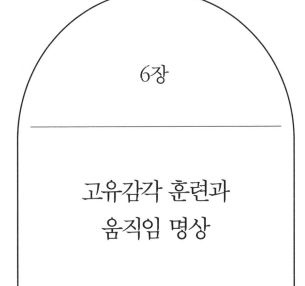

6장

고유감각 훈련과
움직임 명상

고유감각 훈련이란 무엇인가

고유감각 훈련을 위한 움직임 명상은 신체 내부에서 발생하는 감각을 세밀하게 알아차리고 이를 바탕으로 움직임을 조율하는 훈련이다. 이는 신경계의 능동적 추론시스템을 향상시키고 감각과 움직임을 통합하는 과정이다. 우리의 신체는 움직일 때마다 다양한 감각정보를 생성하며, 이러한 감각은 우리의 의도와 주의력에 의해 조절된다.

고유감각 훈련은 내부감각 훈련과 차별화된다. 내부감각 훈련이 주의(attention)를 중심으로 감각인지를 확장하는 과정이라면, 고유감각 훈련은 의도(intention)를 중심으로 신체 감각을 조율하는 것이다. 즉 움직임을 의식적으로 조절하면서 신체 내부에서 발생하는 감각을 명확히 인지하는 것이 핵심이다. 예를 들어 손을 뻗거나 발을 디딜 때 우리가 무의식적으로 감지하는 균형 감각, 근육의 긴장도, 중력에 대한 반응 등이 고유감각의 중요한 요소다. 이러한 감각을 훈련하면 움직임의 정밀성이 향상되고 감각-운동 조절 능력이 높아진다.

움직임은 단순한 신체적 활동이 아니라 신경계의 정교한 작용을 포함하는 과정이다. 우리의 모든 행동에는 의도가 있으며, 의도는 움직임의 출발점이 된다. 바렐라는 이를 '행위적 지각(enactive perception)'이라 부르면서, 인간의 지각은 단순한 정보 입력이 아니라 몸의 움직임을 통해 능동적으로 구성된다고 보았다.

움직임 명상을 효과적으로 수행하려면 의도와 주의의 관계를 명확히 이해할 필요가 있다. 의도는 특정한 목표를 설정하고 그에 따라 움직임을 조율하는 과정이며, 주의는 그 움직임의 결과로서 발생하는 다양한 감각을 인식하는 과정이다.

예를 들어 커피잔을 들어올린다고 하자. 이때 먼저 커피잔을 들어올리겠다, 그러기 위해서는 팔을 뻗어야겠다, 그리고 손가락을 움켜쥐어 잔을 잡아야겠다, 하는 식의 연속적인 의도가 발생한다. 그리고 그에 따라 근육을 수축-이완한다. 이때 손 움직임의 자연스러운 방향과 속도도 설정하게 된다. 이러한 움직임은 시시각각으로 감각 정보(손이 움직이는 감각, 잔의 무게를 느끼는 감각, 속도, 방향 등)를 의식으로 올려보내는데, 그것이 고유감각이다. 이를 바탕으로 의식은 연속적으로 계속 일정한 의도를 내려보낸다. 이때 연속적인 예측과 예측오류의 발생과 그에 따른 예측오류의 수정이 계속 일어난다. 즉 커피잔이 생각보다 무겁다든지 가볍다든지 하는 수정이 순간순간 일어나는 것이다. 물론 커피잔을 들기 전에 이미 의식은 과거의 경험에 비추어 커피잔의 무게는 이 정도일 것이라고 '예측'을 하고 그것을 지속적으로 조금씩 수정해나간다. 그러한 예측에서 많이 벗어나는 상태가 '서프라이즈(surprise)'의 상태이며 우리의 능동적 추론시스템은 서프라이즈가 적게 일어나도록 최선을 다하고 있다. 즉 우리의 뇌는 예측오류를 최소화하기 위한 시스템이다. 이것이 칼 프리스턴이 말하는 '자유에너지 최소화의 법칙'의 의미다. 움직임을 통해 신경계의 능동적 추론시스템이 작동하는 과정을 간략히 정리해보면 다음과 같다.

(1) 의도: 움직이기 전에 어떤 방향으로 어떻게 움직일지에 대한 계획을 세운다. (2) 감각 피드백: 움직이는 동안 신체 감각을 지속적으로 모니터링하며, 필요에 따라 조정한다. (3) 예측오류에 대한 수정: 뇌가 현재의 움직임과 기대한 움직임을 비교하면서 적절한 수정 과정을 거친다.

움직임 명상은 움직임에서 발생하는 의도와 주의를 면밀하게 알아차림으로써 신체의 변화에 대한 인지능력을 정밀하게 향상시키는 훈련이다. 이는 고유감각적 주의력과 의도에 따른 신경근 조절 능력을 동시에 향상시키며, 신체와 정신의 조화를 이루는 데 도움을 준다. 걷기, 달리기, 요가, 필라테스, 근력운동, 수영, 타이치 등 어떤 형태의 움직임이든 모두 움직임 명상으로 사용할 수 있다. 다음과 같은 기본 요소만 갖추면 된다.

● **의도 설정**: 특정한 움직임을 수행하기 전에 명확한 의도를 설정한다. 예를 들어 손을 들어올릴 때 '내가 어떤 방향으로, 그리고 어떤 느낌으로 어디까지 손을 움직이는가'를 미리 상상한다.

● **감각 알아차리기**: 움직임이 진행되는 동안 몸에서 느껴지는 감각을 명확하게 알아차린다. 이를 통해 신경계는 더욱 정교한 움직임을 설계한다.

● **피드백 조정**: 움직임의 결과를 감각적으로 피드백을 받아 조정하는 과정을 반복한다.

이러한 원리는 요가, 타이치, 펠덴크라이스 등의 소매틱 훈련에서도 마찬가지로 활용된다. 소매틱 훈련과 같은 움직임 명상의 목적은 움직임에 대한 알아차림 수행을 통해 감정인지력과 감정조절력을 향상시키는 것이다.

신경계와 움직임 명상

움직임은 단순한 근육의 작용이 아니라 신경계 전체의 협력 작용이다. 특히 두정엽과 전운동피질이 움직임과 의도를 조절하는 데 중요한 역할을 한다. 뇌종양 수술은 흔히 두개골을 연 상태에서 환자를 마취상태에서 깨워 반응을 보아가며 진행한다. 이러한 뇌수술 환자를 대상으로 뇌에 직접 전기 자극을 가하며 진행했던 실험 결과에 따르면, 두정엽을 자극했을 때 피험자는 움직이고 싶다는 강한 의도를 느꼈고 자신이 움직였다고 기억했다. 실제로는 움직이지 않았는데 말이다. 반면에 전운동피질을 자극했더니 실제로 팔과 다리를 움직였지만, 피험자는 움직이려는 의도를 못 느꼈고 자신이 움직였다는 사실을 자각하지도 못했다. 이 실험 결과를 통해 우리 뇌에는 움직임 의도를 처리하는 부위와 실제 움직임을 처리하는 부위가 독립적으로 존재한다는 것을 알 수 있다.

이러한 신경과학적 연구는 움직임 명상의 중요성을 시사한다. 움직임의 기능과 움직임을 인지하는 기능은 별개인 것이다. 그렇다 보니 자신의 움직임을 정확하게 인지하지 못하는 경우가 많다. 하지만 이는 훈련으로 개선이 가능하다. 고유감각 훈련을 통해 신체 감각과 신경계의 연결성을 증진시키고, 의식적으로 움직임을 조절하는 능력도 향상시킬 수 있다. 고유감각 훈련을 위한 움직임 명상의 효과는 다음과 같다.

- **움직임 관련 신경가소성 증가**: 움직임에 대한 의도와 결과를 지속적으로 알아차리는 움직임 명상 훈련은 움직임과 관련된 신경망을 재구성하고 새로운 패턴의 신경망을 형성하는 데 도움이 된다.
- **감각-운동 통합 강화**: 감각과 운동의 피드백 고리를 최적화하여 의도와 결과 간의 불일치를 최소화한다. 이에 따라 움직임의 전반적인 효율성을 높일 수 있게 된다.

움직임 명상
⇓
신경가소성 증가
감각-운동 통합 강화
정신적 안정성 향상

● **정신적 안정성 향상**: 고유감각 인지능력을 향상시키면 신체 전반의 체성감각에 대한 능력이 높아진다. 이에 따라 움직임과 감각이 서로 조화를 이루면서 알로스태시스 상태에 보다 쉽게 도달하여 신체적 긴장이 완화되고 부정적 감정이 덜 일어난다.

고유감각 훈련 방법

고유감각 훈련과 움직임 명상은 단순한 운동이 아니라 신경계와 감각을 조율하는 깊은 차원의 과정이다. 의도와 감각에 대한 명료한 인식은 감정조절에 큰 도움을 준다. 가장 먼저 시도해볼 만한 것은 서서 하는 명상이다.

이론편: 내면소통 명상을 위해 배워야 할 것들

나는 오래전부터 명상의 기본 자세는 서서 하는 것이라고 생각해 왔다. 특히 명상 초보자에게는 서서 하는 명상을 권한다. 훨씬 더 깊은 명상을 할 수 있고 졸리지도 않고 집중도 잘된다. 다리 저림도 없다. 서서 명상을 할 때에는 중심체중의 미세한 변화나 약간의 자세 변화도 쉽게 인지할 수 있어 초보자도 움직임 명상의 묘미를 느낄 수 있다. 몸에서 올라오는 감각에 더 잘 집중할 수 있어 호흡 명상을 더 깊게 할 수도 있다. 신체의 움직임과 호흡을 연계하여 수행하는 명상 중의 하나다.

가만히 서서 명상하는데 왜 '움직임' 명상이라고 하는지는 직접 해 보면 금방 알 수 있다. 움직이지 않으려면 끊임없이 미세하게 움직여야 한다는 사실도 깨달을 수 있다. 서서 하는 명상에 익숙해지면 체중 이동, 한 발 서기, 걷기 등의 고유감각 훈련을 해볼 수 있다. 구체적인 방법은 뒤의 실습편을 참고하기 바란다.

감정조절 훈련에 도움이 되는 고유감각 훈련에는 여러 가지가 있을 수 있다. 중요한 것은 움직임의 종류가 아니라 얼마나 고유감각에 집중할 수 있느냐다.

● **메이스벨 훈련(인도 요가의 가다):** 손과 팔의 움직임을 조절하며 고유감각을 활용하는 훈련이다. 특정한 패턴으로 메이스벨을 회전시키면서 움직임과 의도를 조화롭게 만드는 데 초점을 맞춘다. 무게 추의 움직임은 눈으로 볼 수 없기 때문에 전적으로 손을 통해 몸으로 전해지는 추의 움직임을 고유감각을 이용해 인

지하고 조절해야 한다.

● **페르시안밀 훈련(페르시안 요가)**: 한 손에 하나씩 방망이를 들고 등 뒤로 돌리는 동작을 반복한다. 메이스벨과 마찬가지로 방망이를 눈으로 볼 수 없고 손을 통해 전해지는 페르시안밀의 움직임을 고유감각을 통해 인지하고 조절해야 한다. 체중 이동과 몸통의 회전력이 페르시안밀에 잘 전달되도록 리듬에 맞추어야 한다. 중력을 거스리지 말고 순응해야 무거운 무게를 가볍게 돌릴 수 있다. 페르시안밀이나 메이스벨 모두 리듬에 따라 좌우로 시선을 돌리게 되므로 EMDR 훈련의 효과도 있다.

● **타이치(Tai Chi)**: 부드럽고 유동적인 움직임을 통해 몸과 마음의 조화를 이루는 훈련법이다. 타이치는 움직임에 대한 의도의 자각과 움직임이 주는 결과에 대한 감각 인지를 동시에 하는 훈련이다. 바깥으로 향하는 움직임의 의도를 알아차리면서 동시에 그 의도가 가져오는 움직임의 결과도 면밀하게 알아차려야 하므로 물 흐르듯이 천천히 움직이게 된다.

● **하타 요가(Yoga)**: 특정한 자세(아사나)를 유지하면서 호흡과 움직임을 조절하는 훈련으로, 고유감각을 강화하는 대표적인 방법이다. 요가는 고유감각뿐만 아니라 신체 내부의 내장 감각까지 깊이 자각하는 훈련이다. 특히 호흡을 알아차리는 호흡 훈련과 병행하는 움직임이다. 움직임에만 집중하느라 호흡을 놓치면 요가가 아니라 단순한 스트레칭이 되고 만다.

● **펠덴크라이스(Feldenkrais) 메소드**: 움직임의 의도와 그 의도

의 결과를 면밀하게 알아차리는 대표적인 소매틱 훈련법이다. 같은 움직임이라고 해도 전혀 다른 의도를 가지고 다른 방식으로 도달할 수 있음을 다양하게 경험함으로써 고유감각의 능력을 대폭 향상할 수 있다. 그리고 이 과정을 통해 움직임의 의도와 결과 사이의 괴리를 체험할 수 있다. 결과적으로 움직임에 대한 알아차림 훈련을 통해 몸의 사용 방식을 최적화하고, 보다 효과적인 움직임을 만들어낼 수 있게 된다. 이러한 과정은 인간의 몸이 본래 갖고 있던 합리적인 움직임의 패턴을 스스로 찾아갈 수 있도록 도와준다. 일상적인 생활에서는 경험하기 힘들었던 깊은 수준의 이완과 감정적 편안함은 덤으로 찾아온다.

움직임은
단순근육 작용이 아니라
신경계 전체의 협력작용
↓
감각을 알아차리고
움직임과 호흡, 심리적 안정을
조화롭게 결합

존2(zone 2) 운동:
몸과 마음의 건강을 위한 최고의 고유감각 훈련

'김주환의 내면소통' 유튜브 댓글에 가장 많이 언급되는 키워드 중의 하나가 존2 운동이다. 정말 많은 사람이 큰 효과를 보고 있다고 입을 모아 이야기하는 것이 존2 운동의 강력한 감정조절 효과다. 사실 존2 운동은 감정조절력 향상을 위해 개발되거나 연구된 것은 아니다.

존2 운동법은 유산소운동 능력을 더욱 끌어올리기 위해 개발되었다. 그 효과를 입증한 것이 스페인의 사이클 선수들을 대상으로 한 연구였다. 투르드프랑스 등의 대형 사이클 경기는 최상의 순발력과 심폐지구력을 요구하는 극강의 유산소운동이다. 전통적으로 사이클 선수들의 심폐기능을 강화하기 위한 운동법은 강약의 운동을 반복하는 고강도 인터벌 트레이닝(HIIT)이었다. 그런데 스페인의 사이클 선수들은 운동시간의 대부분을 존2 운동에 할애했다. 젖산 역치 이하의 낮은 강도로 유산소운동을 계속 하다가 훈련의 마지막 10% 정도만 전력을 다해 질주하는 방식이다. 젖산 역치 이하의 낮은 강도의 유산소운동을 몇 시간씩 하는 것은 운동처럼 느껴지지도 않고 심지어 지루하기까지 했다. 그러나 그 지루한 운동의 효과는 놀라웠다. 고강도 인터벌 트레이닝을 한 그룹보다 존2 운동을 한 그룹이 심폐기능, 파워, 지구력 등 모든 지표에서 훨씬 더 개선되었기 때문이다.

이론편: 내면소통 명상을 위해 배워야 할 것들

가장 약한 강도의 운동이 1단계(zone 1)라면 최대 심박수에 근접한 정도의 강한 운동이 5단계(zone 5)다. 천천히 걷는 정도의 1단계보다 강도가 조금 더 센 운동이 존2(zone 2) 운동이며, 특히 존2 상단 부분에서 심박수를 일정하게 유지하는 것이 좋다. 즉 세 번째 단계로 넘어가기 직전의 강도가 적절하다는 뜻이다. 몸으로 들어오는 산소의 양과 근육 사용에 의해 소모되는 산소의 양이 정확히 균형을 이루는 이 지점에서 우리 몸의 신진대사가 가장 효율적으로 이루어진다.

이보다 더 센 강도로 운동하면 무산소운동으로 전환되면서 체내에 젖산이 쌓이기 시작한다. 젖산은 열량을 발생시키고 근육의 손상과 통증을 막아주는 역할을 한다. 하지만 젖산이 축적되기 시작했다는 것은 곧 유산소운동의 최대치 범위를 넘어섰다는 뜻이며, 몸이 전혀 다른 형태의 에너지 생산 방식을 채택하기 시작했음을 의미한다. 따라서 세 번째 단계로 넘어가지 않는 선에서 운동 강도를 유지하는 것이 존2 운동의 핵심이다.

소비되는 산소와 사용되는 산소가 균형을 이루게끔 유지시켜주는 존2 운동을 꾸준히 하면 세포의 에너지 생산 효율이 높아진다. 좀 더 정확히 말하자면 미토콘드리아의 기능이 강해질 뿐만 아니라 그 수도 늘어난다. 면역력 강화와 노화 방지에도 도움이 된다. 이러한 효과는 3단계 이상의 운동에서는 거의 나타나지 않는다. 무조건 강도 높은 운동을 하는 것만이 능사는 아니라는 뜻이다.

가장 효과적인 유산소운동은 전체 운동시간의 80~90퍼센트를 존2 운동에 할애하고 나머지 10~20퍼센트를 격렬한 4~5단계 운동에 할애하는 것이다. 예를 들어 한 시간 동안 유산소운동을 한다면 50분 정도는 존2 심박수를 유지하다가 마지막 10분(또는 5분) 동안 최대 심박수에 근접한 5단계 운동을 한다. 그러면 60분 내내 체력이 다 소진되도록 기를 쓰고 운동하는 것보다 체력 증진이나 운동능력 향상에 훨씬 더 효과적이며, 심폐기능 향상에도 도움이 된다. 극단적인 심폐기능을 요구하는 사이클 경기에서 선수들의 심폐지구력과 마지막 어택에 필요한 강력한 근력과 파워를 키우는 데에도 고강도 인터벌 훈련보다는 존2 중심의 훈련이 훨씬 더 효과적임이 입증되었다.

나는 존2 운동을 알아차림 훈련과 결합하면 좋겠다고 생각했다. 즉 존2 운동을 하는 동안 고유감각 훈련을 하자는 것이다. 어차피 존2 운동을 하려면 30분이든 50분이든 꽤 긴 시간을 일정하게 천천히(!) 달려야 한다. 존2 운동의 어려움은 세게 시원하게 달리고 싶은 충동을 참으면서 계속 낮은 심박수를 지루하게 유지해야 하는 것이다. 잠깐 집중하지 않고 달리다 보면 어느새 3단계로 넘어가버린다. 따라서 운동하는 내내 나의 몸과 심박수에 집중해야 한다. 따라서 존2 운동을 하면서 내 몸의 움직임이 주는 여러 가지 감각에 집중하는 달리기 명상은 몸과 마음을 한번에 건강하게 해주는 아주 훌륭한 움직임 명상이라 할 수 있다.

유산소운동을 할 때 주의할 점이 있다. 대부분의 사람이 너무 과하게 운동을 해서 문제가 된다. 숨을 헐떡이며 체력이 닿는 데까지 최대한 운동하려는 우를 범한다. 그래야 체력 증진에 도움이 되고 운동 효과를 극대화할 수 있다고 착각한다. 마음근력을 강화하기 위한 유산소운동을 할 때 이를 악물고 정신력으로 달려야 한다고 오해하는 사람이 많다. 이처럼 체력의 한계까지 밀어붙이는 운동은 그 효과가 미미할뿐더러 오히려 몸과 마음을 약화하는 부작용이 발생할 가능성이 있다. 무엇보다 부상의 위험도 있다. 마음근력 향상에도 별 도움이 되지 않는다.

고유감각 훈련을 위한 가장 효율적인 유산소운동은 심박수가 2단계에 머물도록 조절하는 존2 운동임을 다시 한번 강조한다. 실제로 내면소통 명상 유튜브 채널에 달린 수많은 댓글 중에 가장 많은 사람이 확실한 효과를 보았다고 증언하고 있는 것이 바로 존2 운동이다.

존2 운동을 위한 심박수 계산법

그렇다면 나의 존2 심박수는 어떻게 알 수 있을까? 개인마다 다르지만 최대 심박수의 65~75퍼센트 구간이라고 보면 된다. 더 정확하게 측정하고 싶다면 유산소운동을 하면서 실시간으로 젖산 농도를 측정해보면 된다. 그러나 일반인에게 이는 매우 어려운 일이다. 대신 심박수를 통해서 근사치를 구해볼 수는 있다. 존2 심박수의 역치(3단계로 넘어가기 전의 최상단)를 구하는 공식은 다음과 같다.

0.7 × (최대 심박수 - 휴지기 심박수) + 휴지기 심박수

이 공식에 따르면 나의 존2 심박수 역치는 141이다[0.7×(179 -
52)+52=141]. 그런데 내가 보기에 이 공식은 아무래도 수치가 좀 높
게 나오는 듯하다. 최대 심박수의 거의 80퍼센트에 육박하기 때문이
다. 최대 심박수의 75퍼센트(179×0.75=134)가 더 정확한 2단계 역치
를 구하는 방법인 듯하다.

아무튼 이 공식에 따라 본인의 존2 역치(최대 유산소운동 심박수)
를 구한 후에 운동 중에 실시간으로 심박수를 계속 모니터링하면서
그 심박수를 유지하는 것이 핵심이다. 분당 심박수는 스마트워치나
스포츠 밴드로 쉽게 측정할 수 있다. 휴지기 심박수는 아침에 잠에
서 깨자마자 침대에 누운 채로 측정하면 된다. 아침 기상 직후에 누
워서 재는 심박수는 그냥 편안하게 가만히 앉아서 잴 때보다 약간

이론편: 내면소통 명상을 위해 배워야 할 것들

낮게 나온다. 나는 가만히 앉아서 재면 분당 심박수가 58 정도인데, 아침 기상 직후의 분당 심박수는 52 정도다.

존2 심박수를 유지하는 운동 강도는 옆 사람과 간단한 대화를 편안하게 할 수 있는 정도다. 예컨대 운동하다가 전화를 받았다면 상대방이 내가 운동 중이라는 것을 알아차릴 정도로 호흡이 약간 거칠지만 그래도 편안하게 통화할 수 있을 정도의 운동 강도다. 만약 숨이 차서 대화하는 데 지장이 있다면 이미 존2를 넘어섰을 가능성이 있으므로 주의해야 한다.

존2 유산소운동은 심장이 고르고 규칙적으로 뛰게 하는 훈련이므로 감정조절 능력 향상에 큰 도움이 된다. 스스로 불안감이나 분노의 감정이 높은 수준이라고 느껴지면 오늘부터 당장 존2 운동을 매일 해보라. 한 달만 꾸준히 하면 놀라운 효과를 실감하게 될 것이다. 처음 시작할 때는 30분 정도만 해도 좋다. 운동을 통 안 했다면 그냥 빠르게 걷는 것만으로도 존2 범위를 넘어설 수도 있다. 그럴 때는 조금 살살 부지런히 걷자. 1~2주 하다 보면 빠르게 걷거나 아주 천천히 뛰어도 심박수가 그렇게 급격하게 올라가지 않는다.

존2 운동은 운동 시간을 따로 낼 필요도 없다. 그냥 한두 정거장 일찍 내려서 빠르게 걷는 것만으로도 30분 이상 존2 운동을 하는 효과가 있다. 잠도 잘 올 것이고, 면역력도 높아질 것이며, 염증수치도 낮아지고, 체력도 좋아질 것이다. 무엇보다도 긍정적 정서가 점점 차오르기 시작할 것이다. 존2 운동을 매일 하는 습관을 들인다면 분명히 삶이 달라질 것이다.

존2 운동으로 달리기 명상하기

목, 어깨, 팔, 다리, 몸통 그 어느 부분도 긴장되지 않도록 살피면서 천천히 달리기 시작한다. 우선 호흡에 집중하면서 꼬리뼈부터 정수리까지 일직선을 유지하면서 긴장을 푸는 것이 중요하다. 특히 복부의 긴장을 완화해서 배를 툭 풀어놓는다는 느낌을 유지한다. 머리는 편안하게 세워서 정수리가 계속 하늘 쪽으로 올라간다는 느낌이 들도록 한다. 한편 승모근이 긴장되어 어깨가 올라가지 않도록 어깨를 툭 떨어뜨린 상태를 유지한다. 귀와 어깨 사이가 점점 멀어진다는 느낌이 들도록 한다. 양 팔꿈치는 대각선이 아니라 앞뒤로 움직이는 느낌을 유지한다. 두 손이 가슴 중앙선 앞쪽으로 약간만 오도록, 되도록 몸통 양쪽에서 앞뒤로 움직인다는 느낌이 들도록 한다. 그래야 어깨의 긴장을 이완할 수 있다. 달리기를 시작하고 5분 정도 지나면 호흡과 심박수가 점차 안정된다. 발바닥이 지면에 닿는 느낌, 팔과 다리에 전달되는 다양한 감각, 얼굴을 스치는 바람, 팔의 움직임이 주는 느낌 등 모든 감각을 알아차리는 데 집중한다.

한 걸음 한 걸음 달릴 때마다 발바닥에 전해지는 느낌이 매번 조금씩 달라지는 것도 알아차리도록 한다. 그러다 보면 호흡은 더욱 편안해지고 규칙적이 된다. 케이던스는 분당 160~180걸음 정도를 유지하는 것이 자연스럽다. 케이던스가 너무 느리다고 생각하면 보폭을 조금 줄인다. 달리는 속도를 높이지 않으면서도 케이던스를 올릴 수 있다.

이론편: 내면소통 명상을 위해 배워야 할 것들

달릴 때 허리를 곧게 펴고 편안하게 명상하는 느낌을 유지하면 두 다리가 저절로 앞으로 나아가는 듯한 느낌이 든다. 발바닥부터 발목, 무릎, 고관절, 허리, 등, 목 등의 주요 관절이 부드럽고 자유로워져 마치 푹신한 구름 위를 달리는 것 같다. 지면을 딛는 발바닥에 실리는 체중이 점점 더 가벼워지는 듯한 감각도 생긴다. 엉덩이부터 머리까지 상체는 고요히 앉아 있는 것처럼 평온함을 유지하면서 하체만 자연스럽게 움직이는 것 같아 마치 말을 타고 가만히 앉아 있는 듯한 느낌마저 든다.

어디를 언제까지 가야 한다는 의도도 없다. 지금 여기에 내가 오롯이 존재하며 호흡하고 있을 뿐이다. 지극한 행복감이 온몸에 퍼져간다. 이것이 고유감각에 집중하는 유산소운동으로서의 달리기 명상이다. 앉아서 하는 명상보다 훨씬 더 집중도 잘되고 명상의 효과도 높다. 고유감각 훈련은 실외에서 하는 달리기 운동뿐 아니라 실내자전거나 로잉머신 등 실내에서 하는 유산소운동을 통해서도 가능하다. 존2 운동에서는 심박수가 평소보다 약간 증가하고 규칙적인 상태가 한동안 유지되기 때문에 불안감이나 분노 등 부정적 감정을 완화하는 데 탁월한 효과가 있다. 고유감각에 집중하는 존2 운동이야말로 최고의 명상이다.

존2 운동을 하면서 알아차림 훈련을 하면 몸과 마음의 건강을 모두 얻을 수 있는 최상의 달리기 명상이 된다. 나는 이 움직임 명상을 '주환2 운동'이라 부르고자 한다.

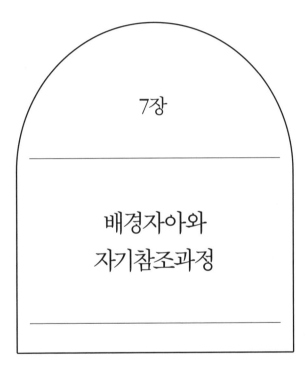

7장

배경자아와
자기참조과정

전전두피질(prefrontal cortex)은 감정조절, 자기성찰, 주의 집중, 공감 및 계획 수립 등의 고차원적 정신 기능을 담당하는 뇌 영역이다. 전전두피질의 활성화는 내면소통을 원활하게 하고, 정서적 안정과 창의성을 증진하며, 궁극적으로는 마음근력을 강화하는 데 중요한 역할을 한다.

한편 배경자아는 우리의 생각과 감정을 알아차리는 근본적인 인식 주체다. 배경자아는 특정한 생각이나 감정으로 이루어진 어떤 실체가 아니라 그것들을 인식하는 근본적인 인식 주체를 의미한다.

우리 안에는 적어도 세 개의 자아가 있다. 하나는 지금 여기서 계속 무엇인가를 경험하면서 그 경험에 대해 스토리를 만들어내고 그것을 일화기억으로 만드는 경험자아다. 다른 하나는 그러한 일화기억의 집적물로서의 자아다. 기억자아라고도 하고, 개별자아라고도 한다.

이러한 경험자아와 기억자아를 알아차리는 것이 바로 배경자아다. 모든 것을 늘 알아차리고 있는 배경자아는 동시에 자기 자신도 알아차리고 있다. 그것이 바로 알아차림에 대한 알아차림(being aware of being aware)의 상태다. 배경자아를 알아차리는 훈련은 강력한 자기참조과정을 유발하기 때문에 전전두피질 활성화에 매우 효과적이다. 배경자아를 알아차리는 것이 명상의 핵심이다. 그리고 배경자아를 직접적으로 알아차리고자 하는 명상법이 바로 격관 명상이다.

배경자아란 무엇인가

우리 내면에는 우리가 흔히 경험하는 기억과 감정, 스토리텔링을 만들어내는 경험자아가 있다. 경험자아가 만들어내는 스토리텔링의 결과가 일화기억으로 집적된 것이 우리가 통상적으로 이야기하는 '자아'다. 즉 이름, 직업, 나이 등 외부에서 드러나는 개별적인 정체성으로 대표되는 기억자아(혹은 개별자아)다. 에고(ego)라고 부르기도 하며, 우리가 일상에서 '나'라고 인식하는 대상이다.

나는 이러저러한 사람이라고 할 때, '나'는 바로 이 기억자아를 가리킨다. 자기소개를 할 때, 우리 머릿속에는 경력과 경험들이 떠오른다. 즉 일화기억이 떠오른다. 자기소개를 할 때의 '나'가 바로 기억자아다. "당신, 내가 누군지 알아?"라고 말할 때의 '누구'가 바로 기억자아이고 에고다. 에고에 집착하는 것을 아집이라고 한다. 이러한 에고가 다른 이들로부터 인정받기를 오매불망 갈망하는 상태를 인정중

이론편: 내면소통 명상을 위해 배워야 할 것들

독 상태라고 한다.

경험자아와 기억자아 뒤에는 결코 흔들리거나 변하지 않는 근본적 존재가 있다. 바로 배경자아(background self)다. 배경자아는 공간이 사물의 존재를 허용하고, 고요함이 소리를 존재하게 하는 것처럼 경험자아와 기억자아를 존재하게 한다. 우리는 경험자아와 기억자아를 통해서 배경자아를 알아차린다. 공간 자체나 고요함 자체를 알아차리기는 어렵더라도 사물의 존재나 움직임을 통해 간접적으로 공간을 알아차리고, 소리(또는 소리의 나타남과 사라짐의 교차)를 통해 고요함을 알아차리는 것과 마찬가지다.

배경자아는 오직 인식의 주체로서 존재하며, 스스로를 대상으로 삼을 수 없기에 직접적으로 묘사하거나 설명할 수 없는 '비대상적'인 존재다. 배경자아는 끊임없이 변하는 스토리텔링을 넘어, 우리 존재의 근본을 이루는 '순수한 알아차림' 그 자체다. 비유적으로 설명하면, 경험자아와 기억자아는 마치 창문에 덧씌워진 커튼과 같다. 커튼은 그날의 기분, 개인의 취향, 사회적 조건에 따라 색깔과 모양이 변한다. 그러나 창문을 통해 들어오는 태양빛, 즉 배경자아는 항상 동일한 원천인 태양에서 흘러나오며 변하지 않는다. 이처럼 배경자아는 외부 조건이나 경험의 변화와 무관하게 늘 존재하는 본질임을 말해준다.

명상의 핵심은 알아차리는 것이다. 예컨대 호흡 명상은 '호흡을 알아차리는 것'이다. 매 순간 일어나는 호흡을 알아차리는 것은 경험자아나 기억자아가 스토리텔링을 할 틈을 거의 주지 않으며, 오직 배경자아, 즉 변하지 않는 인식의 주체만이 더 분명하게 드러나도록 한다. 그래서 우리는 호흡 명상을 하는 것이다.

우리 삶의 문제, 즉 건강, 경제, 인간관계 등은 모두 삶의 상황이나 조건이다. 이러한 조건이 우리에게 고통이나 불안, 번뇌를 가져다준다. 경험자아와 기억자아가 이 조건들에 대해 스토리텔링을 통해 반응할 때, 우리는 그 스토리텔링에 의해 마음의 평화를 잃고 편도체 활성화 상태에 빠지게 된다.

반면 배경자아를 알아차리게 되면, 외부 조건과는 별개로 내면에 존재하는 무조건적이고 변함없는 행복을 체험하게 된다. 이는 구름이 두껍게 낀 날에도 변치 않고 빛을 발하는 태양과도 같다. 외부의 문제가 아무리 크고 복잡하더라도, 배경자아는 그 자체로 고요하고 평온한 상태를 유지하며, 우리가 조건에 흔들리지 않고 '나는 지금 행복하다'라고 인식하게 하는 기반이 된다. 이때 우리의 전전두피질도 활성화된다.

'내면소통 명상'을 통해 배경자아로 돌아가는 과정은 외부 문제를 해결하려는 시도라기보다는 스토리텔링에 집착하는 개별자아(에고)를 내려놓고 본래의 인식 주체로 돌아가는 것이다. 이러한 내면으로의 방향 전환은 '노력'을 한다고 해서 되는 것이 아니며, 오히려 아무것도 하지 않는 무위(non-doing)의 상태, 또는 루퍼트 스파이라가 말하는 애쓰지 않는 애씀(effortless efforts)을 통해 이루어진다. 즉 텅 빈 고요함 속에서 이루어진다. 아무것도 하지 않음으로써 안 하는 것이 아무것도 없는 상태에 이르게 되는 것이다.

이론편: 내면소통 명상을 위해 배워야 할 것들

배경자아는 개인적이거나 개별적인 차원의 것이 아니다. 기억자아와 경험자아는 개별적으로 다 다를지라도 텅 빈 고요함으로서의 배경자아는 모두 동일하다. 구분되지 않는 하나다. 공간이 본질적으로 구분되지 않는 전체로서의 하나이고, 나의 고요함과 너의 고요함이 구분되지 않는 하나인 것과 마찬가지다.

이러한 관점에서 보자면, 우리 각자의 내면에 자리한 배경자아는 보편적 의식의 한 형태로 이해할 수도 있다. 예컨대 나이나 사회적 지위와 상관없이 '내가 지금 인식하고 있다'라는 본질적 경험은 모든 인간에게 동일하게 존재하는 것이다. 사람마다 각기 다른 모습의 창문과 커튼을 가지고 있더라도, 그 창문을 통해 들어오는 빛은 동일한 원천인 태양에서 오는 것과 마찬가지다. 크리스마스트리를 장식하는 수많은 전구는 각기 개별적으로 존재하지만 그것을 밝게 빛나게 하는 것은 '전기 에너지'라는 하나의 동일한 존재인 것과도 마찬가지다.

배경자아를 알아차리기 위한
자기참조과정 훈련의 세 단계

배경자아를 알아차리기 위해서는 먼저 자신의 생각과 감정을 동일시하지 않고, 한 걸음 떨어져 관찰하는 연습이 필요하다. 예를 들어 '나는 화가 났다'라고 인식할 때, '내가 화를 내고 있는 것을 알아차리는 존재'로 자신을 인식하는 연습을 한다.

지금 이 순간에 자신이 경험하는 모든 것을 판단 없이 그저 알아차리는 훈련을 계속 한다. 그러한 알아차림의 상태를 알아차리는 것이 곧 배경자아이고, 그 알아차리는 상태가 곧 현존이다. 이러한 상태를 유지하려면 강력한 자기참조과정의 기능이 필요하므로 자연히 전전두피질이 활성화되고, 따라서 마음근력이 향상된다. 이를 위한 유용한 훈련법이 격관 명상이다. 자기참조과정 훈련은 크게 세 단계로 나뉜다.

1단계: 나 자신과 거리 두기

배경자아를 인식하는 첫 단계는 '자신과 거리 두기'다. 이는 자신의 생각과 감정을 직접 경험하는 것과 한 걸음 떨어져서 자신의 생각과 감정을 바라보는 것을 구분하는 훈련이다.

'객관적 관찰 연습'은 특정한 감정이 올라올 때 '나는 지금 이런 감정을 경험하고 있다'라고 스스로에게 말하고, 나의 감정을 관찰 대상으로 인식해보는 것이다.

'제3자의 관점에서 바라보기'는 마치 외부에서 지켜보는 것처럼 자신의 감정을 바라보고, '내가 지금 이런 반응을 하고 있구나'라고 메타인지적 인식을 시도해보는 것이다. 대표적인 방법이 자신의 감정에 대해 이야기할 때 '나는… 이렇다'라고 말하지 않고 '김주환은… 이렇다'라는 식으로 말하는 것이다. 이렇게 3인칭으로 나의 감정을 표현하는 것만으로도 자신의 감정 상태를 객관적으로 바라볼 수 있고

이론편: 내면소통 명상을 위해 배워야 할 것들

나아가 감정을 더 잘 조절하게 된다. 이런 효과에 대해서는 많은 심리학 연구들이 밝힌 바 있다.

한편, '이름 붙이기(labeling)'는 어떤 감정이 느껴질 때 그 감정에 구체적인 이름을 붙여주는 것이다. 단순히 '화가 난 상태'나 '불안한 상태'라고 명명할 수도 있고, 보다 구체적으로 '떨떠름하고 찝찝한 상태'라고 명명할 수도 있다. 이때 자신이 바라보고 이름 붙이는 감정이 하나의 대상임을 알아차리는 것이 중요하다. 즉 감정을 자신과 동일시하지 않고 하나의 인식 대상으로 분리하여 '대상화'하는 것이다. 그러한 감정이 곧 '나'인 것이 아니라, 나는 그러한 감정을 알아차리는 인식 주체임을 명심해야 한다. 이러한 훈련을 통해 감정에 자동적으로 반응하는 습관에서 벗어나 감정을 객관적으로 바라보고 조절하는 능력을 기를 수 있다.

2단계: 알아차림과 디폴트모드네트워크 활성화

우리는 늘 외부 환경에 있는 여러 사건이나 사물에 주의를 집중하며 살아간다. 우리의 인식 대상은 대부분 외부에 있는 것들이다. 우리의 마음은 지금 여기가 아니라 자꾸 과거나 미래로 가려는 경향이 있다. 지금 벌어지는 일보다는 과거에 이미 일어난 일 혹은 앞으로 일어날지도 모르는 일(또는 일어나지 않을 일)에 대해 집중적으로 생각한다. 이처럼 외부로, 과거로, 미래로 향하는 주의(attention)의 방향을 180도 돌려서 지금 여기에서 나의 내면을 바라보기 위해서는 먼저 아무런 대상에도 집중하지 않는 훈련이 필요하다. 이것이 디폴트모드네트워크(DMN)를 활성화하는 훈련이다.

일상생활에서 DMN의 활성화를 통해 자기참조과정 상태에 다다르는 가장 쉬운 방법은 아무것도 하지 않고 조용히 시간을 보내는 것이다. 외부의 사건이나 사물에 집중하는 대신 나 자신의 내면을 돌아보면서 완전히 긴장을 푸는 것이다. 이를 위해 가장 효과적인 방법이 앞에서 살펴본 내부감각이나 고유감각에 집중하는 움직임 명상이다. 행복한 마음은 항상 지금 여기에 있는 마음이다. 내 마음을, 내 감정을, 현재 내가 경험하는 것을 제3자의 시각에서 거리를 두고 바라볼 수 있는 능력이 중요하다.

3단계: 격관 명상 - 대상 없는 인식

자기 자신과의 거리 두기나 DMN의 활성화를 통해 자기참조과정 훈련에 어느 정도 익숙해지면 인식의 대상이 없는 상태를 경험하는 훈련을 시작해볼 수 있다. 말하자면 '경험 대상이 없는 경험'이고 '인식 대상이 없는 인식'이다.

자기참조과정 훈련의 궁극적인 목적은 배경자아와 하나가 되는 것이다. 배경자아를 '발견하겠다'고 의도하면 실패할 가능성이 크다. 배경자아를 '발견' 또는 '획득'할 추구의 대상으로 삼았다가는 결과적으로 엉뚱한 것을 배경자아로 오해할 수도 있다. 배경자아는 경험의 대상이 아니기에 발견이나 추구의 대상이 될 수 없다. 배경자아는 언제나 모든 인식의 주체일 뿐이다.

전통적으로 특정한 대상에 집중하는 것을 사구나(saguna) 명상이라고 한다. 내 몸이 느끼는 감각에 집중하거나 소리나 빛 혹은 색깔에 집중하는 명상이 대표적인 예다. 화두를 집중적으로 참구하는 간화선도 이에 해당한다. 내부감각이나 고유감각에 집중하는 움직임 명상도 일종의 사구나 명상이다. 특정한 대상에 집중하는 것은 우리의 인식작용이 늘 하던 일이기에 명상을 처음 접하는 사람도 쉽게 시작할 수 있다.

반면에 대상 없는 집중을 하는 것을 니르구나(nirguna) 명상이라 부른다. 하지만 우리의 인식은 늘 특정한 대상에 집중하는 습관이 있기에 대상 없는 인식 상태를 유지하는 것은 매우 낯설고 어렵게 느껴진다. 처음부터 '집중은 하되 대상 없이 하라'고 하면 막연하게 들릴 수밖에 없다. 무엇을 어떻게 해야 할지 몰라 당황스러운데, 여기에 더해서 '무엇을 하려고 추구하지 말라'고까지 하면 더욱 혼란스럽다. 그래서 우선 특정한 대상에 주의를 집중해 사띠 상태를 유지한 다음 그 대상이 서서히 사라지도록 하는 방법이 효과적이다.

특정한 외부 사물이나 사건에 주의를 계속 집중하는 상태에서 그 인식의 대상이 사라지면 자연스레 '대상 없는 인식'의 상태가 되는데, 이때 강력한 자기참조과정이 일어난다. 말하자면 대상 없는 사띠 혹은 순수한 배경자아의 상태가 되는 것이다. 또 다른 방법은 두 개의 사물이나 사건에 집중한 다음에 그 둘 사이의 틈이나 텅 빈 자리에 집중해보는 것이다.

점차 사라지는 대상에 집중하는 첫 번째 방법의 대표적인 사례가 '종소리 격관 명상'이고, 두 대상 사이의 빈틈에 집중하는 두 번째 방법의 대표적인 사례가 들숨과 날숨 사이에 집중하는 호흡 격관 명상이다. 격관(隔觀)이란 말 그대로 '간격(隔)을 바라본다(觀)'는 뜻이다. 사물과 사물 사이의 공간이나 사건과 사건 사이의 틈 혹은 간격을 바라보는 것이 곧 격관이다. 원래 있던 사물의 텅 빈 자리나 고요한 공간을 바라보는 것도 격관이다.

격관 명상은 '나'를 고요하게 텅 빈 순수한 인식 주체로서 알아차리는 효과적인 명상법이다. 이를 통해 특정한 대상에 의존하지 않고도 깊은 알아차림 상태에 배경자아로서 머물게 된다. 그러면 전전두피질이 더욱 활성화되어 우리의 마음근력이 강력하게 단련된다.

종소리 격관 명상

종소리 격관 명상은 싱잉볼이나 좌종을 사용하여 소리를 울린 후, 소리의 사라짐을 주의 깊게 따라가는 것이다. 종소리가 울리는 순간 나의 의식은 자연스레 종소리라는 하나의 '대상'으로 향하고, 나는 종소리를 듣고 있다는 사실을 알아차린다. 종소리는 점차 사라져간다.

소리가 작아질수록 그 소리를 들으려는 나의 집중력은 더 커진다. 종소리는 더 작아진다. 이윽고 종소리가 아직 남아 있는지 아닌지 불분명한 미묘한 순간에 이르게 된다. 소리라는 하나의 사건이 고요함에 자리를 양보하는 순간이다. 소리가 아직 남아 있는 것도 아니고 그렇다고 완전히 사라진 것도 아닌 그 순간, 소리와 고요함이 뒤섞이는 바로 그 순간에 나의 사띠는 극대화된다. 어느덧 종소리는 완전히 사라진다. 고요함만 남는다.

종소리라는 대상에 주의를 집중하고 있는 상태에서 종소리가 사라지면 나의 주의는 '대상 없는 주의'가 된다. 계속 듣고 있는데 듣기의 대상이 사라져버리는 것이다. 이제 나는 고요함을 알아차리게 된다. 대상 없는 인식이다. 대상이 사라진 그 순간, 남는 것은 인식의 주체뿐이다. 배경자아만 남는 것이다. 고요함을 알아차리는 상태에서 나의 의식은 나 자신으로 향한다. 종소리라는 대상으로 향하던 나의 의식이 나의 내면으로 자연스레 되돌아오는 강력한 자기참조 과정이 시작되는 것이다.

이러한 회광반조(廻光返照)의 순간에 우리는 '지금-여기'에 현존하는 배경자아를 느끼게 된다. 사실 '배경자아를 느낀다'는 표현도 정확하지 않다. 배경자아는 인식 주체이므로 느낌의 '대상'이 될 수 없기 때문이다. 배경자아는 그래서 항상 텅 비어 '있음으로' 고요하다. 고요함은 외부가 아닌 내면에 존재한다. 방이 고요한 것이 아니라, 내면의 고요함이 스스로를 알아차리는 것이다. 명상을 통해 종소리를 듣고, 종소리가 점차 사라질 때까지 주의를 기울이다 보면, 종소리가 사라진 후에도 계속 듣고 있는 자신을 알아차리게 된다.

이 과정에서 배경자아와 내면의 고요함을 깊이 경험하게 된다. 종소리는 우리를 고요함으로 안내하여 배경자아를 알아차릴 수 있게 한다.

호흡 격관 명상

호흡 격관 명상은 들숨과 날숨의 자연스러운 흐름을 알아차리면서 특히 들숨과 날숨 사이의 간격 혹은 전환점에 주의를 집중하는 것이다. 천천히 들이쉬는 숨이 저 아래까지 내려갔다가 다시 천천히 올라오는 날숨으로 바뀌는 순간에, 들숨이 잠시 멈췄다가 날숨으로 바뀌는 바로 그 순간에 집중한다. 들숨에서 횡격막이 나의 아랫배로 내려갔다가 날숨에서 다시 가슴으로 올라오는 움직임을 상상한다. 다시 숨을 들이쉬었다가 내쉬기 직전의 그 순간에 집중한다.

들숨이 날숨으로 전환되는 그 순간에는 들숨도 없고 날숨도 없다. 아무것도 없는 텅 빈 자리다. 들숨이라는 사건과 날숨이라는 사건에 계속 주의를 집중하다 보면 들숨과 날숨 사이의 텅 빈 자리에도 집중할 수 있게 된다. 즉 아무것도 없는 자리에 주의를 집중함으로써 '대상 없는 알아차림'이 가능해진다.

들숨에서 날숨으로의 전환점에 집중하는 것이 익숙해지면 이번에는 날숨에서 들숨으로의 전환점에 집중하는 것을 마찬가지 방법으로 훈련한다. 날숨에서 들숨으로의 전환점에 집중하는 것도 익숙해지면 이제는 들숨-날숨의 전환점과 날숨-들숨의 전환점에 연속하여 계속 집중하도록 한다. 이것이 들숨과 날숨 사이의 간격을 바라보는 호흡 격관 명상이다.

이론편: 내면소통 명상을 위해 배워야 할 것들

호흡에 집중하되 들숨-날숨의 전환점, 그 간격, 그 텅 빈 고요함, 아무것도 없는 그곳에 집중하는 것이다. 호흡을 이용한 격관 명상은 접촉점 혹은 아랫배 호흡 명상에 바탕을 두고 있기에 편도체를 안정화하는 내부감각 훈련이면서 동시에 텅 빈 자리와 고요함을 바라보는 자기참조과정 훈련이기에 전전두피질을 활성화하는 훈련이기도 하다.

배경자아: 텅 비어 있음으로 꽉 차 있음

텅 비어 '있으므로' 꽉 차 있다는 의미가 아니다. 텅 비어 있기 때문에 꽉 차 있다는 것은 비어 있음과 꽉 차 있음이 서로 다른 것임을 전제한다. 그런 뜻이 아니라 '텅 비어 있음'으로 꽉 차 있다는 뜻이다. '텅 비어 있음'이라는 표현은 공간과 존재의 관계를 탐구하는 데 중요한 개념이다. 단순히 빈 공간을 바라보라는 것이 아니라 모든 사물의 배경에 늘 존재하고 있는 공간을 알아차리라는 것이다. 모든 소리의 배경에는 고요함이 존재하듯이, 모든 사물과 존재의 배경에는 텅 빈 공간이 존재한다. 마찬가지로 우리의 모든 감정, 생각, 경험의 배경에는 고요한 공간과도 같은 배경자아가 존재한다.

배경자아는 순수한 인식 주체다. 배경자아는 그러므로 실체가 아니다. 인식할 수 있는 대상이 아니기 때문이다. 배경자아는 텅 빈 공간이고 적막한 고요함이다. 사물이 공간 자체에 영향을 미치거나 파괴할 수 없듯이, 소리가 고요함 자체에 영향을 미치거나 파괴할 수 없듯이, 우리의 경험이나 감정이나 생각은 인식 주체인 배경자아에 영향을 미치거나 파괴할 수 없다.

배경자아는 우리의 경험과 감정과 기억과 스토리텔링에 의해 다만 일시적으로 가려질 뿐이다. 그렇게 가려져 있기 때문에 우리는 일상생활에서 배경자아의 존재를 알아차리기 어렵다. 이러한 가림막 너머를 슬쩍 바라보는 것이 곧 격관 명상이다. 일상의 번잡함과 소음에 가려져 있는 나의 본모습인 고요함을 만나는 것이 격관 명상의 핵심이다. 온갖 경험과 생각과 감정에 가려져 있는 내 안의 텅 빈 공간을 마주하는 것이 내면소통 명상이다. 고요하게 텅 비어 있는 자리로서의 배경자아가 나의 본모습임을 알아차리는 것이 곧 모든 명상의 핵심이다.

8장

자기확언과
자기가치확인 이론

자기확언이란 그저 '나는 강하다', '나는 할 수 있다'라는 식의 긍정적인 말을 반복해서 내뱉는 것을 의미하지 않는다. 자기확언은 내면 깊숙이 자리한 가치와 신념을 재정의하고 이를 토대로 스스로에게 일관된 스토리텔링을 하는 내면소통 훈련의 한 형태다.

인간의 의식은 항상 내면에서 자신과 끊임없이 소통하는 '셀프토크(self-talk)'를 한다. 그러나 내면소통은 단순히 무언가를 말하는 행위가 아니다. 내가 나에게 진심으로 하는 얘기는 나에 대해서는 절대적이고도 즉각적인 효과가 있다. '나'라는 '셀프' 개념 자체가 내면소통의 결과물이기 때문이다. 인간은 매 순간 자신에게 이야기하는 존재이며, 그 내면소통의 내용이 바로 자신의 정체성을 형성한다.

셀프토크가 나 자신에 대해 절대적인 효과를 지니려면 무엇보다 진심으로 말해야 한다. 예를 들어 실제로 자신이 약하다고 느끼는 사람이 '나는 강하다'라고 말한다고 해서 자기확언의 효과가 나

내가
나에게
나에 대해서
진심으로 하는
이야기는
즉각적이고도
절대적인
효과가 있다.

타나지는 않는다. 속으로는 '나는 약한데… 하지만 강해지고 싶어' 라고 생각하고 있다면 그것 자체가 이미 자기확언이 된다. 마음속으로 '나는 약하다'라는 진실된 자기확언을 하면서 입으로만 '나는 강하다'라고 중얼대는 것은 자기기만이지 자기확언이 아니다. 자기확언이 효과를 발휘하려면 셀프토크의 내용과 실제 생각 사이에 정합성 (coherence)과 일관성(consistency)이 있어야 한다.

이론편: 내면소통 명상을 위해 배워야 할 것들

자기가치확인 이론
자기확언의 모순과 이를 극복하는 방법

자기확언이 어려운 이유는 바로 내면의 모순성 때문이다. '나는 강하다'라는 자기확언을 하고 싶은 사람은 내심으로는 자신이 약하다고 생각하기 마련이다. 그런데 자기확언이 효과를 내려면, '나는 강하다'라는 말을 진심으로 할 수 있어야 한다. 즉 자신이 강하다고 진심으로 생각해야 한다. 여기서 모순이 발생한다. 자기확언의 욕구와 실제 인식 사이의 불일치가 자기확언의 가장 큰 문제다. 무조건 반복해서 말함으로써 '자기 자신을 속인다'는 것도 어불성설이다. 내가 나 자신을 의도적으로 속이기란 불가능하기 때문이다.

이러한 문제를 해결하기 위해 제시되는 방법이 바로 자기가치확인 기법이다. 일종의 우회적인 자기확언 방법인 셈이다. 자기확언은 무언가를 끌어당긴다는 식의 유사과학의 전유물이 아니다. 자기확언의 효과는 단순한 이론적 가설을 넘어서 심리학 및 교육학 분야에서 과학적인 연구를 통해 여러 차례 입증되었다. 스탠퍼드대학교 심리학과의 제프리 코헨(Jeffrey Cohen) 교수의 연구는 이 분야의 가장 대표적인 사례로 꼽힌다.

코헨 교수는 자기확언 기법을 통해 학생들이 단 한 번의 자기확언 세션만으로도 긍정적인 심리 변화가 일어나고, 그 효과가 장기간 지속될 수 있다는 것을 밝혀냈다. 그의 연구결과는 〈사이언스(Science)〉 등 세계 최고 권위의 학술지에 여러 차례 게재되었으며, 이는 자기확언이 단순히 개인의 심리적 안정감을 높이는 것을 넘어, 실제 행동과 성취에까지 영향을 미칠 수 있음을 보여준다. 코헨은 자기확언 훈련이 소수인종 중학생의 학업 성적, 여학생의 이공계 과목 성적, 그리고 다양한 사회 조직에서의 긍정적 변화에 확실한 효과가 있음을 반복적으로 보여주었다.

자기확언은 스스로가 중요하게 생각하는 가치에 기반한 행동양식을 형성해준다. 또한 전전두피질 신경망의 활성화를 촉진하여 마음근력을 증진하는 효과도 있다. 긍정적 내면소통으로서의 자기확언은 타인과의 관계에서도 긍정적 태도를 갖게 해주며, 이는 전반적인 삶의 질 개선으로 이어진다.

자기가치확인의 효과와 내면의 정합성 형성

우리 내면에는 여러 가지 생각과 신념의 요소(idea elements)가 뒤섞인 채 들어 있으며, 그중 상당 부분이 서로 모순된다. 그러나 우리는 일상생활에서 자신의 생각이나 신념 간의 모순이나 비정합성(non-coherence)을 거의 느끼지 못하고 살아간다. 대부분의 사람이 자신은 논리적으로 일관성이 있으며 모순되지 않고 정합성을 지니고 있다고 믿는 것이다.

우회적인 자기확언 방법인 자기가치확인은 일관성과 정합성에 대한 본능적인 선호도를 활용한 기법이다. 자신의 내면에서 중요한 가치에 대해 "나는 이러저러한 것을 중요하게 생각한다"라고 선언하게 한 후, 그 가치가 내게 왜 중요한지, 그리고 그 가치를 실현하기 위해 지금까지 어떤 노력을 했는지를 솔직하게 기록할 기회를 제공하면, 그러한 가치에 대해 일관적이고 정합적이며 논리적 모순이 없는 하나의 스토리텔링을 완성하게 된다. 이는 곧 자기 자신에게 특정한 가치를 중심으로 진실하게 말하는 것이며, 그 결과 자신이 말한 대로 살아가는 효과를 얻게 된다.

자기가치확인 기법은 단순히 긍정적인 문장을 외치는 것을 넘어서, 내면에 존재하는 가치와 신념을 정립하고 이에 부합하는 행동을 하게 함으로써, 개인의 삶 전반에 걸쳐 일관성과 정합성을 확보할 수 있게 한다.

예를 들어 건강을 중요하게 생각하는 사람이 흡연이나 불규칙한 생활습관 등 건강을 해치는 행동을 줄이는 것은, 내면의 가치와 행동이 일치하는 정합성을 이루었기 때문이다. 자기가치확인을 통해 '나는 건강하다'라는 내면의 메시지를 지속적으로 되새기고, 실제 생활에서 그 가치를 구현하려는 노력을 기울이면, 자연스럽게 자신이 가치 있게 여기는 삶의 습관이 자리 잡게 된다.

또한 자기가치확인은 자신에 대한 긍정적 정보처리를 통해 전전두피질을 활성화하며, 나아가 긍정적 정서와 자기존중감을 증진한다. 자기긍정은 개인이 목표를 향해 나아가는 데 있어 강력한 동기부여가 된다. 코헨의 연구결과가 보여주듯이 단 한 번의 자기가치확인 세션만으로도 장기간에 걸쳐 긍정적 변화가 일어나며, 이는 학업 성취, 사회적 행동, 도덕성 향상 등 삶의 여러 측면에서 효과가 있다는 것이 입증되었다.

자기가치확인을 통한 자기확언

자기확언의 효과를 극대화하려면 단순히 긍정의 말을 반복하는데 그치지 말고 내면에 존재하는 핵심가치들을 구체적으로 정의하고, 그 가치를 실현하기 위한 이유와 계획을 체계적으로 기술하는 과정이 필요하다. 예컨대, 자아실현, 가족, 직업(커리어), 건강, 행복의 다섯 가지 영역을 중심으로 자기가치를 확인하는 방법은 다음과 같다.

이론편: 내면소통 명상을 위해 배워야 할 것들

1단계: 가치 정의―내면의 진정한 이야기를 쓴다

다섯 가지 영역과 관련해서 자신이 가장 중요하게 여기는 핵심가치가 무엇인지에 대해 정의를 내린다. 단순한 피상적 나열보다는 구체적이고 진술하게 자신이 생각하는 바를 적는 것이 중요하다. 타인의 시선을 의식하지 않고, 오직 자기 자신을 위해 진술하게 기록해야 한다. 즉 나와의 진정한 내면소통을 해야 한다. 추후 이러한 기록 자체를 지속적인 자기성찰의 도구로 활용할 수 있다.

● **자아실현**: 자아실현과 관련해서 나에게 가장 중요한 것은 무엇인가? 나는 무엇을 자아실현이라고 생각하는가? 인생에서 무엇을 이루어야 성공이라고 느끼는지 등을 명확하게 적는다. 예를 들어 "나는 경제적 안정과 공동체에 공헌하는 것을 통해 자아실현을 이루고자 한다"라고 적을 수 있다. 이때 단순히 돈을 많이 버는 것을 넘어서, 그 돈이 왜 중요한지, 예를 들어 가족의 편안함이나 어린 시절의 경험에 기인한 의미 등을 구체적으로 적는다.

● **가족**: 내가 생각하는 가족의 핵심가치는 무엇인가? 가족과의 관계에서 내가 가장 중요하게 생각하는 가치는 무엇인가? 신뢰, 사랑, 존중, 배려 등 각자 마음속에 자리 잡은 이상적인 가족의 모습을 적는다. "내 가족은 신뢰와 존중을 바탕으로 한 화목한 공동체다"와 같이 구체적으로 적어야 한다.

● **직업(커리어)**: 직업 혹은 하는 일과 관련해서 내가 가장 중

요시하는 핵심가치는 무엇인가를 적는다. 현재 또는 미래에 이루고자 하는 직업적 목표와 그 목표에 도달하기 위해 추구해야 할 중요한 가치를 정의한다. 직장인이라면 배움의 기회, 팀워크, 또는 창의성 등을, 학생이라면 학업 성취와 동아리 활동 등 자신에게 의미 있는 부분을 적는다.

● **건강**: 건강과 관련해서 내가 가장 중요하게 생각하는 핵심가치는 무엇인가? 신체적·정신적 건강의 기준을 세우고, 자신이 만족할 수 있는 건강 상태를 구체적으로 정의한다. 예를 들어 "나는 규칙적으로 운동하고 충분한 수면을 유지하는 것을 건강의 핵심이라 생각한다"라고 적을 수 있다.

● **행복**: 나의 행복과 관련된 가장 중요한 핵심가치는 무엇인가를 적는다. 행복의 기준과 그 실현을 위한 가치를 적는다. 행복의 정의는 개인마다 다르므로, "나는 소소한 일상 속에서 기쁨을 찾으며, 가족과 친구 등 주변 사람을 존중하고 배려하는 것을 나의 행복의 핵심가치로 생각한다"처럼 자신만의 기준을 명확히 정한다.

2단계: 가치 이유—왜 그 가치가 중요한가

1단계에서 정의 내린 각각의 가치와 관련해서 왜 그 가치가 나에게 중요한지를 상세하게 적는다. 예를 들어 자아실현의 경우 "나에게 경제적 안정이 중요한 이유는, 어릴 적 부모님이 고생하시는 모습을 보면서 경제적 어려움에서 벗어나 진정한 안정을 이루고자 하

이론편: 내면소통 명상을 위해 배워야 할 것들

는 열망이 있었기 때문"이라는 식으로 구체적인 사연과 이유를 덧붙인다.

각 영역마다 자신이 왜 그 가치를 중시하는지, 그 가치가 자신의 삶에서 어떤 역할을 하는지를 기술함으로써 일관되고 정합성이 있는 자기 자신에 대한 스토리텔링을 구성해본다. 이 과정은 단순한 서술을 넘어서, 자신의 감정과 경험 그리고 미래에 대한 희망을 담아내는 중요한 작업이다.

3단계: 가치 실행─가치 실현을 위해 어떤 노력을 했고, 하고 있으며, 할 것인가

가치 정의와 가치 이유에 대해 적은 다음에는 실제로 그 가치를 실현하기 위해 지금까지 어떤 노력을 해왔고, 앞으로 어떠한 노력을 할 것인지에 대해 구체적인 계획을 세워본다.

- **자아실현**: 지금까지 이루어낸 작은 성공(예를 들어 오늘 존 2 운동, 호흡 명상 10분 달성)과 앞으로의 목표를 연결시켜 적는다. 단순히 "나는 해냈다"라는 식의 선언이 아니라, "오늘 존2 운동 30분을 실천함으로써, 앞으로 점점 더 강해질 자신감을 쌓아가겠다"와 같이 구체적으로 기술한다.
- **가족**: 예컨대 가족 간의 신뢰와 존중을 위해 어떤 노력을 했으며, 앞으로 어떻게 가족과의 관계를 개선할 것인지를 적는다. 현재 이루어지지 않은 부분에 대해서는 구체적인 개선 계획을 세우는 것이 중요하다.

● **직업(커리어)**: 학업이나 직장 생활 등에서 어떤 성취를 이루었고, 어떤 목표를 가지고 있는지, 그 목표를 달성하기 위해 어떠한 노력을 기울일지에 대해 구체적으로 적는다.

● **건강**: 규칙적인 운동, 충분한 수면, 또는 체계적인 트레이닝 계획 등을 적어본다. 그리고 몸과 마음의 건강이라는 가치를 실현하기 위해 어떤 노력을 해왔고, 앞으로 어떻게 행동할지에 대해 구체적으로 적는다.

● **행복**: 행복을 실현하기 위한 구체적인 행동, 예를 들어 가족과의 소중한 시간 만들기, 취미 생활 등의 경험을 기록하고, 행복에 대한 자신의 기준이 어떻게 실제 행동으로 나타나고 있는지를 적는다. 향후 계획도 자세히 기술한다.

자아실현, 가족, 직업, 건강, 행복이라는 다섯 가지 범주는 예시일 뿐이다. 자신의 삶에서 중요하다고 생각하는 다른 범주를 더 포함시켜도 된다. 이렇게 자세히 적은 핵심가치에 대한 기록은 잘 보관해두기 바란다. 어느 정도 시간이 지난 후 다시 돌아보며 그동안의 변화와 성장을 확인할 수 있는 소중한 자료가 된다. 예를 들어 6개월 혹은 1년 후에 다시 자기가치확인을 작성한 후에 비교해보면서 '내가 그때 이렇게 생각했었구나', '이후에 내가 얼마나 달라졌는지'를 인식하는 계기가 된다.

이론편: 내면소통 명상을 위해 배워야 할 것들

간단한 자기확언 만들어보기

___

자기가치확인 작업을 마치면 일상에서 사용할 수 있는 나만의 자기확언을 만들어보자. 그동안의 경험에 비추어볼 때 가장 효과적인 자기확언은 편안전활을 이용한 문장을 만들어서 반복적으로 스스로에게 들려주는 것이다.

2024년 파리올림픽에서 다섯 개 전 종목 금메달을 석권한 대한민국 양궁 대표팀에게 알려주었던 자기확언은 "침착하고 차분하게, 즐거운 마음으로, 나는 할 수 있다"였다. 이런 자기확언은 평소 훈련할 때나 시합에서 역량을 발휘할 때 매우 효과적이다. 학생이라면 평소 공부할 때나 시험을 볼 때 해보면 좋다. 직장인이라면 면접시험을 보거나 중요한 발표를 할 때 사용해보길 권한다.

자기확언을 말할 때 "침착하고 차분하게"는 실제로 편도체가 안정화되어 몸과 마음이 편안하게 이완되는 기분으로, "즐거운 마음으로"는 전전두피질이 활성화되어 활력이 넘치고 신나고 행복한 기분으로 이야기하면 된다.

편도체 안정화를 위해서는 "침착하고 차분하게" 대신에 "조용하고 평온하게", "편안하고 부드럽게"처럼 감정적으로 위안이 되고 안정감을 주는 자신만의 문구를 사용해도 좋다. 마찬가지로 전전두피질 활성화를 위해서는 "즐거운 마음으로" 대신에 "행복한 마음으로", "사랑하는 마음으로" 같은 문구를 사용하면 된다. 마지막 부분은 "나는 살아간다", "나는 건강하다" 등 자신이 원하는 내용을 넣으면 된다. 즉 문장의 첫 부분은 편도체 안정화와 관련된 문구, 중간 부분은 전전두피질 활성화와 관련된 문구, 마지막 부분은 자신이 원하는 상태에 관한 문구, 이 세 요소를 잘 결합해 나만의 자기확언을 만들면 된다. 중요한 것은 자주, 반복적으로, 진심을 다해 자기 자신에게 이야기하는 것이다.

자타긍정 자기확언도 마찬가지로 첫 부분은 용서·연민·사랑 중에서 한 문구를, 중간 부분은 수용·감사·존중에서 한 문구를, 마지막 부분은 자신이 원하는 상태에 대한 문구를 각각 선택해서 조합하면 된다. 이렇게 스스로 만든 자기확언을 통해 내가 나에게 진심으로 말하는 내면소통의 힘을 경험해보자.

편안전활 자기확언		
침착하고 차분하게	즐거운 마음으로	나는 할 수 있다
조용하고 평온하게	행복한 마음으로	나는 살아간다
편안하고 부드럽게	사랑하는 마음으로	나는 건강하다

자타긍정 자기확언(나는…)		
용서하고	다 받아들이고	나는 편안하다
보살피고	다 감사하고	나는 살아간다
사랑하고	다 존중하고	나는 건강하다

이론편: 내면소통 명상을 위해 배워야 할 것들

9장

여섯 가지 자타긍정

전전두피질 활성화를 위하여

자기긍정과 타인긍정은 전전두피질을 활성화하고 행복감을 높여준다. 용서, 연민, 사랑, 수용, 감사, 존중의 여섯 가지 자타긍정은 거의 모든 종교의 핵심적인 가르침이기도 하다.

자기긍정과 타인긍정의 여섯 가지 방법은 두 가지 축으로 이뤄진다. 하나는 용서-연민-사랑의 축이고, 다른 하나는 수용-감사-존중의 축이다. 용서-연민-사랑은 신이 인간에게 내리는 축복이다. 신은 인간을 용서하고, 불쌍히 여기고, 사랑으로 지켜준다. 즉 용서-연민-사랑은 기본적으로 절대자가 인간에게 주는 것이다. 그리고 용서를 하면 연민을 느끼게 되고 연민이 발전하여 사랑이 된다. 또는 사랑의 마음이 흘러넘치면 연민이 되고 연민의 마음을 가지면 모든 죄를 용서할 수 있게 된다.

또 다른 축인 수용-감사-존중은 인간이 신에 대해서 하는 것이다. 마음의 문을 열고 자기 내면을 돌이켜보고 절대자를 내 안으로

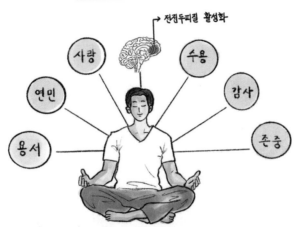

여섯 가지 자타긍정

전전두피질 활성화

사랑 수용 연민 감사 용서 존중

행복과 건강으로 향하는 여섯 가지 길

받아들이는 것이 수용이며, 절대자에 대해 모든 일에 감사하는 것이 기도의 핵심이고, 한없는 경외심으로 절대자를 지극히 존중하는 것이 신앙심이다. 그리고 이 여섯 가지 자타긍정을 하기 위한 필수 조건이 곧 알아차림이다. 자신을 돌이켜보는 자기참조과정 능력을 가진 사람만이 진정한 자기긍정-타인긍정을 할 수 있다.

용서

용서란 단순히 과거의 잘못이나 상처를 잊어버리는 행위가 아니라, '앞으로 내어주는 것(giving forward)'이다. 용서는 과거에 얽매여 집착하거나 복수를 꿈꾸기보다는, 지금 이 순간에 온전히 존재하기 위해 자신을 내어주는 적극적인 행위다. 심리학적 관점에서 보자면 용서는 만성적인 적대감, 부정적 감정의 강박적 반추, 이로 인한 부정적 결과들을 인지적·감정적 차원에서 제거하는 복합적인 과정이다. 단순히 '괜찮다'며 넘기는 문제가 아니라, 과거에 대한 의미 부여를 새롭게 하는 동시에 자신을 온전히 지금 이 순간에 존재하게 만드는 긍정적 내면소통의 과정이다.

특히 자신을 용서하는 '자기용서'는 자기 자신을 앞으로 내어주어 늘 현재에 머무르게 하는 것이며, 자신에 대한 부정적 감정(증오나 복수심)을 내려놓는 과정과 맞닿아 있다. 내면의 부정적 감정이 지속될 경우, 이는 편도체의 습관적인 활성화로 이어져 결국 정신적·신체적 건강을 해친다.

용서를 논할 때 빠질 수 없는 주제가 바로 복수와의 대조다. 복수란 과거를 뒤돌아보며 응징과 보복의 길을 걷는 것으로, 자신에게 지속적으로 상처를 주는 부정적 감정의 순환을 만들어낸다. 예를 들어 누군가를 증오하고 분노하는 감정이 지속되면 내면에 불(火)을 품고 사는 것과 같아서 심리적 스트레스는 물론 면역력 저하와 세포 노화를 가속화한다. 실제로 만성적인 분노와 부정적 감정은 텔로머레이스 효소의 활동을 억제하여 텔로미어의 길이를 단축시키고, 이로 인해 세포 노화가 촉진된다는 연구결과도 있다. 따라서 복수에 집착하는 삶은 자신을 스스로 처벌하며 살아가는 결과를 초래한다.

반면 용서는 미래로 나아가기 위해 자신과 타인에 대한 부정적 감정을 내려놓는 행위다. 용서는 과거에 매달리지 않고 현재에 충실하며 미래로 나아가기 위해 자신을 해방시키는 행위이며, 그 결과로 자신은 물론 대인관계와 사회적 상호작용에서 긍정적 변화를 경험하게 된다.

현대의 미디어와 대중문화는 복수와 응징, 정당한 보복의 서사를 과도하게 전파한다. 그런 미디어와 문화를 소비하는 대중은 어릴 때부터 '선한 주인공과 악당'의 대결이라는 이분법적 사고에 익숙해져 있다. 이러한 문화적 배경에서 우리는 나와 대립하는 타인을 절대 악으로 규정하고, 복수를 통해 정의를 실현해야 한다는 인식을 강화한다. 그러나 분노와 복수심은 자신에게 해를 끼치는 악순환을 초래한다. 분노와 증오를 품은 채 살아가는 사람은 결국 행복에서 멀어질 뿐만 아니라 몸과 마음의 건강을 해치게 된다. 따라서 우리는 어떻게 용서의 능력을 잃어버렸는가, 그리고 왜 용서를 폄훼하는 문화가 퍼졌는가 하는 질문을 던져보고, 마음근력을 회복하기 위한 용서 훈련이 필요한 이유를 깊이 인식할 필요가 있다. 용서는 타인을 위한 배려가 아니라 스스로를 보호하여 건강하고 행복한 삶을 살기 위한 용기 있는 선택임을 깨달아야 한다.

용서의 과학

현대 뇌과학에서 용서는 대단히 인기 있는 연구 주제다. 그 효과가 매우 강하고 확실하기 때문이다. 수많은 연구 논문에서 용서 테

이론편: 내면소통 명상을 위해 배워야 할 것들

용서
forgiving = giving forward

과거에 집착하거나 얽매이기보다
앞을 내다보고 미래를 향해 나가면서
다 내어주는 것

라피의 효과가 입증되었으며, 트라우마·우울증·불안장애 같은 심리적 문제를 해결하는 데 용서의 실천이 긍정적 영향을 미치는 것으로 보고되었다. 뿐만 아니라 심혈관질환 등의 만성질환이나 정신질환은 물론 노화 지연에도 큰 효과가 있는 것으로 밝혀졌다.

용서는 마음근력과 관련된 신경망과 밀접한 관련이 있다. 용서를 실천할 때에는 mPFC를 포함한 전전두피질의 주요 영역(dlPFC, vlPFC, dACC)이 활성화되는데, 이 영역들은 감정조절과 동기 유발에 중요한 역할을 한다. 용서는 내면의 부정적 감정을 이성적으로 재구성하고 통제하는 데 기여하며, 긍정적 내면소통의 기반을 마련한다. 반면 복수심이나 응징의 감정이 너무 강해서 용서를 하지 못하는 상태에서는 편도체가 과도하게 활성화되어 면역시스템이 약화되고 신체 건강에 전반적으로 악영향을 미친다. 용서 훈련을 하면 전전두피질을 활성화하여 편도체의 과도한 반응을 억제할 수 있다. 스트레스 호르몬인 코르티솔의 분비가 줄어들고, 면역력과 심혈관 건강이 개선되는 효과가 있다.

진화심리학의 관점에 따르면 인간은 갈등 상황에서 적절히 복수 또는 용서를 선택하도록 진화해왔다. 만약 상대방이 지금 나에게 위해를 가한다면 응징하는 것이 단기적으로는 필요할 수도 있다. 그러나 응징은 사회·경제·심리적 비용이 많이 든다. 이 때문에 용서는 훨씬 적은 비용으로 장기적인 평화와 안정, 협력을 도모하는 전략적 선택이 되었다.

용서에는 두 유형이 있다. 첫째, 결단적 용서(decisional forgiveness)

이론편: 내면소통 명상을 위해 배워야 할 것들

는 스스로 결단을 내려서 과거의 잘못에 얽매인 부정적 감정의 사슬을 단번에 끊어내는 것이다. 이 과정은 타인의 동의나 외부의 정서적 지지와 상관없이 스스로 내면의 감정과 태도를 변화시키겠다는 결단에 의해 이루어진다.

둘째, 감정적 용서(emotional forgiveness)는 상황에 대한 인지, 동기, 그리고 감정 상태를 점진적으로 변화시킴으로써 부정적 감정을 긍정적 감정으로 전환하는 과정을 말한다. 효과적인 치유 측면에서는 감정적 용서가 더 큰 변화를 불러일으키지만, 실제로 용서를 할 때는 결단적 용서를 통해 초기의 부정적 감정에서 벗어나는 편이 좀 더 수월하다.

용서의 핵심은 '용서할 수 없다는 생각(즉 복수심, 불평, 불만, 비판의 감정)'을 줄이는 동시에, 상대방에 대한 부정적 생각을 긍정적 생각으로 전환하는 데 있다. 이는 단순히 '용서하겠다'는 선언을 넘어, 내면의 부정적 스토리텔링의 습관과 인지 구조를 근본적으로 재편하는 과정이다.

용서 훈련의 구체적인 방법

용서는 적용 대상에 따라 크게 두 가지로 나뉜다. 하나는 자기용서인데, 자신이 저지른 실수나 어리석은 행동에 대해 스스로를 비난하고 자기혐오에 빠지는 것을 멈추는 것이다. 자기용서는 내면의 부정적 소통을 차단하고, 자기 자신을 보호하며 자아존중감을 회복하는 데 필수적이다.

다른 하나는 타인용서로, 타인이 내게 끼친 해악에 대해 용서하고 그에 따른 부정적 감정을 내려놓음으로써 상대방을 향한 증오나 복수심을 해소하는 것이다. 타인용서는 단순히 상대방의 행위를 용인하는 것이 아니라, 나 자신을 위한 내면 치유의 과정이다. 용서를 실천하기 위한 구체적인 방법은 다음과 같다.

● **스토리텔링 습관의 재구성**: 우리는 어릴 때부터 다양한 이야기를 들으며 자랐다. 영화와 만화, 드라마에서는 선한 주인공과 악당이 등장하기 마련인데, 이 같은 이분법적 대립 구도는 타인을 무조건 악으로 규정하는 사고방식을 강화한다. 용서는 이러한 기존의 내러티브를 재구성하여, 상대방의 잘못을 악의 표출이 아닌 인간적 약점으로 바라봄으로써 나 자신을 보호하고 치유하는 내면소통의 한 형태다.

● **감정 인식과 해소**: 용서를 위해서는 먼저 내 안에 쌓인 상대방에 대한 분노와 증오, 복수심을 온전히 인식해야 한다. 그리고 부정적 감정이 들 때마다 '나는 과거가 아니라 지금 이 순간에 머무르겠다'는 결단을 내려야 한다. 과거의 상처에 매몰되지 않도록 자기 자신을 조절하는 연습이 필요하다.

● **알아차림과 움직임 명상**: 내면의 부정적 감정이 극에 달했을 때는 편도체가 과도하게 활성화된다. 이를 억제하기 위한 호흡 명상, 달리기 명상, 알아차림 명상 등을 통해 감정을 안정시킬 필요가 있다. 유산소운동이나 내부감각과 고유감각 훈련 역

시 몸의 움직임을 자각하며 내면의 균형을 회복하는 데 큰 도움이 된다.

● **인지적 재구성**: 상대방의 잘못을 분배적 정의의 관점보다는 절차적 정의의 관점에서 보도록 한다. "나의 이익을 침해했다"는 사실에 집중하는 분배적 관점에서 상대방의 잘못을 바라볼 경우, 용서는 더욱 힘들어진다. 반면 절차적 관점에서 상대방의 잘못을 바라보면, 상대방의 행동이 사회적 규칙을 위반했다는 객관적 사실에 기반한 인지적 해석에 더 집중하게 되어 용서를 보다 쉽게 할 수 있다.

● **자기용서의 과정**: 용서 훈련은 자기용서부터 시작하는 것이 좋다. 자신이 저지른 실수나 잘못에 대해 변명하거나 부정하지 않고, 철저히 인정하며 깊이 반성하는 과정이 자기용서의 시작이다. 자기용서는 자기 자신을 향한 지나친 비난과 자기혐오를 극복하고, 자기존중감을 회복하는 데 필수적이다. 자아긍정의 첫걸음이자, 자신의 존재를 온전히 받아들이고 사랑하기 위한 과정이다.

용서는 전전두피질 활성화를 위한 자타긍정 훈련의 출발점이며, 과거의 상처와 분노에서 벗어나 지금 여기에서 온전히 현존하기 위한 핵심 과정이다. 자기용서와 타인용서를 통해 우리는 부정적 감정의 굴레를 끊고, 지금 이 순간에 머무르며 자타긍정의 스토리텔링의 습관을 새롭게 만들어갈 수 있다. 용서는 복수와 응징에 의존하는 잘못된 스토리텔링의 습관에서 벗어나고 자신과 타인의 삶을 위한 진정한 치유를 시작하는 과정이다. 용서는 나를 위한 것이며, 건강하고 행복한 삶으로 나아가기 위한 선택이다.

연민

현대인은 매일 남들은 모르는 자신만의 전쟁을 치르며 살아가고 있다. 스트레스와 불안, 반복되는 부정적 사고 속에서 자기 자신을 제대로 돌보지 못하고, 타인에게는 따뜻한 관심과 배려를 베풀면서도 정작 자신에게는 냉정한 비판과 자책을 가한다. 연민은 자기 자신에 대한 온전한 수용과 위로에서 출발한다. 우리는 자기 자신을 가장 가까운 친구처럼 돌보는 법을 배워야 한다. 더 나아가 자신과의 온전한 소통은 타인과의 관계에서도 긍정적 변화를 일으킨다. 우리가 자기 자신에게 친절한 마음을 베풀 때 자연스럽게 타인에게도 따뜻한 배려와 이해를 전파하게 되며, 이는 사회적 연결과 공동체 의식을 강화하는 결과로 이어진다.

오늘날의 의무교육은 '너는 특별하다'는 메시지로 아이들에게 자신감을 심어주려 하지만, 여기에는 함정이 있다. 아이들이 성장해갈수록 자신의 평범함에 대해 쉽게 좌절하고 자기비하에 빠질 위험성까지 내포하기 때문이다. 이러한 미국식 자아존중감 교육은 아이들이 자신을 특별한 존재로 인식하게 함으로써 자신감을 높이는 긍정

이론편: 내면소통 명상을 위해 배워야 할 것들

적 효과가 있지만, 반면에 자신의 평범함을 인식하는 순간 큰 좌절
감에 빠지게 한다. 따라서 아이들에게 자신감을 심어주는 것과 동시
에, 평범한 자신의 모습도 온전히 받아들이는 능력을 함께 길러주어
야 한다. 자기 자신에게 연민의 마음을 갖는 것은 결코 나약한 행동
이 아니며, 오히려 내면의 부정적 소통에서 벗어나 진정한 강인함을
발휘할 수 있는 용기 있는 행동임을 교육 시스템뿐만 아니라 사회 전
반에 인식시켜야 한다.

연민이란?

연민(compassion)은 단순히 타인의 고통에 공감하고 동정하는 감
정을 넘어서, 그 고통을 함께 나누며 돌보려고 하는 따뜻한 배려와
관심을 의미한다. 우리가 누군가의 아픔을 보고 "괜찮아, 누구나 실
수할 수 있어"라고 위로하는 것처럼, 타인의 고통에 공감하는 동시
에 그 고통을 함께 회복하고자 하는 의지에서 비롯된다.

용서가 자기용서에서 시작되듯이, 연민 역시 자기 자신에게 먼저
적용되어야 한다. 용서의 출발점이 자기용서인 것과 마찬가지로, 연
민 또한 자기연민(self-compassion)에서 시작된다. 브라흐(Tara Brach)
가 언급한 '근본적인 자기수용(radical self-acceptance)'은 자신이 가진
약점, 불완전함, 이루지 못한 꿈, 그리고 고민과 갈등, 나약함과 불안,
분노와 슬픔까지 포함하여 스스로를 있는 그대로 따뜻하게 받아들
이는 것을 의미한다. 네프(Kristin Neff)는 이를 '자기연민'으로 개념화
하며, 자신에게 먼저 따뜻한 관심과 위로를 보내는 것이 타인에 대

한 연민을 실천할 수 있는 전제조건이라고 강조한다.

우리는 종종 교육 시스템과 사회적 규범 속에서 자신을 끊임없이 부정하고, 자신의 약점과 단점을 신랄하게 비판하라고 배워왔다. '내가 무엇을 못하는가', '내 단점은 무엇인가', '내가 고쳐야 할 점은 무엇인가'와 같은 사고방식은 자기 자신에게 가혹한 비판을 하게 하고, 결국 자신에 대한 냉정한 평가와 자책으로 이어진다. 친한 친구가 큰 실수를 저질렀을 때 우리가 따뜻하게 안아주고 위로하는 것과 대조적이다. 친구에게 "괜찮아, 누구나 실수할 수 있어"라고 말하듯이, 자기 자신에 대해서도 따뜻한 마음을 가져야 한다.

자기 자신에게 연민의 마음을 갖는 가장 쉬운 방법은, 친한 친구를 대하듯이 자신을 돌보는 것이다. 네프는 "당신 자신의 베스트 프렌드가 되어라(Be your best friend)"라고 조언하면서, 자기 자신에게 따뜻하고 친절한 태도를 가지라고 권유한다. 우리가 스스로를 부정하고 무시한다면, 이 세상의 어느 누구도 우리를 온전히 받아들일 수 없다.

연민의 과학

연민과 자기연민의 중요성은 심리학적 연구와 뇌과학적 근거, 그리고 철학적 논의를 통해 다각도로 입증되고 있다. 철학자 마르틴 하이데거는 인간 존재를 '현존재(dasein)'로 규정하며, 인간만이 '세계 내적 존재(being-in-the-world)'로서 타인 및 환경과 깊이 소통하고 배려하는 능력을 지닌다고 보았다. 인간이 인간으로 존재(dasein)할 수 있는 것은 주변 사람과 환경에 관심을 갖고 '돌보는 것(sorge)'에 있다. 즉 돌볼 수 있으면 인간이고 아니면 인간 존재가 아니라고까지 말할 수 있다. 이러한 관점에서 보면 연민은 단순한 동정이나 연민의 감정이라기보다는, 인간 존재의 보다 근원적인 측면인 '돌봄'의 한 방식으로 재해석할 수 있다. 우리는 스스로를 돌보고, 자신과 타인에게 따뜻한 관심을 보여주는 행위를 통해 인간 고유의 존재 방식인 현존재로 거듭난다. 인간을 인간으로 만드는 것은 연민의 마음이라는 것이다.

한편 내가 나를 돌보는 자기연민도 중요하다. 네프는 전통적인 자아존중감(self-esteem) 중심의 교육이 오히려 자신에 대한 과도한 기대와 부정적 평가를 유발한다고 비판하면서, 자기연민이 부정적 내면소통(Repetitive Negative Thinking, RNT)을 줄이고 회복탄력성을 높이는 데 효과적임을 밝혀냈다.

네프가 크리스토퍼 거머(Christopher Germer) 박사와 함께 개발한 '자기연민 명상(Mindful Self-Compassion, MSC)' 프로그램은 전 세계로 확산되었고, 수많은 연구결과를 통해 자기연민이 심리적·신체적 건강에 긍정적 영향을 미친다는 사실을 입증했다. 연민 훈련과 자기연민 명상은 mPFC를 비롯한 전전두피질의 신경망을 활성화하며, 스트레스에 과도하게 반응하는 편도체를 안정시킨다. 연구에 따르면, 명상 훈련을 오랫동안 수행한 사람은 날카로운 부정적 감정 자극에 대해서도 공감과 돌봄의 신경 활성화가 증가하고, 편도체의 반응이 감소했다.

자신에게 따뜻한 연민의 마음을 보내면, 실패나 좌절을 겪더라도 금세 털고 일어나 재도약할 수 있는 회복탄력성을 기를 수 있다. 자신에 대해 온화하고 수용적인 태도를 유지하는 사람들은 실패 후에도 새로운 도전을 두려워하지 않았으며, 오히려 스트레스 상황에서도 내면의 힘을 발견하고 동기부여가 증진되는 경향을 보였다. 한편 반복적인 부정적 사고, 즉 RNT는 기억력과 인지능력 저하, 심지어 치매를 일으키는 원인으로 알려진 아밀로이드 베타와 타우 단백질의 증가 등 부정적인 뇌 변화를 초래할 수 있다. 그런데 연민 명상은 이러한 부정적 내면소통을 효과적으로 줄이고, 전전두피질의 활성화 및 편도체의 안정화를 통해 뇌 기능과 면역체계 강화에 기여한다. 실제로 단 하루의 연민 명상 훈련만으로도 친사회적 행동이 증가하는 효과가 있으며, 장기간의 훈련은 스트레스에 대한 뇌의 반응을 긍정적으로 변화시키는 것으로 확인되었다.

자기연민의 효과는 자기연민에서 끝나지 않는다. 자신을 존중하고 돌보는 사람은 자연스럽게 타인에게도 따뜻한 배려와 존중을 전파하게 된다. 자기긍정과 타인긍정의 신경망이 매우 유사하게 겹쳐져 있기 때문이다. 따라서 자기연민의 실천은 가족, 친구, 동료와의 관계에서도 긍정적 상호작용을 촉진하며, 궁극적으로 사회적 연결과 공동체 의식을 강화한다. 타인에 대한 연민은 단지 개인적 차원의 감정적 반응이라기보다는 사회 전체의 건강과 결속력을 높이는 중요한 요소다.

연 민
compassion

자기연민 (self-compassion)이 먼저다!
→ 내가 스스로 나 자신을 위로하고
　내가 내 아픔과 고통에 공감하는 것

연민 훈련의 구체적인 방법

연민은 자신을 돌보고, 내면의 부정적 감정을 온화하게 다스리며, 동시에 타인과의 관계에서도 따뜻한 배려와 이해를 실천하는 일련의 과정이다. 다음과 같은 순서로 진행해본 뒤에 각자의 상황에 맞는 방식으로 다양하게 발전시킬 수 있다.

● **편안한 자세와 호흡 안정**

- **자세:** 의자에 편안히 앉거나 바른 자세로 서서, 눈을 감고 마음의 안정을 찾는다.
- **호흡:** 천천히 깊은 호흡을 하며, 배에 힘을 빼고 자연스러운 리듬을 따라 호흡한다. 몸과 마음의 긴장을 서서히 풀어준다.

● **내면의 고통 인식과 감정의 거리 두기**

- **고통 인식:** 현재 자신을 괴롭히고 있는 고민이나 고통의 원인을 한 가지 선택하여, 그것을 있는 그대로 인식한다.
- **객관적으로 바라보기:** "_____(자신의 이름)은 지금 이 문제로 힘들어하고 있다"와 같이 3인칭 시각을 도입하여, 자신과의 심리적 거리를 유지하고 자신의 힘든 감정을 객관화하여 인식한다.

● **고통의 보편성 인식과 연대감 형성**

- **보편적 고통 인식:** 자신이 겪고 있는 고통이 단지 나만의 개인적인 문제라기보다는, 인류 모두가 겪는 보편적인 어려움임을 인지한다.

이론편: 내면소통 명상을 위해 배워야 할 것들

- **연대감 형성**: 이러한 인식을 통해 자신이 고립되어 있지 않다는 사실을 깨닫고, 보이지 않는 타인과의 공감대를 형성한다.

  ⬤ **신체적 긴장 완화와 돌봄의 몸짓**

- **동작 활용**: 손바닥으로 자신의 어깨나 가슴을 가볍게 두드리며 달래듯이 토닥이거나 셀프허그와 같은 신체적 동작을 통해 내면의 긴장을 해소한다.
- **자기 위로**: 이러한 동작과 함께 "내가 지금 힘들구나, 정말 고생했어"라는 말을 스스로에게 건넨다. 계속 자신의 몸과 마음을 따뜻하게 감싸 안아준다.

연민 명상은 시간이나 장소에 국한하지 않고 일상생활 전반에 걸쳐 꾸준히 실천되어야 한다. 예를 들어 가족이나 친구와 갈등을 겪는 상황에서 '내가 옳은 것을 주장하는 것'보다는 '상대방을 따뜻하게 보살피고 이해하는 것'이 먼저라는 인식을 바탕으로 내면의 부정적 감정을 내려놓는 연습이 필요하다. 즉 옳은 것(being right)보다는 친절한 것(being kind)이 우리 삶에서 훨씬 더 중요하다는 점을 잊지 말아야 한다.

사랑

사랑은 단순한 감정의 소용돌이가 아니라, 인간 존재의 본질을 구성하는 심오한 힘이다. 사랑은 상대방이 건강하고 행복하기를 바라는 마음이다. 무조건적인 배려와 근본적인 용서를 바탕으로 하며, 집착과 거래 관계로 특징지어지는 연애감정과는 다르다. 누군가를 사랑한다는 것은 그 사람이 고통과 어려움을 겪지 않고 건강하고 안락한 삶을 살기를 바라는 것이며, 그 모습에서 나 또한 커다란 행복을 느끼는 것이다.

사랑은 '내가 이만큼 좋아해줬으니, 너도 나한테 이만큼 돌려주어야 한다'라는 조건을 두거나 대가를 바라지 않는 것이다. 대가를 바라거나 주는 만큼 받기를 기대하는 것은 거래이지 사랑이 아니다. 그것은 상대방을 소유하려는 독점적 태도에 불과하다. 예를 들어 '내 자식은 내 것'이라는 사고방식에 사로잡혀 자식에게 자신의 가치관과 사고방식을 강요한다면 그것은 사랑이 아니라 이기적인 자기중심적 행위일 뿐이다. 이는 연인이나 배우자에게도 동일하게 적용된다. 상대방을 자신의 소유물처럼 여기고 통제하려는 마음가짐은 오히려 폭력적인 인간관계의 시작이므로 경계해야 한다. 그러한 폭력적 관계는 자신과 상대방을 파괴하고 불행을 가져온다.

사랑은 주는 것이며, 조건 없이 베풀 때 진정한 사랑이 완성된다. 대중매체가 보여주는 로맨틱 러브 이데올로기에 사로잡혀서 '진정한 사랑'이 어떤 것인지 얼른 상상이 안 된다면 반려동물을 생각해보자. 우리는 사랑스러운 강아지나 고양이를 바라보면서 강아지나 고양이가 그저 건강하고 행복하기만을 바란다. 그들에게 아무런 대가를 바라지 않고 조건 없이 사랑을 퍼준다. 그 존재 자체가 내게 행복을 주기 때문이다. 먹을 것을 주고, 산책을 시키고, 똥을 치워주는 등 온갖 보살핌을 베풀면서도 반려동물에게 "내가 널 어떻게 키웠는데" 라고 하면서 어떤 보상이나 대가를 바라지 않는다. 반려동물을 향한 조건 없는 배려와 헌신이 바로 순수한 사랑의 모습이다.

사랑에는 용서와 연민의 요소가 내포되어 있다. 사랑이란 상대방의 잘못이나 실수를 이미 다 용서하는 마음을 전제로 한다. "나는 너를 사랑한다"라는 말은 "너의 잘못은 이미 다 용서되어 있다"라는 뜻이다. 이는 과거의 잘못뿐만 아니라 앞으로 인간적인 약점으로 인해 저지르게 될 어떠한 잘못도 이미 다 용서한다는 뜻이다. 이렇듯 사랑은 무조건적이며, 어떤 조건이나 기대 없이 그 자체로 존재하는 힘이다. 상대방의 행동이나 태도에 따라 달라진다면 그것은 사랑이 아니다.

사랑은 주는 것이다

누군가에게 온전히 사랑을 베풀 때, 우리는 그 사람의 삶에 기여함과 동시에, 우리 자신의 내면도 풍요롭게 한다. 주는 사람이 결국 그 관계의 주인이 되고 리더가 된다는 것은 과학적 통계분석과 심리학적 연구를 통해서도 입증되었다. 이기적인 태도로 이익을 추구하는 사람은 장기적으로 큰 성취를 이루기 어렵다. 반면 남에게 베풀며 사는 '주는 사람(giver)'은 시간이 지날수록 그 가치를 인정받아 성공과 행복을 누리게 된다. 내 삶의 주인이 되고 싶다면 주는 사람이 되어야 한다.

두 사람이 아침부터 농장에서 일하다가 해가 저물 무렵 작별 인사를 나누는 상황을 상상해보자. 그중 한 사람은 '고맙다'며 돈을 건네고, 다른 한 사람은 그 돈을 받는다. 둘 중 누가 농장 주인일까? 주는 사람이 주인이다. 이러한 원리는 삶의 영역 전반에 적용된다.

'무엇을 받아낼 수 있을까'보다 '무엇을 줄 수 있을까'를 고민하는 자세가 내 삶의 주인이 되는 길이다. 애덤 그랜트(Adam Grant)의 연구를 통해서도 알 수 있듯이 남을 돕고 베푸는 사람은 단기적으로는 손해를 보는 것처럼 보일지 몰라도 장기적으로는 더 큰 성공과 행복을 누리게 된다. 주는 사람은 마음근력이 더욱더 강해지기 때문이다.

뇌과학의 관점에서 보자면, 인간의 뇌는 타인에게 사랑과 배려를 베풀 때 전전두피질의 신경망이 활성화되고 행복감을 느끼도록 진화해왔다. 연애 초기에 강렬하게 느껴지는 중독적인 감정은 단기간의 열정적 사랑에 지나지 않으며, 변연계의 보상체계를 자극할 뿐이다. 그러나 조건 없는 사랑과 배려를 통해 얻어지는 깊은 정서적 교감은 전전두피질의 활성화를 촉진하여 마음근력을 향상시키며, 스트레스 호르몬의 분비를 줄이고 면역체계를 강화하여 건강을 증진한다.

우리를 헷갈리게 하는 것: 로맨틱 러브 이데올로기

'사랑'이라는 말을 들을 때 대부분의 사람은 연애나 결혼, 또는 드라마나 영화 속 로맨틱 러브를 연상한다. 그러나 이러한 로맨틱 러

이론편: 내면소통 명상을 위해 배워야 할 것들

브는 역사·사회문화적 맥락에서 보면 본래적 의미의 진정한 사랑과는 거리가 멀다. 저명한 사회학자 앤서니 기든스(Anthony Giddens)는 사랑의 형태를 열정적인 사랑, 종교적인 사랑, 낭만적 사랑(romantic love: 연애감정)으로 구분했다. 열정적인 사랑은 한눈에 반해 강렬하게 끌리는 감정이고, 종교적인 사랑은 운명적이고도 초월적인 감정을 포함한다. 그리고 로맨틱 러브는 이 두 감정의 요소가 결합된 것이다.

19세기 중엽에 확산되기 시작한 신문 연재소설이 바로 '로맨틱 러브'라는 개념을 탄생시켰다. 즉 당시의 '연속극'이었던 신문 연재소설의 작가들이 만들어낸 개념이다. 우리가 아는 위대한 작가들은 당시 새로운 매체였던 일간 신문에 소설을 연재하는 일종의 연속극 작가였던 셈이다. 이러한 대중소설 속의 주인공이 하던 사랑이 바로 로맨틱 러브다. 전통적인 개념의 종교적 사랑과 원래부터 존재하던 열정적 사랑을 적당히 섞어놓은 새로운 형태의 사랑이 소설이라는 매체에 등장했고, 20세기로 넘어오면서 영화와 라디오, 텔레비전 드라마를 통해 전 세계적으로 확산되었다. 이제 로맨틱 러브는 누구나 할 수 있고, 해야 하는 것이 되었다. 더 황당한 것은 로맨틱 러브가 곧 결혼이라는 제도와 연결된다는 환상이다.

원래 결혼은 남녀 간의 열정적 사랑과는 무관한 것이었다. 역사적으로 결혼은 경제·사회적 목적으로 이루어졌으며, 당사자가 배우자를 선택하는 개념이 아니었다. 결혼은 부모나 가족이 정해주는 것이었고, 연애감정이나 열정적인 사랑은 결혼과 분리된 별개의 개념으로 받아들여졌다. 그럼에도 불구하고 대중매체의 로맨틱 러브 이데 올로기에 세뇌된 대중은 '연애'는 당연히 '결혼'으로 연결될 수 있고 그래야 한다고 착각한다. 집착과 소유욕과 경제적 교환관계에 의해 규정되는 연속극 식의 로맨틱 러브가 진정한 사랑을 바탕으로 하는 가족관계로 전환될 수 있다는 환상 때문에 수많은 사람이 불행하게 살고 있다. 결혼을 통해 행복해지는 사람보다는 불행해지는 사람이 훨씬 더 많은 이유다. 결혼이라는 제도는 로맨틱 러브라는 환상이 아니라 진정한 사랑이라는 현실을 기반으로 해야만 유지될 수 있다.

기든스에 따르면, 건강한 부부 관계나 진정한 사랑의 인간관계는 독립적인 자아가 서로를 온전히 존중하고 배려하는 '컨플루언트 러브(confluent love)'의 형태로 발전해나가는 것이다. '너 없이는 살 수 없다'는 태도는 결코 사랑이 아니다. 각자가 스스로 행복할 수 있는 자율성의 기반 위에서 상대를 배려하고 존중하는 관계가 사랑이다. 인간관계에서 중요한 것은 자신에 대한 사랑과 존중, 그리고 타인에 대한 사랑과 존중이다. 그러한 관계를 유지할 때 전전두피질이 활성화되며 그래야 마음근력을 제대로 발휘할 수 있다.

메따: 수행으로서의 사랑

전통적인 명상 수행법 중 메따(mettā) 명상은 모든 존재에게 무조건적인 사랑을 나눠주는 방법으로 잘 알려져 있다. 메따 명상의 핵심은 명상하는 대상이 누구인가보다는 명상을 통해 어떤 사랑의 마

사 랑

상대방이 건강하고 행복하기를 바라는 마음
상대방의 행복한 모습을 보면서 내가 행복해지는 것

음을 유지할 수 있느냐에 있다. 다음과 같은 순서대로 해본다.

(1) 가장 아끼고 사랑하는 대상을 마음속에 떠올린다. 사랑하는 자녀, 배우자, 가족, 혹은 가장 친한 친구의 모습을 떠올리면서 그들이 늘 평온하고, 모든 고통에서 자유롭고 행복하기를 진심으로 기원한다. 이때 느껴지는 따뜻한 사랑의 감정에 계속 집중해본다.

(2) 소중하게 아끼는 사람들에 대한 사랑의 마음이 충분히 유지된다고 느껴지면, 이제 그 감정을 자신에게로 돌려 '자기사랑'을 실천해본다. 진정한 사랑이란 먼저 자신에게 사랑을 베푸는 것에서 시작한다. 내면을 건강하게 채우는 사랑은 자신을 사랑하고 용서하며 감사하는 마음을 통해 이루어진다. 자신을 온전히 받아들이고 돌보는 과정은 타인과의 관계에서도 자연스럽게 드러나며, 그 결과 주변 사람들과의 소통과 관계가 더욱 풍요로워진다. 무엇보다도 먼저 자신의 건강과 행복을 챙겨야 한다. 그래야 전전두피질이 활성화되고 마음근력이 강화되어 타인과의 관계에서도 진정한 사랑과 존중이 자연스럽게 발현된다. '나를 사랑할 수 있어야 남도 사랑할 수 있다'라는 말은 과학적으로 입증된 명제다. 사랑의 출발점 역시 자기사랑이다. 나는 사랑받을 자격이 있다는 마음과, 자신을 온전히 포용하는 마음을 가질 때 내면이 성숙해진다.

(3) 나 자신에 대한 사랑이 단단하게 자리 잡았다고 느껴지면, 그 사랑의 범위를 점차 넓혀가며 얼굴만 아는 사람, 잘 모르는 사람을 떠올리고, (4) 마침내 미워하거나 싫어하는 대상으로까지 사랑의 감정을 넓혀가는 것이 메따 명상의 기본 순서다.

이론편: 내면소통 명상을 위해 배워야 할 것들

좀 더 구체적으로 순서를 나열해보면 다음과 같다.

현재 사랑하는 사람 → 나 자신 → 좋아하지도 싫어하지도 않는, 잘 아는 사람 → 얼굴만 아는 사람 → 잘 모르는 사람 → 싫어하는 사람 → 미워하고 증오하는 사람.

잘 모르는 사람이나 싫어하는 사람을 떠올렸을 때 행복과 건강을 바라는 사랑의 마음을 유지하기가 어렵다면, 다시 내가 아끼는 사람으로 되돌아오면 된다.

이 과정에서 중요한 것은 대상 자체가 아니라, 그 대상을 향한 나의 마음 상태다. 어떤 대상에 대해서도 그 존재가 건강하고 행복하기를 진심으로 기원하는 따뜻한 마음을 유지하는 것이 핵심이다.

이처럼 메타 명상은 단순한 마음의 훈련을 넘어, 우리 내면의 깊은 곳에 자리한 사랑의 감정을 활성화해준다. 이 과정에서 전전두피질을 비롯한 뇌의 여러 부위가 활성화되어, 강력한 자기참조과정이 일어나며, 동시에 긍정적 정서가 증진된다. 결과적으로 사랑을 나누고 받는 삶은 단순한 감정의 교류를 넘어 정신적·신체적 건강에도 긍정적 효과를 가져다준다.

수용

수용(acceptance)은 우리 삶에서 펼쳐지는 모든 사건에 대해 저항하지 않고 있는 그대로 받아들이는 마음의 자세를 의미한다. 단순한 수동적 체념이 아니라, 내면의 긴장을 내려놓고 현실을 온전히 인식하며, 그 흐름에 자신을 맡기는 적극적인 태도다. 수용은 '받아들임'으로써, 내 삶에서 일어나는 어떠한 사건에도 저항하지 않는 마음 상태다. 현실을 왜곡하거나 부정하지 않고, 일어나는 모든 일을 있는 그대로 인식하고 수용하는 것이다. 나에게 벌어지는 모든 사건은 그저 나를 통과해 지나가는 현상이라 여기고, 억지로 밀어내거나 끌어당기지 않는 태도다.

수용의 핵심은 '저항하지 않는다'는 데 있다. 우리가 무언가를 '싫다'고 느끼는 감정뿐만 아니라, 원하는 것을 반드시 얻으려고 시도하는 것 역시 본질적으로는 저항이라고 볼 수 있다. 이와 같은 저항을 내려놓을 때 비로소 진정한 수용의 상태에 이를 수 있다.

수용의 또 다른 이름은 항복(surrender)이다. 여기서 항복이란 싸움에 져서 굴복하는 의미라기보다는 어떤 상황에서도 내적 저항을 하지 않고 주어진 현실을 그대로 받아들이겠다는 태도를 의미한다. 진정한 수용, 또는 '완전한 항복(total surrender)'은 자기중심적 욕망과 집착을 내려놓고, 모든 존재에 대해 무한히 열려 있는 마음 상태다.

우리나라 불교의 소의경전인 《금강경》에 나오는 이야기다. 고타마의 제자인 수보리가 "어떻게 하면 우리의 이 마음을 항복시킬 수 있습니까(降伏其心)?"라고 묻자, 고타마는 "모든 중생을 구제하는 것"이라고 답한다. 수용은 단순히 나 자신을 위한 항복을 넘어 타인을 향한 무한한 사랑과 연민을 실천하는 것이다. "네 주변의 모든 사람을 사랑하라"는 예수의 가르침 또한 자기긍정과 타인긍정을 동시에 추

수 용
total Surrender

현실을 있는 그대로 인정하고
불필요한 저항을 내려놓는 수용의 과정

구하는 삶의 태도를 강조한다. 이러한 사랑은 상대방의 약점이나 단점까지도 있는 그대로 받아들이는 수용의 마음을 바탕으로 한다.

수용과 집착

수용하는 삶을 살기 위해서는 우선 집착이 무엇인지를 이해할 필요가 있다. 집착이란 우리가 어떤 것을 너무 강하게 원하거나, 또는 그 욕구가 충족되지 않을 때 고통, 분노, 좌절, 우울 등 부정적 정서에 빠지는 상태를 의미한다. 예를 들어 돈에 집착하는 사람은 돈을 벌든 못 벌든 불행하다고 느낀다. 돈을 벌어도 더 많이 번 사람과 자신을 비교하며 불행하다고 느끼고, 그나마 번 것조차 잃어버릴까 전전긍긍하게 된다. 권력에 집착하는 사람은 권력을 가질수록 불안과 무력감에 빠진다. 이처럼 행복의 조건으로 여겨지는 특정 요소에 집착하다 보면 그 요소가 불행의 원인이 된다.

집착은 필연적으로 저항을 불러일으킨다. 사실 우리가 겪는 고통과 괴로움은 어떤 사건 때문이 아니다. 그 사건에 대한 우리의 저항이 근본적인 원인이다. 내면에서 만들어낸 고정관념과 스토리텔링을 내려놓고, 모든 것을 열린 마음으로 수용하는 자세를 가질 때 강인한 마음근력을 지닌 자유로운 존재로 살아갈 수 있다.

집착을 버리라고 해서 아무것도 원하지 말라는 뜻은 아니다. 더 원하는 것을 선호하면 된다. 선호(preference)는 원하는 바가 있지만 나의 행복 또는 불행이 그 결과에 달려 있지 않은 상태다. 예를 들어 어떤 사람이 10억 원보다는 100억 원 버는 것을 더 선호할 수 있다.

그런데 100억 원을 벌지 못하더라도 분노나 좌절에 빠지지 않는다면, 즉 원하는 것을 얻지 못해도 크게 실망하거나 불행감을 느끼지 않는다면 이는 집착이 아니라 선호다. 선호와 집착의 차이는 원하는 것이 충족되지 않았을 때 분명하게 드러난다. 원하는 것이 충족되지 않아서 불행감을 느낀다면 집착이고, 원하는 결과가 나오지 않아도 마음의 평정을 유지할 수 있다면 선호다.

우리는 종종 행복이 돈, 권력, 지위, 명예, 성공, 사회적 평판, 외모 등에 달려 있다고 믿는다. 그러나 이러한 조건에 집착하는 순간, 우리는 끊임없이 더 많은 것을 원하게 되고, 이미 가진 것조차 부족하다고 느끼게 된다. 이런 조건들은 본질적으로 불안정하고 언제든지 변할 수 있기 때문에, 그것에 의존하는 행복은 매우 위태롭다. 행복이 이러한 조건에 달려 있다면, 그 조건이 충족되지 않을 때 불행해진다. 즉 행복의 조건은 곧 불행의 조건이 된다. 특정한 조건이 충족되어야만 행복해진다고 믿는 사람은, 그 조건에 집착하게 되고, 결국 바로 그 조건 때문에 불행해진다.

반면 모든 집착을 내려놓고 이미 가진 것에 만족하며, 수용의 태도를 통해 조건에 의존하지 않는 무조건적인 행복을 실현할 수 있다면, 우리는 어떠한 상황에서도 행복할 수 있다. '오유지족(吾唯知足)'은 '나는 오직 만족만을 안다'는 의미로, 이미 가진 것에 충실하며 외부 조건에 집착하지 않는 마음 상태를 가리킨다. 마음에 걸리는 것이 없고, 두려움이 사라진 상태다. 진정한 수용의 태도는 아직 얻지 못한 것을 갈망하는 대신, 현재의 상태, 이미 가진 것을 받아들이고 감사하는 데서 시작된다. 우리가 이미 가진 것을 받아들이고 만족할 수 있다면, 어떠한 역경이나 실패도 우리의 내면에 큰 상처를 남기지 않는다. 마이스터 에크하르트(Meister Eckhart)의 말처럼 "모든 것을 가진 상태가 행복한 것이 아니라, 모든 것을 놓아버려도 더 이상 필요한 것이 아무것도 없는 상태"가 진정한 행복이다.

모든 분노와 두려움은 집착에서 온다

마음근력을 약화하고 편도체를 활성화하는 가장 큰 원인 중 하나는 두려움이다. 두려움은 아직 얻지 못한 행복의 조건 또는 이미 가진 것을 잃어버릴지 모른다는 불안에서 비롯된다. 이러한 두려움은 좌절감과 분노로 이어지며, 결국 우리는 사건 그 자체보다는 그 사건에 대해 만들어낸 해석과 고정관념에 저항하게 된다.

불교의 기본 경전인《반야심경》의 핵심은 "마음에 걸리는 것이 없어야 두려울 것이 없으며, 그것이 곧 최고의 행복인 열반에 이르는 길이다"라는 것이다. 마음에 걸리는 것이 없으려면 무엇인가를 얻고자 하는 마음부터 버려야 한다. 얻을 것이 아무것도 없다는 것을 깨달아야 한다. 그 무엇에도 집착할 것이 없어야 한다. 심지어 진리나 가르침이나 깨달음도 얻고자 매달리면 집착이 된다. 집착이 사라져야 마음에 걸리는 장애물이 다 사라지고, 그래야 모든 두려움이 사라진다. 아무것도 두려워하지 않는 상태가 곧 궁극의 깨달음의 상태이고 진정한 자유의 상태다.《반야심경》의 지향점은 두려울 것이 하나도 없는 '무유공포(無有恐怖)'다. 편도체 안정화인 것이다.

이론편: 내면소통 명상을 위해 배워야 할 것들

마음에 걸리는 것이 없다는 것은 살아가면서 벌어지는 일을 매 순간 수용한다는 뜻이다. 수용은 이미 벌어진 일만 받아들이는 것이 아니라 지금 여기서 벌어지는, 그리고 앞으로 벌어질 모든 일에 대해서도 수용하는 마음을 갖는 열린 상태. 틸로파가 말한 "모든 것에 열려 있되 어느 것에도 집착하지 않는 마음(a mind that is open to everything and attached to nothing)"이 곧 수용이다. 어떠한 조건에도 의존하지 않고, 있는 그대로의 현실을 받아들인다면, 어떤 역경이나 실패도 우리를 좌절시키지 못한다.

마테 박사는 우리가 받아들이지 못하고 저항하는 것은 고정관념과 부정적 스토리텔링의 습관 때문이라고 말한다. 우리는 사건 자체보다는 그 사건에 대해 스스로 만들어낸 해석과 단정 때문에 분노와 좌절과 고통을 경험한다. 예를 들어 잘 아는 친구에게 집 수리를 맡겼는데, 예상과 달리 집 수리가 제대로 이루어지지 않았다면 '친구가 나를 무시했다'라는 단정적인 스토리텔링을 만들어 분노한다.

마테 박사는 먼저 여러 가지 가능성을 열어두고 생각해보라고 권유한다. 친구가 연락이 없었던 이유는 단순히 무책임하거나 나를 무시해서가 아닐 수도 있다는 것이다. 갑자기 아프거나 사고를 당해서 입원 중일 수도 있고, 혹은 가족에게 급한 일이 생겨 어쩔 수 없는 상황이었을지도 모른다. 그런 여러 가지 가능성을 고려한다면, 우리는 즉각적으로 분노에 빠지는 것을 피할 수 있다. 그럼에도 불구하고 우리는 흔히 '친구가 나를 무시했다'라는 식의 최악의 부정적인 스토리텔링을 습관적으로 만들어낸다.

우리가 겪는 부정적 감정의 근원은 대부분 사건 자체보다는 우리가 그 사건을 해석해서 만들어낸 고정관념과 집착에 있다는 사실을 인식해야 한다. 분노의 진짜 원인을 찾아보려면, 최근 몇 년간 가장 화가 났던 일을 되짚어보아야 한다. 그리고 그 상황에서 내가 선불리 단정하거나 확신했던 것은 아닌지를 면밀하게 검토해보아야 한다. 내가 내린 해석이 유일한 가능성이었는지, 혹은 다른 해석의 여지가 있었는지를 성찰함으로써, 나 자신이 만들어낸 고정관념과 집착을 인식하고 내려놓을 수 있다.

수용 훈련의 효과

수용의 과학은 단지 철학적 이상이 아니라, 신경과학적 연구와 심리치료, 그리고 수많은 인간의 경험을 통해 입증된 실천적 지혜다. 우리 삶에서 일어나는 모든 사건에 대해 저항하지 않고 있는 그대로 받아들이며, 집착 대신 선호하는 마음을 기르는 과정은 자기긍정과 타인긍정의 상호 상승 효과를 가져온다.

현대 심리치료의 한 분야인 변증법적 행동치료(Dialectical Behavior Therapy, DBT)는 수용의 개념을 핵심 기술 중 하나로 삼는다. DBT는 인지행동치료(CBT)의 한 갈래로서, 특히 우울증이나 감정조절 장애를 겪는 환자를 위해 고안되었다. 이 치료법의 네 가지 핵심 요소는 알아차림(마인드풀니스), 감정조절, 스트레스 내성 훈련, 건강한 대인관계력이다. 이 중 스트레스 내성 훈련이 근본적 수용(radical acceptance)에 해당한다. 이는 고통스러운 현실에 맞서 저항하지 않고

이론편: 내면소통 명상을 위해 배워야 할 것들

있는 그대로 받아들임으로써 추가적인 고통을 예방하는 데 중점을 둔다. 여기서 '수용'은 현재 상황을 그저 승인(approval)하는 것이라기보다는, 이미 벌어진 사실(fact)에 맞서 싸우지 않으면서도 적절하게 대응하는 것이다.

사실 우리의 일상은 우리가 저항하는 사건들로 가득 차 있다. 우리의 개별자아(ego)의 본성은 내 뜻대로 되지 않는 모든 것에 일단 저항하고 보는 것이다. 예를 들어 새 구두와 새 옷을 입고 외출했는데 갑자기 진흙탕에 빠졌다면, 대부분은 강한 저항과 분노를 느낀다. '왜 나에게 이런 일이?'라는 생각에 사로잡혀 자책하거나 세상에 대해 분노를 쏟아낸다. 그러나 수용의 태도를 가진 사람은 그 사건을 큰 문제로 만들지 않고, 상황을 있는 그대로 받아들인다. 옷과 구두에 묻은 진흙을 대충 닦아내고 다음 단계의 행동에 집중함으로써, 추가적인 심리적 고통이나 분노로 확장되는 것을 막는다.

이미 벌어진 일에 저항하려는 마음 습관이야말로 우리를 고통에 빠뜨리는 원인이다. 어떤 사건에 대해서든 받아들이지 않고 저항할수록 불행감도 커진다. 과도하게 저항할 경우 그 사건 자체뿐만 아니라 나 자신에 대한 부정적인 감정으로까지 확산되어, 문제해결은커녕 상황을 더욱 악화시키고 만다. 반면 수용의 태도를 통해 그 사건을 객관적으로 바라보고 냉정하게 대처하면 문제의 본질에 집중하게 된다. 이는 부당한 피해에 대한 법적 대응이나 일상적인 문제해결 모두에 적용될 수 있는 원칙이다.

감정적 저항을 버려야 편도체가 안정화되고 전전두피질이 활성화되어 우리가 원하는 방향으로 문제를 해결할 수 있다. 저항하는 마음을 내려놓으라는 것은 결코 문제해결을 피하라는 뜻이 아니다. 저항하지 않고 받아들임으로써 편도체를 안정화하여 더 큰 마음근력을 발휘하라는 뜻이다. 마음에 들지 않는 나쁜 일일수록 전전두피질을 사용하여 상황을 타개하고, 내가 원하는 방향으로 문제를 해결하고 세상을 바꿔가라는 뜻이다. 진흙탕에 빠진 발을 빼내지도 않은 채 발을 구르며 세상과 나 자신에 대해 화를 내는 어리석은 짓은 그만두고, 일단 빨리 진흙탕에서 빠져나와 침착하게 문제를 해결하는 현실적인 방법을 찾아보라는 뜻이다.

우리의 뇌는 수용의 상태에서 긍정적인 변화를 보인다. 심리적 스트레스와 불안을 담당하는 편도체는 안정화되고, 이성적 판단과 자기통제를 담당하는 전전두피질은 활성화된다. 이러한 뇌의 변화는 내면의 평화를 유지하는 데 결정적인 역할을 하며, 우리가 어떠한 역경에도 휘둘리지 않고 침착하게 대응할 수 있게 한다.

실제로 암 환자들을 대상으로 한 연구에서, 마음을 내려놓는 적극적 수용(항복하기 훈련)을 실시한 결과 환자들의 전반적인 행복감이 향상되었다는 보고가 있다. 마찬가지로 만성통증 환자들에게 '통증을 거부하지 말고 마음으로 받아들이라'는 수용 훈련을 적용했더니 환자들이 통증에 대한 집착에서 벗어나 일상생활에 더 잘 적응하고, 전반적인 정신 건강이 크게 개선되었다. 이러한 연구결과는 수용이 이론적 개념을 넘어 실제로 삶의 질을 높이는 효과적인 방법임을 암시한다.

이론편: 내면소통 명상을 위해 배워야 할 것들

분노와 두려움, 불안을 야기하는 원인을 스스로 성찰하고, 그 근원에 있는 집착과 고정관념을 내려놓는 연습을 하면 궁극적으로 내면의 평온함에 이르게 된다. 우리가 내면에서 만들어낸 불필요한 스토리텔링을 재해석하고 열린 마음으로 모든 사건을 받아들인다면, 그 순간순간이 곧 편안전활로 가는 길이 된다.

감사

감사하기는 단순히 긍정적 정서 유발에 그치지 않고 뇌와 의식에 깊은 변화를 불러일으키는 강력한 마음근력 훈련이다. 감사는 자신에게 주어진 것을 기쁜 마음으로 받아들이는 자기긍정과 그러한 것이 타인으로 왔다는 것을 인식하는 타인긍정이 동시에 일어나는 것이다. 많은 실증적 연구에 따르면 감사는 전전두피질과 안와전두피질을 활성화하며, 삶의 만족도와 행복감을 높여주고, 면역력을 증진한다. 뿐만 아니라 창의성과 문제풀이 능력 같은 인지능력도 높인다.

'감사'라는 말은 언어와 문화적 전통에 따라 다양한 어원을 지닌다. gratitude는 라틴어 'gratia'에서 유래했으며, '은혜', '기쁨'을 의미한다. 이는 신이 인간에게 베푸는 은총과 관련된다. thank는 고대 영어에서 'think'와 같은 뜻으로, '생각하다'라는 의미를 내포하며, '잊지않고 기억하겠다'는 의미가 있다. 즉 영어 thank you는 '난 널 생각하겠다'라는 뜻인 셈이다. 한편 appreciate는 '가치를 인정한다'는 뜻으로, 감정과 노력이 담긴 당신의 행위에 대해 진심으로 그 가치를 높게 평가한다는 의미를 함축한다. 따라서 우리가 '감사'하다고 말할 때에는 이러한 다양한 의미가 함축되어 있다.

감사는 자기 자신과 타인에 대한 긍정적 정보를 동시에 처리하는 복합적인 과정이다. mPFC는 이러한 긍정적 정보를 처리할 때 가장 중심이 되는 뇌 부위로, 감사하는 마음을 지속적으로 연습하면 전전두피질의 기능적 활성화는 물론이고 구조적 변화까지 일으킬 수 있다.

감사는 '나'라는 에고에 집착하는 마음을 내려놓을 때 진정한 효과를 발휘한다. 어떠한 성취도 자신의 노력만으로는 이루어지지 않으며 타인의 도움과 운이 함께 작용한다는 점을 인식할 때, 우리는 보다 진솔하게 감사하는 마음을 가질 수 있다. 모든 것을 통제하고자 하는 집착을 내려놓고, 수용의 마음으로 삶을 대할 때, 일상의 모든 일에 대해 감사할 수 있는 기초를 마련하게 된다. 이러한 태도가 역경 속에서도 진정한 행복을 누리는 길이라는 것은 여러 연구와 사례에서 입증되었다.

감사의 효과

감사 훈련이 충분히 효과를 내기 위해서는 세 가지 요소를 갖추어야 한다. 첫째, 자기참조과정과 내면의 음미(savoring)다. 즉 자신에게 베풀어진 일에 대한 은혜로움과 순간순간의 소중함을 깊이 음미

이론편: 내면소통 명상을 위해 배워야 할 것들

하는 것이다. 둘째, 자신이 받은 도움이나 호의와 관련된 사람들의 존재와 그들이 베풀어준 것에 대한 가치를 인식하고 높이 평가하는 것이다. 셋째, 진정한 마음이다. 입으로만 감사하다고 말하는 것이 아니라 마음속 깊은 곳에서부터 우러나오는 진심 어린 감사함을 느끼는 것이다.

강남 세브란스병원 정신건강의학과의 공동 연구에서 나는 이 세 가지 요소를 충분히 느낄 수 있는 감사 명상 가이드를 직접 만들고 녹음해서 fMRI 실험 참가자들에게 들려주었다. 어린 시절의 기억을 떠올리며 과거의 어머니에게 감사하는 내용이었다.

굳이 어린 시절의 어머니를 떠올리며 감사하는 마음을 갖게 한 이유는 다음과 같다. 성인인 피험자들과 어머니의 관계는 다양할 것이다. 최근에 사이가 안 좋아졌을 수도 있고, 어머니의 건강이 좋지 않아서 어머니 생각만 하면 불안감이나 스트레스가 엄습할 수도 있다. 또는 어머니가 돌아가신 경우도 있을 것이다. 이러한 다양한 상황을 통제하기 위해서 나는 감사 명상을 통해 우선 피험자들에게 어린 시절을 떠올리게 했다. 가장 어린 시절의 기억을 생생하게 떠올리게 한 다음에 주 양육자(어머니 혹은 다른 가족 구성원)의 그 시절 모습을 떠올리도록 했다. 그때 어머니가 나를 사랑해주셨던 모습을 생생하게 떠올리면서 "엄마, 고맙습니다. 어머니, 감사합니다"를 마음속으로 반복해서 말하도록 했다. 이러한 감사 명상을 5분간 진행하면서 뇌 여러 부위의 기능적 연결성을 측정했고, 감사 명상 직후 아무것도 하지 않는 상태(resting state)에서의 기능적 연결성도 측정했다.

연구팀은 감사 명상 직후에 피험자들의 뇌의 기능적 연결성을 살펴보았는데, 편도체와 전전두피질 사이의 연결성에서 주목할 만한 변화가 나타났다. 불안이나 우울성향이 있는 피험자들에서는 감사 명상 후 이 두 영역 간의 연결성이 유의미하게 증가했다. 이는 짧은 감사 명상을 통해서도 감정조절에 관여하는 신경망이 활성화되었음을 뜻한다. 더불어 심박수도 떨어졌는데, 이는 감사 명상이 불안장애 증상을 완화하는 데도 효과가 있음을 시사한다.

감사 명상을 하는 동안에 전전두피질을 중심으로 한 뇌의 기능적 연결성에 변화가 나타난 것은, 이러한 훈련을 반복하면 뇌의 구조적 변화가 일어나는 신경가소성 효과가 나타날 수 있음을 암시한다. 실제로 뇌 구조를 분석한 여러 연구는 지속적인 감사하기 훈련이 뇌의 기능뿐 아니라 구조 자체를 바꿀 수도 있음을 보여준다. 감사하는 성향이 습관화된 사람들은 mPFC(내측전전두피질) 신경망이 구조적으로도 더 발달하고 생활만족도도 더 높은 것으로 나타났다. 전전두피질의 활성화와 구조적 변화는 감사 성향과 행복감을 이어주는 연결고리임을 알 수 있다.

또한 감사하기는 편도체의 과도한 활성을 낮추는 효과가 있으며, 편도체 활성화로 인해 유발되는 염증 반응 역시 완화한다는 연구결과도 있다. 불안장애 및 우울증 환자 260명을 대상으로 한 무작위 대조 연구에서, 5주 동안 인터넷과 모바일 앱을 활용한 감사 훈련을 실시했더니 '반복적인 부정적 사고(RNT)'를 유의미하게 줄이는 동시에, 긍정적 정서를 증진하는 효과가 나타났다.

강력한 마음근력 훈련의 하나인 감사하기는 인지행동치료에서도 큰 인기를 얻고 있다. 그러나 27편의 연구 논문을 대상으로 한 메타분석에서 환자들을 대상으로 한 감사 훈련의 치료 효과는 그다지 크지 않을 수도 있다는 사실이 밝혀졌다. 이는 특히 오랫동안 자신과 주변 사람들에 대해 부정적 내면소통을 반복해온 우울증이나 불안장애 환자에게는 감사하기의 효과가 그다지 강력하지 않다는 점을 시사한다.

감사하기는 자기긍정과 타인긍정을 동시에 요구하는데, 피험자들이 오랜 세월 자신이나 타인에 대해 부정적인 감정을 내면화해왔다면, 감사 훈련만으로는 충분한 효과를 보지 못할 수도 있다. 이런 경우에는 우선 수용 훈련을 통해 자신에 대한 비판적 시각이나 부정적 감정을 완화한 후에 감사 훈련을 진행하는 것이 바람직하다. 아울러 감사하기는 용서하는 성향과도 밀접하게 연결되어 있으므로, 감사 훈련을 시작하기 전에 타인에 대한 용서의 마음을 가지는 것도 큰 도움이 된다.

감사일기: 일상에서 감사 훈련 실천하기

감사일기 쓰기는 긍정적 정서의 습관을 기르고 마음근력을 키우는 데 대단히 효과적인 실천법이다. 보통의 일기와 달리 감사일기는 매일 '어떤 것에 대해' 그리고 '누구에게' 감사하는지를 구체적으로 적는 메모 형식의 기록이다.

긍정심리학자 소냐 류보머스키(Sonja Lyubomirsky) 교수의 연구에

감 사

나에게 주어진 것을 긍정적으로 수용 → 자기긍정
동시에 그것을 준 사람을 긍정적으로 받아들이는 것 → 타인 긍정

감사 = 자기긍정 + 타인긍정

따르면, 감사일기는 적어도 일주일에 한 번 이상 써야 효과적이다. 6주 동안 매주 한 번씩 감사일기를 쓴 집단에서는 뚜렷한 긍정적 효과가 나타난 반면, 3주에 한 번씩 쓴 집단에서는 아무런 효과가 관찰되지 않았다.

감사일기 작성은 단순히 지나간 일을 회상하는 것이 아니다. 손에 펜을 들고 구체적으로 기록하는 행위는 뇌에 깊은 인상을 남긴다. 그날 있었던 감사한 일을 명확하게 기록한 후 잠자리에 들면, 그날의 기억이 수면 중 고착화되어 긍정적 정서 유발과 관련된 신경망을 강화한다. 이 과정을 몇 번 반복하면, 뇌는 밤에 감사할 일을 회상해내야 한다는 것을 알기에 아침에 눈을 뜨면서부터 감사할 만한 일을 찾는 상태가 된다. 즉 하루 종일 감사할 만한 일을 찾게 되어 일상생활 전반에 걸쳐 감사하는 습관이 자리 잡게 된다. 감사일기를 작성하는 요령은 다음과 같다.

● **매일 밤 자기 전**: 잠자리에 들기 전, 그날 하루 동안 있었던 일을 돌이켜본다. 감사할 만한 사건을 구체적으로 최소 다섯 가지 이상 기록한다. 단순히 '좋은 일이 있었다'는 일반적 기술이 아니라, 감사할 일과 감사할 대상이라는 두 가지 요소가 드러나도록 써야 한다. 예를 들어 무거운 짐을 옮기는 것을 도와준 아무개 님에게 감사한다, 이러저러한 일을 도와준 직장 동료 누구에게 감사한다는 식으로 적는다. 그래야 자기긍정과 타인긍정이 동시에 일어난다.

● **진솔한 감정의 표현**: 억지로 문구를 채우기보다는 마음에서 우러나온 진솔한 감정을 담는다. 그래야 전전두피질이 활성화되며, 마음근력 강화의 효과가 극대화된다.

● **지속성과 일관성**: 감사일기는 꾸준한 실천이 중요하다. 처음에는 어색하고 어렵게 느껴질 수 있으나, 며칠만 계속하면 점점 더 자연스럽게 쓸 수 있다. 그리고 숙면에도 도움이 된다. 신경가소성의 효과를 바란다면 8~12주 동안 매일 밤 짧게라도 감사일기를 써야 한다.

종교가 있는 사람이라면 감사 기도를 통해 더욱 효과적인 감사 훈련을 실천할 수 있다. 기도는 소원을 비는 행위가 아니라, 이미 받은 축복에 대해 감사하는 마음을 표현하는 것이다. 마이스터 에크하르트는 "우리가 드릴 수 있는 기도는 단 한마디 '감사합니다'뿐이다"라고 말했다. 이는 인생의 비극이 고통에 있는 것이 아니라, 이미 받은 것들의 소중함을 깨닫지 못하는 데 있다는 교훈을 준다. 그는 어떤 소원을 이루기 위해 간절히 기도하기보다는, 지금 이 순간 이미 주어진 모든 것에 감사하는 마음을 갖는 것이 진정한 행복을 누리는 길이라고 강조한다.

오랫동안 여러 사람들에게 마음근력 훈련을 안내했던 나의 경험을 돌이켜보면 감사일기야말로 가장 빠르고도 강력한 효과가 있었다. 잠들기 전 단 5분의 감사일기 쓰기는 인지, 행동, 감정, 건강 등 거의 모든 것에 긍정적인 영향을 미친다. 마음근력 훈련의 효과가 조금이라도 미심쩍다면 무조건 감사일기부터 써보길 권한다. 그러고 나서 감사 명상도 함께 매일 조금씩 한다면 분명 자신이 달라지고 있음을 수 주일 안에 느끼게 될 것이다. 이제 효과를 보았으니 그만해도 된다고 생각하지 말고 8주에서 12주는 지속하길 바란다. 그래야 마음근력 훈련의 효과가 확실히 자리 잡게 된다.

존중

존중은 어떤 대상을 피상적으로 대하는 것을 넘어, 그 대상 속에 숨겨진 자신을 초월하는 위대한 무언가를 발견하는 것이다. 그러기 위해서는 '존중(respect)'이라는 단어가 함축하는 의미처럼, 우리는 대상을 다시 한번(re-), 더 깊이, 더 섬세하게 바라보아야(spect) 한다. 겉모습이나 일시적인 상황에 휩쓸리지 않고 그 대상이 지닌 근원적인 가치를 인식하는 마음가짐은 인간의 내면을 풍부하게 하고, 타인과의 관계에도 긍정적인 영향을 미친다. 이러한 '다시 보기'의 과정은 단순한 인지 행위를 넘어, 자기긍정의 가장 강력한 형태로 나타난다.

자신을 바라보고 내면의 깊이를 재발견할 때, 우리는 자신의 가치와 존재의 고귀함을 인식하게 되며, 이는 자연스럽게 타인을 대하는 존중심으로 확장된다. 즉 나에 대한 존중과 타인에 대한 존중은 근본적으로 동일한 인지 작용이며, 뇌의 정보처리 과정을 보더라도 매우 유사한 신경망을 통해 이루어지는, 본질적으로 같은 작용인 것이다.

주변 사람을 함부로 대하거나 타인을 무시하는 습관을 지닌 사람은 공통적으로 내면 깊숙이 자기비하가 자리 잡고 있다. 스스로를 깎아내리고 낮게 평가하는 사람은 타인 역시 낮추어 평가하게 마련이며, 이로 인해 결국 자신과 타인 모두를 폄하하고 비하하는 마음을 지닌 채 살아가게 된다. 즉 자기부정과 타인부정의 습관이 몸에 배어 쉽게 분노하거나 인간관계에 대한 두려움에 빠지게 되는 것이다.

반면 자신을 귀하게 여기고 소중히 대하는 사람은 자연스럽게 타인에게도 동일한 존중과 배려의 마음을 품게 된다. 스스로를 존중하는 마음을 지닌 사람은 자그마한 이익에 자존심을 팔지 않는다. 스스로의 가치를 높게 여기는 자기존중심은 도덕성의 바탕이 되며, 청렴결백하고 떳떳한 삶을 살아가는 원동력이 된다.

자기존중과 타인존중

자신을 존중하는 마음은 타인을 낮추거나 얕보는 것이 아니라, 오히려 타인의 존재와 가치를 온전히 인정하고 귀하게 여기는 데서 비롯된다. 자신에 대한 긍정적인 인식은 타인에게도 동일하게 작용하며, 이는 인간관계에서 상대의 존엄성을 존중하는 기반이 된다.

어린 시절부터 조건 없는 사랑을 받고 자란 아이는 '나는 소중한 존재다'라는 자기가치감이 자아개념에 각인된다. 이는 아이가 도덕적으로 건강하게 성장하는 밑거름이 된다. 조건 없는 사랑과 수용을 통해 형성된 자기가치감은 부정적 감정으로부터 자신을 보호하는 내면의 방패 역할을 하며, 동시에 역경과 시련을 이겨낼 수 있는 회복탄력성의 근원이 된다.

반면 늘 자신을 비하하며 살아가는 사람은 타인의 평가와 인정에 과도하게 의존하게 되고, 이는 '인정중독'이라는 현대인의 보편적인 문제로 이어진다. 부모나 주 양육자로부터 조건부 사랑, 즉 '공부를 잘해야만 사랑받을 수 있다'는 메시지를 지속적으로 받으면, 아이는 외부의 인정을 갈구하게 된다. 칭찬과 인정은 순간적인 쾌감을 주지만, 꾸중이나 비판은 고통스러울 정도의 부정적 감정을 만들어낸다. 그 결과 타인의 시선에 지나치게 민감하게 반응하고, 그러다 보면 결국 자신의 내면적 가치를 잃어버려 자율적인 삶을 살지 못하는 악순환에 빠진다. 따라서 자기존중의 기반을 마련하기 위해서는 우선 자기가치감을 바로 세우는 것이 필수적이다. 이것이 교육의 기본 목표가 되어야 한다.

인정중독

현대 사회는 끊임없이 타인의 인정과 칭찬을 추구하도록 한다. 사회적 성공이 불특정 다수의 인정이라는 기준으로 측정되고, 사람들은 그 인정의 욕구에 중독되어 끌려가는 삶을 살게 된다. 학교와 직장, 심지어 가족이나 친구관계에서도 '인정'을 받기 위한 끊임없는 투쟁은 결국 자신의 삶이 아니라 타인에게 인정받기 위한 삶을 살아가도록 강요한다.

인정중독에 빠진 사람은 칭찬이나 인정을 받으면 엄청난 쾌감을 느끼지만, 반대로 꾸중이나 비판을 들으면 극심한 고통과 불안을 느낀다. 이러한 상태는 사회적 체면에 의존하는 삶을 만들어내며, 자신이 받은 인정을 한순간에 잃어버릴까 봐 두려워하는 근본적인 불안감을 안고 살아가게 한다. 유명 인사나 사회적으로 성공한 사람일수록 '타인으로부터의 인정'이라는 굴레에 갇히기 쉬운데, 이렇게 되면 지속적으로 편도체가 활성화되어 불안을 느끼게 된다.

타인의 인정을 받기 위해 살아간다는 것은 나를 불특정 다수의 평가 대상에 놓는 것이고, 그러한 '평가'는 근본적으로 내가 통제할 수 없는 것이므로 '나'는 끝없는 불안감에 놓일 수밖에 없다. 이처럼 타인의 인정을 지나치게 의식하는 삶은 결국 자기 자신을 소외시키며, 진정한 자기존중과 자율성을 파괴한다.

인정중독의 대표적인 증상은 자신이 하는 선택이나 행동이 '불특정 다수의 인정'에 의해서 좌우되는 것이다. 결국 삶은 본래의 가치와 의미를 상실하고, 자신이 통제할 수 없는 외부 기준에 종속되어 버리고 만다. 비유적으로 표현하자면 자신의 목에 개목걸이를 건 다음에 그걸 쥐고 흔들 수 있는 손잡이를 불특정 다수에게 나누어주는 형국이다. 인정중독에 빠지면 다른 사람이 원하는 대로 질질 끌려다니며 살 수밖에 없다.

지나친 과시형 소비나 타인의 시선을 의식해서 하는 행동은 단순한 자기과시가 아니다. 타인의 인정을 받기 위한 안타까운 몸부림이다. 자신의 내면에서 자라나고 있는 엄청난 불안감을 달래기 위한 처절한 시도다. 그러나 그런 처절한 몸부림을 할수록 인정중독 증상은 날로 심해진다.

자신이 인정중독에 빠져 있는지 여부를 판단하는 가장 간단한 방법은, 어떤 선택을 할 때 그 이유가 타인에게 좋은 인상을 주기 위한 것인지, 또는 주변 사람들의 부러움이나 긍정적 평가를 염두에 둔 것인지를 스스로에게 물어보는 것이다. 거기에 대한 답이 대체로 '그렇다'이면 당신은 아마도 타인의 평가에 과도하게 의존하고 있을 가능성이 크다.

또 다른 방법은 물건을 사거나 음식점에서 메뉴를 고를 때 나도 모르게 마음속으로 누군가에게 변명이나 설명을 하고 있는 건 아닌지를 돌이켜보는 것이다. 자율적으로 자기의 삶을 살아가는 사람은 자신이 내리는 결정에 대해 어느 누구에게도 설명하거나 해명하거나 변명하지 않는다. 그냥 내가 좋아서, 내가 원해서 선택할 뿐이다. 그것이 정상이다. 나는 내 삶의 주인인 것이 정상적인 상태다.

자기 스스로를 귀하게 여기며 타인을 있는 그대로 존중하는 사람은, 외부의 인정이나 사회적 체면에 얽매이지 않으면서도 평온함과 행복감을 누린다. 자신의 내면적 가치를 바로 세우고 타인의 평가로부터 자유로워지는 것이야말로 전전두피질을 활성화하고 마음근력을 강화하는 첩경이다.

경외심 훈련

자기 자신과 타인을 진정으로 존중하기 위해서는 나와 상대방의 내면에 존재하는 고귀한 신성(divinity)을 인식하고 그것에 대한 경외심을 가져야 한다. 경외심을 갖고 상대방을 대할 때 진정한 존중이 가능하다. 이러한 존중의 힘을 기르는 방법은 자연을 대할 때 저절로 느끼게 되는 경외심을 좀 더 자주, 깊게 경험해보는 것이다.

밤하늘에 펼쳐진 별과 은하수. 사방 어디를 둘러봐도 하늘과 바다의 경계가 맞닿아 있는 수평선. 지리산을 종주할 때 좌우로 끝없이 펼쳐지는 수많은 산봉우리와 발 아래를 지나가는 구름. 찬란하게 붉은빛으로 온 세상을 물들이는 저녁노을. 대자연의 장엄함을 문득 마주할 때 우리는 일상적 경험에서 툭 튕겨져나와 '와' 하는 감탄사와 함께 경외감을 느낀다. 이러한 경외감은 내 삶보다 더 크고, 거대하고, 위대하고, 순수하고, 고귀한 것을 만날 때 자연스럽게 나오는 감정이다.

자연의 경이로움 앞에서 우리는 순간적으로 모든 것을 있는 그대로 받아들이며, 이는 '완전한 항복', 곧 수용으로 이어진다. 이러한 수용의 자세는 단순한 겸손이나 비굴함이 아니라, 현재의 상황이나 대상에 대해 일체 저항하지 않고 온전히 있는 그대로를 받아들이는 마음가짐이다. 이 과정에서 자연스럽게 알아차림이 작동하며 일상생활에서 경험자아가 지닌 습관적인 의도와 저항을 잠시 내려놓게 된다. 대자연을 마주할 때 우리는 내면 깊은 곳에 존재하는 신성(divinity)을 어렴풋하게나마 느낀다. 그래서 나도 모르게 '와'라는 감탄사를 내뱉는 것이다. 신성에 대해 경외심을 느낀다기보다는 나도 모르게 경외심을 느끼며 외마디 감탄사를 내뱉는 바로 그 순간이 신성을 알아차리는 순간이다.

대자연에서 느끼는 경외심을 사람에 대해서도 느끼는 것이 곧 존중이다. 사람 안에서 신성을 발견하는 것이다. 이것이 바로 '사람이 곧 하늘이다'라는 동학의 인내천(人乃天) 사상이기도 하다.

물론 신성이 곧 신인 것은 아니다. 내 안에 신성이 있다는 것은 내가 신이라는 뜻이 결코 아니다. 다만 신적인 어떤 것이 내 안에 들어 있다는 뜻이다. 이것이 불교에서 말하는 '불성'이고, 인도철학에서 말하는 '나마스떼'이며, 기독교에서 말하는 '하나님의 모상으로서의 하나님의 자녀'라는 뜻이다.

사실 자연에 대한 경외심은 언제나 우리 곁에 있다. 멀리 여행을 떠날 필요도 없다. 일상 속에서도 문득 하늘을 올려다보고 파란 하늘과 떠다니는 흰 구름을 바라볼 때, 우리는 이미 그 경이로움을 체험하고 있는 것이다. 저녁노을이 지는 서쪽 하늘, 산책 도중 우연히 마주치는 밤하늘의 달빛과 별빛. 이 모든 경험은 우리 내면의 존중력을 강화하는 소중한 계기다.

자기 안에 내재되어 있는 신성을 자신의 본연의 모습이라 깨닫는 과정은 단순히 자기개선의 문제가 아니다. 이는 오랜 시간 동안 조건화된 자기비하와 인정중독의 굴레에서 벗어나, 진정한 자기가치감을 회복하는 과정이기도 하다. 앤서니 드 멜로(Anthony de Mello) 신부가 들려주는 우화가 있다. 양의 무리 속에서 자란 사자가 있었다. 새끼 때부터 양만 보고 자랐으므로 사자는 자신도 양이라 생각하며 살아가고 있었다. 그러던 어느 날 연못에 비친 모습을 보고 자신이 사자임을 깨달았다. 그 순간 그는 즉각적으로 자신이 사자임을 알아차리고 본질적인 정체성을 회복했다. 한순간에 양에서 사자가 된 것이다. 스스로를 알아차리는 것은 이처럼 단 한 번이면 족하다. 강력한 자기참조과정 한 번이면 과거의 나와 순간적인 단절이 이루어진다. 자신의 본모습에 대한 단 한 번의 진정한 깨달음을 얻고 나면 과거의 환상이나 착각으로 다시는 돌아가지 않게 된다.

존중 훈련

평소 하늘과 자연을 보며 경외심을 느끼는 훈련을 충분히 했다면 이제는 사람에 대해 경외심을 느끼는 훈련을 해보자. 우선 자기존중과 타인존중을 위해서는 자신과 상대방의 장점 및 강점을 발견하고 서로 존중고백을 해보는 것이 가장 쉬우면서도 효과적인 방법이다.

의무교육에서는 주로 개인의 약점을 지적하고 그것을 보완하는 방식에 치중한다. 그러나 경영학, 스포츠 심리학, 교육심리학 등 여러 분야에서 이루어진 연구결과에 따르면 개인이든 조직이든 단점이나 약점에 집중하여 보완하는 것보다는 강점에 집중하여 강점을 발전시킬 때 더 성장하고 발전한다. 강점에 집중하면 약점까지도 더 빨리 보완해주는 효과도 있다. 따라서 자신과 타인의 약점보다는 강점과 장점에 집중하면서 이를 적극적으로 표현하는 습관을 들이는 것이 좋다.

이론편: 내면소통 명상을 위해 배워야 할 것들

존 중

Divinity

어떤 대상에서 나를 넘어서는
더 크고, 더 높고, 더 위대한 것을 발견

강점발견 인터뷰

강점발견 인터뷰와 존중고백 훈련은 20~30명이 모인 환경에서 실시할 때 가장 효과적이다. 물론 그 이하나 그 이상의 숫자도 가능하다. 학교 교실이나 직장 사무실, 회의실, 연수 현장, 가족 모임 등에서 쉽게 해볼 수 있는 훈련법이다.

우선 눈을 감고 호흡 명상을 간단히 하면서 자기 자신을 돌이켜보도록 한다. 자신의 강점, 장점, 훌륭한 점, 멋진 모습 등을 다섯 가지 이상 생각해본다. '나는 운동을 잘한다', '나는 성실하고 꼼꼼하다', '나는 책임감이 강하다' 등 장점이나 강점을 머릿속에 떠올려본다. '요리를 잘한다'보다는 '김치찌개를 잘 끓인다', '운동을 잘한다'보다는 '야구 수비를 잘한다'는 식으로 구체적으로 생각하는 것이 좋다.

그런 다음 2인 1조로 짝을 지어서 서로 인터뷰를 하는 시간을 교대로 갖는다. 이때 질문은 딱 하나다. "당신의 잘난 점이 무엇입니까?" 이렇게 강점에 대해 묻고 상대방이 대답하는 장점을 내 메모지에 기록한다. 자신의 장점이 무엇인지 생각하고 그것을 바로 앞에 앉은 상대방에게 이야기하는 것만으로도 사람들의 표정은 놀라울 정도로 밝아진다. 자신에 대한 긍정적 정보를 처리할 때 전전두피질이 활성화되기 때문이다. 게다가 자신이 불러주는 강점을 메모지에 받아 적고 있는 상대방의 모습을 보는 것은 커다란 행복감을 불러일으킨다. 자신과 타인의 단점만을 바라보도록 강요하는 교육을 받아온 현대인에게 자신의 장점을 이야기하는 경험은 매우 낯설

이론편: 내면소통 명상을 위해 배워야 할 것들

면서도 기분 좋은 일이다. 이때 장점을 말하는 사람뿐만 아니라 듣는 사람도 전전두피질이 활성화된다. 자신과 타인에 대한 긍정적 정보처리가 이루어지기 때문이다.

보통 3~5분이면 인터뷰가 끝난다. 이제는 짝을 이룬 두 사람이 같이 일어나서 사람들 앞에서 인터뷰 결과를 발표한다. 먼저 자기 짝을 간단히 소개하고(이름 정도만 소개하는 것으로 충분하다), "○○○ 님의 장점은 다음과 같습니다"라고 하면서 메모지에 적은 상대방의 장점을 발표한다. 내 입으로 말한 나의 강점을 그 자리에 있는 모든 사람에게 이야기해주는 것이다. 이때 강력한 자기긍정의 행복감을 느끼게 된다. 전전두피질이 활성화되는 것이다. 그런 다음 순서를 바꿔 이번에는 내가 상대방의 장점에 대해 발표한다. 이 과정을 순서대로 돌아가며 진행한다. 만약 참가 인원이 30명이 넘어 발표할 시간이 부족하다면 맨 앞 두 사람과 맨 뒤 두 사람 등 일부만 발표하게 하는 방법도 있다.

존중고백

인간관계에서 가장 중요한 두 가지 요소는 사랑과 존중이다. 그런데 대중매체의 영향으로 사랑에 대한 커뮤니케이션은 넘쳐나지만 정작 사랑 이상으로 중요한 존중에 대한 커뮤니케이션은 찾아보기 힘들다. 서로를 존중한다고 고백하는 것은 대중매체에서도, 일상생활에서도 찾아보기 어렵다. 존중한다는 말을 해본 적도 없고 들어본 적도 없이 평생을 산다. 우리는 안타깝게도 존중 커뮤니케이션이 사라진 세상을 살아가고 있는 것이다.

존중 커뮤니케이션의 능력을 되살리는 훈련 방법 중 하나는 서로에게 존중한다는 '고백'을 해보는 것이다. 이 존중고백 훈련은 강점발견 인터뷰 직후에 연달아 하는 것이 효과적이다. 서로의 장점과 강점에 대해 이야기해보고 생각해본 직후이니만큼 서로에 대한 존중심을 유발하기가 쉽다.

강점발견 인터뷰를 통해서 파악한 상대방의 강점과 장점을 다시한번 마음속으로 떠올려보면서 어떤 점이 존경스러운가를 생각해본다. 꼭 상대방이 말한 장점이 아니더라도 자신이 보기에 존중할 만한 면이 있다면 그것을 중심으로 존중고백을 하면 된다. "이러저러한 당신의 모습(성향, 강점, 장점 등)을 저는 진심으로 존경하고 존중합니다"라고 말하면 된다. 그냥 입으로만 '존중합니다'라고 말하는 것으로는 부족하다. 마음속 깊은 곳으로부터 상대방을 존중하는 마음을 이끌어내야 한다. 우리 마음속 깊은 곳에는 존중하려는 본능이 있다. 내 마음속에 숨어 있는 '존중 본능'을 일깨워본다.

상대방을 쳐다보면서 대놓고 '존중한다'고 말하는 커뮤니케이션은 익숙하지 않을 것이다. 처음이라 어색하고 쑥스러워서 존중하는 마음이 잘 안 나올 수도 있다. 따라서 존중고백을 하려면 존중의 마음이 가장 자연스럽게 우러나오는 자세를 취하는 것이 좋다. 즉 바닥에 무릎 꿇고 마주 앉는다. 바닥에 무릎 꿇고 앉기가 곤란한 상황이라면 그냥 의자에 앉은 채로 해도 된다. 하지만 수많은 사람을 대상으로 존중고백 훈련을 해본 경험에 따르면, 바닥에 무릎 꿇고 마주 앉아 상대방의 눈을 바라보면서 이야기하는 것이 가장 반응이 좋았다.

우리가 다른 사람을 존중한다고 말할 때, 지금 내 앞에 있는 이 사람은 그저 눈에 보이는 사람 하나가 아니라는 것을 깨달아야 한다. 인간은 평균적으로 100명에서 200명 정도의 가족, 친지, 동료, 친구와 의미 있는 관계망을 형성한다. 각각의 인간관계는 개인 간의 만남을 넘어, 그 자체로 하나의 작은 우주이며, 서로 얽히고설켜 전 인류와 연결되는 거대한 네트워크를 이룬다. 모두 다 연결되어 있으므로, 한 사람이 다른 사람에게 미치는 영향은 직접적인 만남이 없이도 그 사람이 속한 네트워크를 통해 간접적으로 확산된다.

만일 A와 B가 사랑과 존중을 바탕으로 긍정적인 관계를 형성한다면, 그 긍정적 에너지는 A와 B가 각각 맺고 있는 100명 이상의 네트워크로 전파된다. 각자 100명씩의 네트워크를 갖고 있다면 두 단계만 건너면 1만 명이 되고 세 단계면 곧 100만 명이 된다. 여섯 단계를 거치면 70억 인구가 다 연결된다고 한다. 이처럼 내 앞에 있는 한 사람 한 사람은, 그 각각의 존재가 곧 전 인류로 연결되는 관문이라 할 수 있다. 한 개인 속에 전 인류가 담겨 있으며, 나아가 우주 전체가 담겨 있다. 나는 지금 전 인류, 전 우주 앞에 무릎을 꿇고 앉아서 존중고백을 하고 있는 셈이다. 이러한 관점을 유지할 때 우리는 타인을 도구나 수단이 아닌 그 자체로 고귀한 목적적 존재로 대할 수 있다. 타인에게서 고귀한 신성을 발견하는 사람은 곧 자신 안에 들어 있는 신성도 발견하게 마련이다. 이것이 진정한 존중의 의미다.

실습편

내면소통
명상 가이드

내면소통 명상 시작하기

실습편에서 소개하는 내면소통 명상의 종류는 다음과 같다.

1. 기본 공통 훈련 – 호흡 명상
2. 편도체 안정화 중심 훈련 – 뇌신경계 이완 명상, 내부감각 명상, 고유감각 명상
3. 전전두피질 활성화 중심 훈련 – 격관 명상, 자타긍정 명상

마음근력을 향상시키기 위해서는 매일 최소 10분씩 적어도 8주에서 12주가량 내면소통 명상 수행을 할 필요가 있다. 매일 조금씩이라도 명상을 하면 확실한 변화를 느끼게 된다. 더 건강해지고 더 행복해지고 삶이 더 편안해질 것이다.

그렇다면 무엇을 어떤 순서로 하는 것이 좋을까? 사람마다 상황도 다르고 취향도 다르고 감정 상태도 다르고 마음의 습관도 다르

기 때문에 일률적으로 어떤 종류의 명상이 더 좋다고 말하기는 어렵다. 따라서 처음에는 다양한 명상법을 시도해본 다음에 자신이 원하는 자신만의 명상 프로그램을 만들어가는 것이 좋다.

자신만의 프로그램을 짜는 방법은 크게 세 가지로 나뉜다. 첫 번째는 호흡 훈련→편도체 안정화 훈련→전전두피질 활성화 훈련의 순서로 진행해나가는 방법이다.

두 번째는 자신에게 특히 필요하다고 생각하는 것을 고려하여 특정한 명상법에 먼저 집중하는 방법이다. 예컨대 불안이나 분노 등 부정적 감정이 심한 사람이나 수면장애에 시달리는 사람은 먼저 호흡 훈련+편도체 안정화 위주의 훈련을 집중적으로 시도하는 편이 좋다. 집중력, 과제지속력, 문제해결력 같은 성취역량을 더 강화하고 싶다면 호흡훈련+전전두피질 활성화 위주의 훈련에 먼저 집중해보는 것도 좋다.

세 번째는 호흡 훈련을 기본으로 하되 매일 기분에 따라 이것저것 원하는 대로 해보는 방법이다. 그날 왠지 끌리는 명상법이 있다면 그것을 해보면 된다. 물론 한 가지 방법을 1~2주 지속하다가 바꿔도 된다.

다양한 명상을 하다 보면 더 끌리는 것이 있게 마련인데, 상황에 따라 또는 컨디션과 기분에 따라 계속 달라지기도 한다. 이럴 때는 자연스럽게 몸과 마음이 원하는 대로 해주는 것이 좋다. 예컨대 2개월의 계획으로 내면소통 명상 훈련을 하면서 한 달 동안 특정한 명상법에만 집중했다면 나머지 한 달 동안에는 안 해본 방법 위주로 해보는 식이다. 잘 모르겠으면 우선 호흡 훈련과 존2 달리기 명상이나 자타긍정 훈련부터 시작해보기를 권한다.

한편 자기가치확인은 6개월이나 1년에 한 번 정도 반복하면 되기 때문에, 3개월 정도 수행하는 동안에 반복해서 할 필요는 없다. 명상수행을 시작할 때, 또는 수행 기간 중 아무 때나 한번 해보는 것으로 충분하다. 자기가치확인 방법은 앞의 이론편을 보고 따라서 해보면 된다.

명상 프로그램을 스스로 짜서 매일 수행하기 시작하면 반드시 일지를 써보기를 권장한다. 하루하루 달라지는 자신의 모습을 알아차리는 것은 명상 수행을 해나가는 데 있어 커다란 즐거움과 에너지가 된다. 매일매일 달라지는 자신의 감정 상태의 추이를 살펴보는 것도 명상일지를 써야만 가능한 일이다. 이 책의 부록으로 제작된 내면소통 명상일지가 명상 수행을 꾸준히 해나가는 데 큰 도움이 되리라 믿는다.

자신만의 명상 프로그램을 짜서 진행해본 후에는 가족이나 친구, 동료들을 위해 명상 프로그램을 만들어줄 수도 있다. 다른 사람에게 명상하는 방법을 알려주고, 프로그램을 짜주고, 가이드까지 조금씩 해주면서 같이 명상하다 보면 어느새 명상 전문가로 성장하는 본인의 모습을 발견하게 될 것이다.

명상을 위한 올바른 자세

명상에는 수많은 종류가 있지만 거의 모든 명상에서 공통적으로 강조하는 자세가 있다. 허리를 곧게 펴고 경추 1번 위에 머리를 잘 올려놓는 자세다. 한마디로 똑바로 앉거나 서는 것이 핵심이다. 우리 몸에서 두개골과 직접 연결되는 유일한 부위인 경추 1번은 무거운 머리의 무게를 오롯이 받아낸다. 그래서 경추 1번을 '아틀라스(atlas)'라고 부르기도 한다.

경추 1번과 두개골이 직접 맞닿는 부위는 대단히 좁다. 머리는 그야말로 경추 1번 위에 아슬아슬하게 얹혀 있는 형국이기 때문에 두개골과 목, 어깨 등 몸통을 연결하는 근육은 늘 긴장 상태가 된다. 이 부위의 근육들은 특히 뇌신경계를 통해 뇌와 직접 연결되는 승모근, 흉쇄유돌근, 교근 등과 연계되어 있다. 자세가 바르지 못하면 이러한 근육에 긴장이 유발되고, 편도체가 쉽게 활성화될 수 있다. 부정적 감정이나 스트레스가 목과 어깨 부위 근육을 긴장시키고 통증을 유발한다는 것은 잘 알려진 사실이다.

편도체 안정화를 위해서는 이러한 부위의 긴장을 풀어주는 것이 매우 중요하다. 이를 위해서는 무엇보다도 우선 머리가 경추 1번 위에 똑바로 얹혀 있어야 한다. 그래야 뇌신경계와 관련된 부위들의 긴장이 전반적으로 완화되고, 나아가 부정적 정서를 가라앉히는 데 도움이 된다. 거의 모든 명상의 기본 자세인 '똑바로 앉아서 어깨를 내려뜨리고, 머리·얼굴·목·어깨의 긴장을 이완하면서 천천히 호흡에 집중하기'는 편도체를 안정화하기 위한 가장 기본적인 방법이다. 명상을 시작하기 전에 우선 명상의 기본 자세에 대해서 살펴보자.

방석에 바르게 앉는 법

전통적인 명상은 주로 앉거나 서서 한다. 물론 내 몸이 전해주는 여러 가지 감각신호를 알아차리는 바디스캔 명상은 누워서 진행하기도 한다. 걷기나 달리기, 수영, 요가, 타이치, 기공, 고대진자운동, 소매틱 운동 같은 움직임 기반 명상은 다양한 동작을 사용한다. 어떠한 명상이든 기본 자세는 정수리부터 꼬리뼈까지 척추를 곧게 일직선으로 펴는 느낌을 유지하는 것이다. 이러한 자세는 뇌신경계의 이완과 깊은 관련이 있다.

방석에 앉을 때는 가부좌나 반가부좌로 앉아도 되고, 두 발의 날이 모두 바닥에 닿아도 괜찮다. 가장 편안한 자세를 선택하면 된다. 명상은 내 몸과 마음에 편안함과 고요함을 주는 것을 목표로 한다. 앉는 자세부터가 고통스러우면 명상을 제대로 할 수 없다. 명상을 통해서 깊은 즐거움과 행복을 느끼도록 해야지, 고통을 참는 인내심을 발휘하려 해서는 안 된다. 고통과 괴로움을 견뎌내서 무언가를 얻고자 하는 강한 의지를 바탕으로 하는 것은 명상이 아니라 인내심 훈련에 불과하다.

좌골(바닥에 앉을 때 느껴지는 두 개의 엉덩이뼈) 바로 아래에 두툼한 쿠션을 깔거나 방석을 접어서 그 위에 앉으면 엉덩이가 두 무릎보다 15~25센티미터 정도 더 높은 위치에 오게 할 수 있다(그림 참조). 그 상태에서 허리를 펴고 똑바로 앉으면 더 편안하게 오래 앉아 있을 수 있다. 두 무릎과 종아리 바깥쪽 측면이 최대한 바닥에 닿도록 한다. 두 무릎과 꼬리뼈를 잇는 가상의 선이 정삼각형을 이루게 하고, 그 정삼각형의 중심점 바로 위에 머리가 오는 느낌으로 앉는다. 거기서 아주 조금씩 머리를 앞뒤 좌우로 움직이면서 가장 편안하게 긴장을 풀 수 있는 머리의 위치를 찾아간다. 사람마다 다리 굵기나 허리·골반·고관절·무릎관절 등의 유연성과 가동 범위에 따라 편안한 자세가 조금씩 다를 수 있다. 가장 편안하게 오래 앉을 수 있는 자세를 스스로 찾아가도록 노력한다.

핵심은 편안하게
오래 앉아 있는 것!

무릎보다 엉덩이가
더 높게 위치함

꼬리뼈부터
정수리까지
일직선

실습편: 내면소통 명상 가이드

그다음으로 꼬리뼈부터 정수리까지 일직선이 되는 느낌으로 곧게 허리를 편다. 그 상태에서 최대한 온몸의 긴장을 푼다. 긴장을 푼다고 해서 자세가 무너져서는 안 된다. 꼬리뼈부터 정수리까지 일직선에 놓인 상태에서 어깨, 목, 가슴, 배 등의 긴장을 조금씩 풀어가는 것이 중요하다.

손은 허벅지 위에 편안하게 얹어놓는다. 손바닥이 천장을 향하도록 한 뒤 서서히 안쪽으로 돌리며 어깨와 팔에 어떤 느낌이 전해지는지 느껴보면서 최대한 긴장이 풀어지는 편안한 위치를 찾아가도록 한다. 보통 손바닥이 천장을 향하는 자세가 편안하게 느껴지지만, 어깨와 목의 긴장도에 따라 손날이 허벅지에 닿는 편이 더 편하기도 하고, 드물지만 손등이 천장을 향하는 편이 더 편안하게 느껴지기도 한다. 어깨와 팔이 가장 편안하게 이완되는 방식으로 손을 양쪽 허벅지 위에 올려놓는다. 명상을 지속함에 따라 편안하게 느껴지는 손의 위치는 조금씩 달라질 수 있다.

또 다른 방법은 왼손을 펴고 그 위에 오른쪽 손등을 겹쳐서 올려놓는 것이다. 두 손날은 아랫배에 살짝 닿거나 조금 떨어지게 한다. 이때 오른쪽 손가락들의 첫째 마디 바깥쪽이 왼쪽 손가락들의 맨 아래 마디의 안쪽에 닿게 하고 두 엄지손가락의 끝이 맞닿게 해서 앞에서 보면 타원을 이루도록 한다. 명상하는 내내 이 타원 모양이 찌그러지지 않고 유지되어야 한다. 손의 위치를 바꿔서 오른손 위에 왼손을 올려놓아도 된다. 또는 왼손을 가슴 한가운데에 가볍게 올려놓고 오른손은 아랫배에 놓아도 된다. 왼손과 오른손의 위치는 바꿔도 좋다. 나에게 편한 자세를 취하면 된다.

아래턱은 바닥과 평행을 이루도록 턱을 약간 당긴다. 눈은 떠도 좋고 감아도 좋다. 졸리면 눈을 뜬다. 눈을 뜰 때는 대략 2미터 앞의 바닥 한곳을 고요히 응시하면서 시선을 고정한다. 두리번거리거나 눈동자를 움직이면 안 된다. 졸음이 오지 않는다면 눈을 감았다가 졸음이 오면 눈을 뜨는 식으로 해도 된다. 명상하는 동안 자세를 무너뜨리지 않으면서 균형을 유지하고 목, 어깨, 허리, 가슴, 배의 긴장을 계속 풀어준다. 깨어 있음과 알아차림은 명료하게 유지하되 온몸의 긴장은 푸는 것이 중요하다.

의자에 바르게 앉는 법

명상을 한다고 해서 꼭 바닥에 방석을 깔고 앉아야 하는 것은 아니다. 의자에 앉아서도 얼마든지 가능하다. 다만 의자에 앉을 때도 꼬리뼈부터 정수리까지 일직선이 되도록 몸을 곧게 펴서 경추 1번 위에 머리가 잘 올라가 있도록 하는 것이 중요하다. 이를 위해서는 의자 등받이에 등이 닿지 않도록 의자 앞쪽에 걸터앉듯이 앉는 편이 좋다. 등받이에 몸을 기대면 척추의 균형이 무너지기 쉽고 자연히 목과 어깨에 힘이 들어가기 때문이다. 방석에 앉을 때와 마찬가지로 좌우 두 개의 좌골이 의자 바닥에 닿아 있는 것을 느끼도록 한다. 두 발은 가지런히 해서 무릎 바로 밑에 발목이 놓이도록 하고 바

꼬리뼈부터
정수리까지
일직선

손바닥은
편안하게
다리 위에

허리나 등이
의자 등받이에
닿지 않도록

무릎 바로 밑에
발목이 놓이도록

닥에 닿아 있는 두 발바닥의 느낌에 집중한다. 손바닥은 방석에 앉을 때와 마찬가지로 편안하게 다리 위에 올려놓는다. 손의 모양이나 그 밖의 다른 모든 것은 방석에 앉을 때와 마찬가지다.

바르게 서는 법

서서 하는 명상은 앉아서 하는 명상 이상으로 집중도 잘되고 명상의 효과도 좋다. 균형을 잘 잡고 바르게 서는 것에 익숙해지면 30분 이상도 편안하게 서서 명상을 할 수 있다. 서서 하는 명상의 핵심 역시 꼬리뼈부터 정수리를 연결하는 가상의 수직선을 곧고 길게 세우는 것이다.

우선 양발을 어깨너비로 벌리고 선다. 점차 익숙해지면 양발을 더 넓게 벌려도 좋다. 처음에는 양쪽 발끝이 정면을 향하도록 일자로 놓은 다음 발 앞쪽을 약간씩 바깥쪽으로 벌리면서 가장 편안한 각도를 찾아보도록 한다. 무릎에 무리가 가지 않도록 두 번째 발가락의 방향과 무릎의 정면 방향이 일치하도록 한다.

발바닥 전체에 체중이 고루 실리는 느낌으로 선다. 이를 위해서는 처음에는 발뒤꿈치에 체중이 더 실리도록 했다가 천천히 발가락 쪽으로 무게를 옮기고, 다시 발뒤꿈치로 무게중심을 이동하는 것을 반복한다. 상체나 하체는 거의 움직이지 않고 고정된 상태를 유지하면서 체중만 천천히 발 앞쪽과 뒤쪽으로 이동시킨다. 이 과정을 통해서 점차 체중이 발바닥 전체에 고르게 분산되는 균형점을 발견하게 될 것이다. 이러한 과정 자체가 내 몸이 나에게 주는 여러 가지 감각 정보에 집중하는 훈련이며, 내 몸이 나에게 들려주는 '목소리'를 듣는 능력을 키우는 고유감각 훈련이다.

체중이 발바닥 전체에 고르게 실린 다음에는 무릎을 살짝 굽혀 다리의 긴장을 푼다. 이때 발목과 무릎이 하나의 수직선을 이루는 느낌을 유지한다. 실제로는 무릎이 발목보다 살짝 앞으로 나오는 경우가 많지만, 그래도 발목 바로 위쪽에 무릎이 놓인다는 느낌을 유지하면서 무릎을 살짝 굽힌다. 엉덩이가 약간 뒤로 빠지면서 보이지 않는 의자에 걸터앉는 느낌이 들도록 한다. 꼬리뼈가 발뒤꿈치보다

꼬리뼈부터
정수리까지 일직선

커다란 나무줄기를
감싸안는 자세

방바닥에 내린 뿌리가
땅 속에 견고하게 서 있는
느낌

→ 자세는 견고하되 온몸의 긴장이 풀어져 편안한 느낌이 들도록

조금 더 뒤쪽의 바닥을 향해서 수직으로 내려가고, 그 수직선을 따라 정수리는 높이 올라가는 느낌이 들면 된다. 이때 배, 가슴, 엉덩이 등 몸 전체의 긴장을 푸는 것이 중요하다.

똑바로 잘 서면 엉덩이가 약간 뒤로 빠지는 듯한 자세가 되면서 체중이 발뒤꿈치 쪽으로 좀 더 실리게 된다. 이때 손을 천천히 들어 올려 균형을 잡는다. 어깨는 긴장을 풀고 툭 떨어뜨린 채로 손을 천천히 들어올린다. 팔에도 힘을 빼야 하므로 팔꿈치는 자연히 손의 위치보다는 약간 아래쪽으로 처지게 된다. 팔도 완전히 펴지 않고 커다란 타원을 그리는 느낌으로 손을 든다. 커다란 나무줄기를 감싸안는 듯한 자세가 되도록 한다. 등 쪽의 양쪽 견갑골이 서로 멀어지는 팽팽한 느낌을 유지하되 어깨는 계속 떨어뜨린다. 손바닥은 위를 향해도 되고 바깥쪽을 향해도 되지만, 보통은 가슴 쪽을 향하도록 한다. 손-팔-어깨-등을 연결하는 하나의 커다란 타원형을 상상하면서 자세를 견고하게 하고 온몸의 긴장을 푼다. 손에서 힘을 빼고 손가락은 가볍게 쭉 편다. 손은 가슴 높이에 오도록 하되 어깨나 상완부위에 통증이 느껴지면 배나 아랫배쯤으로 조금 낮춰도 된다. 가장 집중이 잘되는 위치를 스스로 찾아가도록 한다.

천천히 호흡에 집중하면서 하체 근육에서도 점차 힘을 빼면서 발바닥에서 내린 뿌리가 땅속 깊이 이어져 견고하게 서 있는 느낌을 찾아간다. 허벅지 근육에 힘을 줘서 버티고 서 있다는 느낌은 버린다. 다리 근육의 긴장을 다 풀어도 내 몸의 골격 구조가 균형을 이루고 있기에, 근육의 도움을 받지 않고 뼈대가 스스로 서 있다는 느낌을 찾아가도록 한다. 자세는 견고하되 온몸의 긴장이 풀어져 편안한 느낌이 들기 시작하면 제대로 선 것이다. 처음에는 온몸에 힘이 들어가고 여기저기 근육이 긴장될 것이다. 그렇지만 매일 반복적으로 조금씩 훈련하면 복부의 긴장이 완전히 풀어져 내장 전체의 무게가 골반을 통해 발바닥까지 그대로 전달되는 것을 느낄 수 있다. 그 순간 뇌신경계와 관련된 많은 신체 부위가 이완되고 편도체는 안정화된다. 이때 찾아오는 편안함과 고요함 속에서 내 몸이 나에게 주는 다양한 감각을 천천히 즐기면 된다.

바르게 눕는 법

누워서 하는 명상은 특히 잠들기 직전에 하면 수면의 질을 높이는 데 큰 도움이 된다. 침대나 소파에 누우면 바닥과 닿는 몸의 감각을 느끼기 어려우므로 초보자는 단단한 바닥에 눕는 것이 좋다. 눕기 명상에 어느 정도 익숙해진 다음에는 푹신한 침대에 누워서 해도 된다.

마룻바닥이나 카펫 혹은 얇은 요가 매트에 똑바로 눕는다. 베개는 베지 않거나 2센티미터 내외의 낮은 베개를 벤다(수건을 두어 번 접어서 사용하면 적당하다). 양손은 몸통에서 한 뼘가량 떨어진 위치에 편안하게 놓는다. 양발도 두 뼘 정도 떨어지게 놓는다. 일단 손바닥이 천장을 향하도록 한 후에 천천히 조금씩 돌려보면서 어깨와 팔이 가장 편안하게 이완되는 위치를 찾아간다. 때에 따라서는 양손

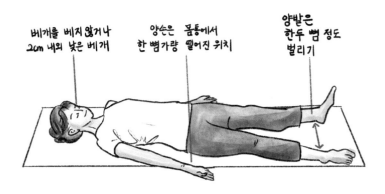

베개를 베지 않거나
2cm 내외 낮은 베개

양손은 몸통에서
한 뼘가량 떨어진 위치

양발은
한두 뼘 정도
벌리기

을 몸통 옆에 놓는 것이 불편할 수도 있다. 이런 경우에는 만세 부르듯이 양팔을 들어서 손을 머리 위쪽에 편안히 놓는다. 그러나 만세 자세는 손을 내리는 것이 불편한 경우에만 사용한다. 무릎을 편 상태로 눕는 것이 불편한 경우에는 종아리 아래나 발뒤꿈치에 한 뼘 정도 높이의 베개를 받쳐도 좋다.

이제 긴장을 풀고 내 몸이 어떻게 누워 있는지를 마음의 눈으로 천천히 관찰한다. 특히 내 몸이 바닥과 어떻게 닿아 있는가를 하나하나 살펴본다. 그런 다음 기분이 내키는 대로 하나의 색을 선택한다. 파란색도 좋고 노란색도 좋고 검은색도 좋다. 선택한 색의 잉크를 내 몸 전체에 잔뜩 바르고 커다란 흰 종이 위에 누우면 종이 위에 어떤 자국이 생길지 상상한다. 발뒤꿈치, 종아리 뒤편, 허벅지 일부와 엉덩이, 등, 뒤통수, 양팔, 팔꿈치, 손등이 어떻게 바닥에 닿아 있는지 하나하나 느껴본다. 내 몸의 오른쪽과 왼쪽이 어떻게 다른지도 살펴본다. 천천히 호흡하면서 온몸의 긴장을 더 이완하고 내 몸이 중력에 의해서 바닥 쪽으로 더 편안하게 내려가는 것을 상상한다.

내 몸이 지금 나에게 어떤 신호를 보내고 있는지 면밀하게 관찰한다. 불편한 느낌이나 통증이 느껴지는 곳은 없는지도 살펴본다. 내 몸은 지금 내게 무슨 이야기를 하고 있는지 들어본다. 몸 곳곳에는 그동안 살아오면서 경험했던 강렬한 감정의 기억들이 숨어 있게 마련이다. 긴장을 풀면 몸 곳곳에 뭉쳐져 있던 감정의 기억들도 조금씩 풀어지기 시작한다. 내 몸 여기저기에 숨어 있는 어떤 느낌이나 감정의 미묘한 움직임을 느껴본다. 우리 의식에 명료하게 떠오르지 않아 미묘하고 섬세한 느낌으로만 전해지는 내부감각의 신호들은 반복적인 이완 훈련을 통해 더 분명하게 인지할 수 있다.

명상 가이드 사용법

여기 수록한 명상 가이드는 그동안 명상을 지도하면서 사용한 방법 중에서 초심자도 쉽게 따라 할 수 있으면서도 효과적인 방법을 중심으로 선정했다. 텍스트로 된 이 명상 가이드는 다음과 같은 방법으로 사용해볼 것을 추천한다.

1. 스스로 천천히 읽어 내려가기

조용히 혼자만의 시간을 가질 때 하나하나 마치 명상하는 마음으로 천천히 읽어보는 것만으로도 어느 정도 명상의 효과가 있다. 전체적으로 명상 가이드에 익숙해질 때까지 두어 번 쭉 읽어보기 바란다. 작은 소리로 혼자 소리 내어 읽는 것도 좋다.

2. 명상 가이드 중 마음에 드는 몇 개를 자신의 목소리로 녹음해보기

녹음기를 켜놓고 소리 내어 읽으면 실제로 명상을 지도하는 마음이 들어서 더 집중하게 된다. 명상 가이드를 읽으면서 녹음하는 것만으로도 훌륭한 명상이 된다. 명상 가이드의 내용을 전부 다 녹음할 필요는 없다. 잘 와닿지 않거나 입에 잘 붙지 않는 부분은 건너뛰어도 좋다. 혹은 두어 개의 가이드를 섞어서 나만의 독특한 명상 가이드를 만들어봐도 좋다. 그렇게 만든 나만의 가이드가 자신에게는 더 효과적으로 느껴질 것이다.

3. 자신의 목소리로 녹음한 명상 가이드를 들으면서 명상하기

자신의 목소리로 녹음한 명상 가이드를 들으면서 따라 하는 명상은 강력한 내면소통의 효과가 있다. 내가 나에게 나의 목소리로 들려주는 스토리텔링이기 때문이다. 녹음을 몇 번 반복할수록 점점 더 그럴듯한 명상 가이드가 될 것이다. 자신의 목소리로 녹음한 수면유도 명상으로 깊이 잠들 수 있다면 당신은 새로운 차원의 내면소통의 세계로 진입하게 된다.

4. 녹음한 명상 가이드를 다른 사람에게 들려주기

명상에 관심이 있는 가족이나 친구, 동료에게 자신의 목소리로 녹음한 명상 가이드를 들려주거나 보내주자. 혹은 직접 만났을 때 같이 앉아 이 가이드를 읽어주면서 명상을 진행해도 좋다. 몇 번 반복하다 보면 텍스트를 보지 않고도 웬만한 명상 몇 개 정도는 가이드를 할 수 있게 된다. 어느새 주변 사람들에게 명상을 안내하고 있는 자신의 모습을 발견한다면 당신의 명상도 한층 더 깊어질 것이다.

호흡 명상

1-1 호흡 알아차리기(접촉점)

오늘은 접촉점에 대한 호흡 명상을 해보겠습니다. 여기에 몸의 감각을 알아차리는 바디스캔 요소를 포함해서 진행해보겠습니다.

먼저, 편안하게 나 자신을 마음의 눈으로 바라봅니다.
누워 있는 내 몸을 알아차립니다.
그 어떠한 의도도 다 내려놓습니다.
무엇을 해야 한다는 의지, 무엇을 성취해야 한다는 생각을 하지 않습니다. 다 내려놓습니다.
해야 할 것들에 대한 마음의 습관을 잠시 멈추고, 그저 호흡을 하면서 알아차립니다.

나는 지금 누워 있다. 내 손은 어디에 놓여 있지? 오른손은 어디에 있지? 오른쪽 엄지손가락의 위치는 어디지? 왼쪽 발바닥은 어디에 있지? 왼쪽 엄지발가락의 위치는 어디지?

몸의 여기저기 특정 부위가 언급될 때, 그곳에 조용히 주의를 집중합니다. 하지만 움직이지는 않습니다. 발가락을 언급해도 꼬물거리거나, 일부러 움직이려 하지 않습니다.

작은 움직임이라도 의도가 개입될 수 있기 때문입니다.

그냥 그대로 놔둡니다. 있는 그대로 놓아두고, 마음의 눈으로 바라보기만 합니다. 그저 알아차립니다.

잘 알아차릴 수만 있으면 그것이 명상의 전부입니다.

이 순간 편안함이 온몸으로 퍼져나가고 있다면, 잘하고 있는 것입니다. 나는 가만히 있는데 무언가 움직이는 것이 있습니다. 바로 호흡입니다. 숨이 들어오고 나가는 것, 누워 있는 나의 몸에서 가장 자연스럽게 반복되는 움직임입니다.

호흡을 알아차립니다. 사람마다 호흡을 알아차리는 방식은 조금씩 다릅니다. 어떤 사람은 배가 움직이는 것을 느끼고, 어떤 사람은 가슴이 오르내리는 것을, 또 어떤 사람은 공기가 코로 들어오고 나가는 것을 느낍니다.

지금은 호흡이 코끝을 스치고 지나가는 감각이 느껴지는 지점,

'접촉점'에 집중해보겠습니다. 너무 어렵게 생각하지 않아도 됩니다. 편안히 누워서 숨을 들이마십니다. 그때 코로 들어오는 공기가 코끝을 스치고 지나갑니다.

어디에서 그 감각이 가장 분명하게 느껴지는지 살펴봅니다. 정확한 위치를 찾으려 애쓸 필요는 없습니다. '아, 여기구나' 혹은 '여긴가 보다' 하고 자연스럽게 느끼는 것으로 충분합니다.

너무 강하게 숨을 들이마실 필요는 없습니다. 오히려 부드럽고 고요한 호흡을 유지하며 접촉점을 느껴봅니다.

들숨이 들어올 때마다 코끝을 스치는 그 지점을 찾아보세요.

이번에는 날숨에 집중해봅니다. 숨을 내쉴 때 역시 공기가 코를 스치고 나갑니다. 하지만 날숨은 들숨보다 알아차리기 어렵습니다.

들숨은 약간 시원한 공기가 빠르게 들어오는 느낌이지만, 날숨은 더 천천히 나가며 약간 따뜻하고 촉촉한 감각을 남깁니다. 그래서 더 알아차리기가 어렵습니다. 날숨이 코를 스치고 나가는 그 부위를 느끼기 위해 주의력을 더 높여야 합니다.

이제 다른 모든 생각을 내려놓고, 코끝에 집중합니다. 숨을 들이마십니다. 그 감각을 느껴봅니다.

숨을 내쉽니다. 나가는 공기의 감촉을 알아차립니다.

들숨과 날숨의 감각은 서로 다릅니다. 위치도 다르고, 느낌도 다릅니다. 숨을 들이마실 때와 내쉴 때의 차이를 조용히 비교해봅니

실습편: 내면소통 명상 가이드

다. 만약 딴생각이 떠올라서 잠시 호흡을 놓쳤다면, 그저 '아차, 딴생각을 했구나' 하고 다시 호흡으로 돌아옵니다. 그저 알아차리고 다시 주의를 가져오면 됩니다.

한 번 더 들이마시고, 내쉽니다.
다시 들이마십니다. 그리고 내쉬며 몸을 더욱 깊이 이완합니다.
놀라운 점은, 매 순간의 호흡이 직전의 호흡과는 늘 조금씩 다르다는 것입니다.
우리의 호흡은 하나하나가 모두 다릅니다.
들숨 하나, 날숨 하나, 각각의 감각이 조금씩 다릅니다.
그 차이에 집중합니다.
그 차이를 알아차리는 순간, 우리는 더욱 깊어집니다.

우리의 호흡은 살아 있습니다. 호흡은 곧 우리의 생명입니다.
지금 이 순간 숨을 쉬고 있는 당신은 생명력으로 가득 차 있습니다.
들숨과 날숨, 거기에 우리의 삶이 있습니다.
들숨과 날숨, 거기에 우리의 현존이 있습니다.
한 호흡 한 호흡마다 미묘한 차이가 존재합니다.
그 차이 속에서 우리는 평온함과 아름다움을 발견할 수 있습니다. 숨을 들이마시고 내쉴 때마다 우리의 생명이 얼마나 소중한지 깨닫게 됩니다.
한 호흡 한 호흡 코끝에 집중하면서 계속 그 미세한 차이를 느껴보세요. 그리고 내 호흡에 감사하세요. 지금 편안하게 호흡할 수 있음에 무한히 감사하세요.

정말이지 감사한 일입니다. 호흡 그 자체가 축복입니다.

나는 지금 누워 있고 편안하며 아무 걱정도 없습니다. 내 코끝으로 숨이 들어오고, 들어오고, 또 들어오는데, 매번 다 다릅니다. 그 다름 속에 행복이 있습니다.

계속 호흡에 집중합니다.

호흡 하나하나가 얼마나 놀라운 일인지 깨닫습니다.

이제 이 호흡이 우리를 온전한 곳으로 안내합니다.

집중합니다.

그리고 더 집중합니다.

호흡에 집중할수록 우리는 고요함으로 더 다가갑니다.

천천히 들숨을 알아차립니다. 숨이 들어오고, 다시 나갑니다.

천천히 날숨을 알아차립니다. 숨이 나가고, 다시 들어옵니다.

이제 호흡을 하나의 대상이라고 생각해봅니다.

호흡에 어떤 이미지를 연결시켜도 좋습니다.

특정한 색깔을 떠올려도 좋고, 구름을 떠올려도 좋습니다.

혹은 조용히 울려 퍼지는 종소리를 떠올려도 됩니다.

원하는 이미지를 자유롭게 선택하여 호흡과 연결해봅니다.

들이마시는 숨을 느껴봅니다.

마치 종소리가 부드럽게 퍼지는 듯한 감각을 상상합니다. 귀로 듣는 종소리가 아닙니다. 마음으로 느끼는 종소리입니다. 은은하게, 조용히 퍼지는 소리.

그리고 날숨.

길고 부드러운 호흡이 또 다른 종소리처럼 퍼져나갑니다.

종을 칠 때마다 소리가 조금씩 다르게 울리는 것처럼, 우리의 호흡도 매 순간 달라집니다. 지금 내쉬는 숨과 다음에 내쉬는 숨이 다릅니다. 퍼져나가는 그 변화를 조용히 느껴봅니다. 코끝의 접촉점에 집중하며, 그 미묘한 차이를 알아차립니다.

이제 날숨이 점차 나를 부드럽게 감싸고 있다고 상상합니다. 마치 포근한 솜이불처럼, 혹은 푸른 하늘 위를 떠다니는 뭉게구름처럼.

호흡이 나를 감싸며 가볍고 따뜻한 온기가 온몸으로 퍼져나갑니다. 감사하는 마음이 자연스럽게 번져나갑니다.

지금 나는 호흡이라는 커다란 솜이불 위에 누워 있습니다. 혹은 그 위에 가볍게 기대어 편안히 앉아 있습니다. 푹신하고 부드러운 그 감각을 그대로 느껴봅니다.

이제 그 솜이불이 서서히 떠오릅니다. 나는 그 위에서 허공으로 둥둥 떠오릅니다. 중력이 사라진 듯한 가벼움이 나를 감싸고, 깊은 평온이 스며듭니다.

이제 코끝에 집중하면서 부드러운 호흡 위에 편안히 몸을 맡깁니다. 내 호흡은 나를 텅 빈 허공으로 자연스럽게 떠오르게 합니다. 나는 호흡과 함께 점차 가벼워집니다. 나는 이 순간을 온전히 경험하고 있습니다. 호흡이 나를 감싸고 있습니다.

평온하고도 따뜻한 감각이 나의 온몸을 부드럽게 휘감습니다.

나는 그것을 그대로 받아들입니다.

나는 지금, 내 호흡 위에 기대어 편안하게 머물고 있습니다. 이것이야말로 감사한 일입니다.

나는 내 한 호흡 한 호흡에 깊은 감사를 보냅니다.

명상을 여기서 마쳐도, 나를 감싸고 있는 포근한 호흡은 계속 함께할 것입니다.

나의 코끝에는 여전히 호흡이 흐르고 있으며, 그 호흡은 나를 지켜주고 보호해줄 것입니다.

나를 온전함으로 안내할 것입니다.

나를 가벼운 평온함으로 편안하게 할 것입니다.

나는 아무것도 걱정할 필요가 없습니다.

나는 나의 호흡을 믿고, 나를 믿으며, 평온한 휴식으로 깊이 들어갑니다.

실습편: 내면소통 명상 가이드

1-2 호흡 알아차리기(아랫배)

편안한 자세를 취합니다. 앉아도 좋고 누워도 좋습니다.

지금부터 상상을 해봅시다.

우리는 넓은 마룻바닥이 있는 커다란 명상센터에 들어와 있습니다. 이 공간 안에서 저의 안내를 따라 당신이 함께 명상을 수행하고 있다고 상상해봅니다.

같이 호흡을 시작해봅니다.

천천히 들이마시고, 가볍게 풀어주며 내쉽니다.

다시 한번 들이마시고, 한 번 더 편안하게 내쉽니다. 들이마실 때는 들이마신다는 의도를 분명하게 알아차립니다. 그러나 내쉴 때는 아무것도 조절하지 않습니다. 그저 편안하게 놔둡니다.

당신과 저는 지금 함께 호흡을 하고 있습니다. 그리고 지금, 이 명상의 공간에 우리는 함께 있습니다. 서로 얼굴을 마주 보고 있지는 않지만, 우리는 분명 함께 있습니다.

함께 있는 느낌을 잘 느껴보시기 바랍니다.

아주 많은 사람이 같은 공간에서 함께 호흡하고 있습니다.

들이마시고, 내쉬고….

내쉬고….

또 내쉬고….

호흡을 통해 우리는 서로 연결됩니다. 호흡만큼 동등한 경험도 없습니다. 숨을 들이마실 때의 감각을 우리는 모두 비슷하게 경험합니다.

내쉴 때의 감각도 마찬가지입니다. 이렇게 호흡을 통해 우리는 깊이 연결됩니다. 호흡을 통한 연결은 그 어떤 연결보다도 강합니다.

어떤 일을 함께 할 때 호흡을 맞춘다고 표현합니다.

지금 이 순간, 우리는 함께 호흡을 맞추고 있습니다. 엄청난 일입니다.

인생은 결국 혼자 태어나고, 혼자 살아가며, 혼자 떠나는 과정이지만, 적어도 이 순간만큼은 우리는 혼자가 아닙니다.

이제 호흡을 한다는 의도를 버립니다.

호흡에 개입하지 않은 채 그저 호흡을 마음의 눈으로 바라봅니다.

우리가 호흡을 할 때 폐와 내장을 가로지르는 횡격막도 함께 움직입니다. 횡격막은 근육으로 이루어진 막이며, 숨을 들이쉴 때 횡격막이 수축하여 아래로 내려갑니다.

들이쉬면 횡격막은 내장을 아래로 눌러줍니다.

그러면서 가슴 공간이 넓어지고 기압이 낮아지며, 공기가 자연스럽게 폐로 유입됩니다. 숨을 내쉴 때는, 수축되었던 횡격막이 이완되며 원래 자리로 올라갑니다. 그에 따라 공기가 자연스럽게 몸 밖으로 빠져나갑니다.

당신의 주의를 횡격막으로 가져갑니다.

횡격막은 직접적으로 감각하기 어려운 부분입니다. 횡격막에는 감각세포가 거의 없어서 횡격막의 움직임을 직접 느끼기 어렵습니다.

그러나 우리는 횡격막의 움직임을 간접적으로 느낄 수 있습니다.

내려가면서 내장이 살짝 눌리고, 그에 따라 아랫배가 부드럽게 올라오는 느낌을 통해 간접적으로 횡격막의 움직임을 알아차릴 수 있습니다.

자, 이제 집중해봅니다.

숨을 들이쉴 때, 횡격막이 부드럽게 내려가는 느낌을 생생하게 경험합니다. 잘 느껴지지 않는다면, 상상을 활용할 수도 있습니다. 횡격막이 아래로 내려가면서 내장을 부드럽게 눌러 골반뼈 위로 가라앉히는 이미지를 떠올려봅니다.

배의 힘은 완전히 뺍니다.

배의 힘을 완전히 빼면서, 숨을 들이마십니다.

이제 한 손을 아랫배에 가볍게 올려놓으세요.

왼손이 편안한지, 오른손이 편안한지 스스로 확인해봅니다. 어느 쪽이든 편한 쪽 손바닥을 배꼽 아래쪽에 살며시 올려놓습니다. 손으로 배를 누르려 하지 말고, 그냥 살짝 올려놓는 것만으로 충분합니다.

어깨에도 힘을 빼고, 발에도 힘을 빼며, 온몸이 자연스럽게 이완되는 상태를 유지합니다.

이제 들숨과 날숨을 반복하면서, 손을 통해 배의 미세한 움직임을 느껴봅니다.

배에 힘을 주지 않은 상태에서 숨을 들이마시면, 자연스럽게 아랫배가 살짝 올라옵니다. 평소 긴장을 많이 하는 분은 들숨에 아랫배가 오히려 들어갈 수도 있습니다. 이것은 거꾸로 하는 역호흡(paradoxical breathing)입니다. 역호흡을 활용하는 호흡 명상 기법도 있지만, 지금 우리가 하는 것은 자연스러운 호흡입니다. 지금은 그저 힘을 빼고 자연스럽게 숨을 들이마시면 아랫배가 살짝 부풀어 오르고, 날숨에 다시 내려가도록 합니다. 그 미세한 움직임을 알아차리는 것이 중요합니다.

인위적으로 배를 부풀리려 하지는 마세요.

자연스럽게 호흡이 흐르는 대로 맡깁니다. 아주 미세한 움직임을 느끼는 것만으로 충분합니다. 아랫배의 움직임에 이름을 붙여봅니다.

들이쉴 때 '올라섬'.

내쉴 때 '내려감'.

단순하게 호흡의 움직임을 알아차리면서 마음속으로 계속 이름을 붙여봅니다.

이름을 붙이는 이유는, 알아차림을 보다 분명하게 하기 위함입니다. 사띠 수행에서 오래전부터 사용한 방법이기도 합니다. '아, 배가 올라오네.' '아, 내려가네.' 그렇게 마음속으로 부드럽게 명명합니다. 그리고 그 이름에 따뜻한 마음을 담아보세요. 나의 아랫배를 친절한 마음으로 대해줍니다.

'아, 올라오는구나.'

'아, 내려가는구나.'

사랑과 따뜻함이 담긴 마음의 눈으로 나의 호흡을 바라봅니다.

올려놓았던 손을 조용히 원래 자리로 내려놓습니다. 손을 사용하지 않고도, 같은 감각을 지속할 수 있도록 합니다. 들숨에 '올라섬', 날숨에 '내려감'입니다.

호흡과 함께 마음 깊은 곳에서 따뜻함과 친절함이 올라오는 것을 느껴봅니다. 나의 호흡이 나를 부드럽게 감싸고, 나를 편안하게 해줍니다. 들숨을 들이쉴 때 횡격막이 내려가는 감각을 더욱 생생하게 상상합니다. 마치 내장이 부드럽게 골반 위로 가라앉는 듯한 느낌을 떠올립니다.

이렇게 배의 힘을 완전히 빼면 몸 안에는 넓은 공간이 만들어집니다. 호흡이 들어오면서 나의 내면이 점점 더 넓어지는 느낌을 따라갑니다. 그 공간은 깊고 고요합니다.

날숨을 내쉬면서 원래대로 수축해야 할 것 같지만, 오히려 숨을 내쉴 때도 그 공간이 더욱 넓어지는 것을 경험합니다.

들이마실 때도 넓어지고, 내쉴 때도 넓어집니다.

그렇게 내 안에 편안한 '텅 빈 공간'이 점점 확장됩니다.

이 공간이 바로, 내가 편안하게 쉴 수 있는 곳입니다.

천천히 호흡을 이어가며, 내 안에 있는 이 평온한 공간에서 계속 조용히 머물러봅니다.

실습편: 내면소통 명상 가이드

1-3 호흡 알아차리기(바디스캔)

이 명상은 서서 하면 더욱 효과적입니다. 물론 누워서 하거나 앉아서 해도 좋습니다.

먼저 천천히 호흡하면서 호흡을 알아차립니다.

숨이 들어오면 들어오는 대로, 나가면 나가는 대로, 있는 그대로 알아차립니다.

이제 배에 집중해보겠습니다. 아랫배, 배꼽 아래 부위에 주의를 둡니다. 그 부위로 호흡이 들어온다고 상상합니다.

들이마신 숨이 아랫배로 들어와서 머리 위로 올라갑니다.

날숨은 머리에서부터 온몸을 따라 흘러 내려오면서, 아랫배를 통해 부드럽게 빠져나갑니다.

들이마실 때는 숨이 약간 빠르게 아랫배에서 머리까지 올라가고, 내쉴 때는 호흡이 온몸에 퍼지며 모든 긴장을 이완하면서 부드럽게 빠져나갑니다.

아랫배에서 머리로, 머리에서 아랫배로.

다시, 아랫배에서 머리로, 머리에서 아랫배로.

이 흐름을 따라가며 세 번 정도 반복해봅니다.

주의를 양쪽 무릎으로 가져갑니다. 무릎의 감각을 알아차리며, 필요하다면 다리를 약간 움직여 더욱 편안한 자세를 찾습니다. 엉덩이, 허벅지, 종아리도 부드럽게 조정하여 몸 전체를 더욱 이완합니다.

이제 호흡이 무릎을 통해 들어온다고 상상해봅니다. 들이마실 때 무릎에서 머리까지 호흡이 올라오고, 내쉴 때 머리에서 무릎을 따라 부드럽게 흘러 내려갑니다.

무릎에서 머리로, 머리에서 무릎으로.

다시, 무릎에서 머리로, 머리에서 무릎으로.

이 흐름을 따라가며 세 번 정도 반복해봅니다.

다시 발바닥으로 주의를 가져갑니다. 내 발이 충분히 편안한 상태인지 확인해봅니다. 발의 감각을 세심하게 느끼고, 발바닥 중앙에 주의를 집중합니다. 호흡이 발바닥을 통해 들어오고, 머리까지 올라간다고 상상합니다. 그리고 머리에서부터 다시 발바닥까지 내려옵니다.

들이마시며 발바닥에서 머리까지.

내쉬며 머리에서 발바닥까지.

다시 들이마시며 발바닥에서 머리까지.

내쉬며 머리에서 발바닥까지.

이 흐름을 따라가며 세 번 정도 반복해봅니다.

천천히 호흡을 이어가며, 어떤 부위에서 가장 편안함을 느꼈는지 되돌아봅니다. 아랫배였는지, 무릎이었는지, 발바닥이었는지.

가장 편안했던 부위를 선택하여, 그곳과 머리 사이를 중심으로 호흡을 계속 이어갑니다. 예를 들어 가슴이 가장 편안했다면 가슴에서 머리, 머리에서 가슴으로 호흡을 이어가며 자연스럽게 명상을 지속합니다. 깊은 이완 속에서 온몸이 편안하게 풀어집니다.

실습편: 내면소통 명상 가이드

그 감각을 유지하며, 따뜻한 휴식을 취합니다.

1-4 호흡 알아차리기(빛 시각화)

자리에 편안하게 눕거나 앉아서 이완하고 푹 쉴 수 있는 상태를 만듭니다. 내가 나에게 제대로 된 휴식을 선물하겠다는 마음으로, 천천히 호흡을 가라앉히며 고요함으로 이끌어갑니다. 호흡 알아차리기 명상에 시각화 요소를 더해 빛을 활용한 명상을 해보겠습니다.

빛을 활용한 명상은 오랜 전통을 가지고 있습니다. 촛불을 바라보는 것에서부터 시작해 별빛이나 달빛을 상상하는 것까지 다양한 방식이 존재합니다. 잔잔한 호수나 바닷가에서 수면에 비치는 달빛을 바라보는 명상도 있습니다.

오늘 우리가 할 명상은 특정한 빛을 실제로 보는 것이 아니라, 눈을 감고 빛을 시각화하는 훈련입니다. 빛의 시각화 명상은 오랜 불교 전통에서도 중요한 요소로 다루어져왔습니다.

산스크리트어로 '니미따(nimitta)'라고 부르는 이 현상은 깊은 명상 중에 하얀빛이나 여러 가지 색의 빛이 보이는 경험을 의미합니다. 이러한 현상을 너무 신비롭게 받아들일 필요는 없습니다. 사실 명상을 하지 않아도 그냥 눈을 감고 30분 정도 앉아 있으면 대부분의 경우 무언가가 보입니다. 눈을 감고 명상을 하다가 앞에 뭐가 보인다고 해서 놀라거나 할 필요도 없습니다. 또는 '드디어 내가 무슨 경지에 올랐나 보다' 하고 착각하는 경우도 있지만, 사실 이는 뇌의 시각피질이 만들어내는 능동적 추론의 자연스러운 현상일 뿐입니다.

꿈을 꿀 때 다양한 장면을 보듯이, 뇌는 시각정보가 차단되면 자연스럽게 자체적으로 다양한 이미지를 만들어냅니다. 따라서 눈을 감고 명상을 하다가 빛이 보인다고 해서 신기하게 여길 필요도, 특별한 의미를 부여할 필요도 없습니다. 그냥 나의 뇌가 정상적으로 작동하는구나 하는 정도로 생각하면 됩니다.

명상의 본질은 초월적이거나 신비로운 경험을 하는 것이 아닙니다. 마음의 건강과 평온함을 위한 실천입니다. 운동이 신체 근력을 키우듯이, 명상은 마음근력을 단련합니다. 어떤 특별한 능력을 얻거나, 초월적인 존재가 되려는 것이 아닙니다.

빛 명상은 눈앞에 보이는 빛을 있는 그대로 받아들이고, 그것을 통해 평온함을 경험하는 것입니다. 그러므로 빛에 너무 특별한 의미를 부여하거나, 특정한 색이나 형태를 기대하지 마세요. 그저 자연스럽게 받아들이면 됩니다.

이제 편안한 자세를 유지한 채 천천히 눈을 감아보세요.

숨이 부드럽게 들어오고 나가는 것을 알아차립니다. 들숨과 날숨에 주의를 기울이며, 호흡을 따라갑니다. 들숨을 마실 때는 편안함이 들어온다고 생각해보세요.

마음속으로 따라 해보세요. '편안함이 들어온다.'

날숨을 내쉴 때는 불안과 긴장이 빠져나간다고 상상합니다. 마음속

으로 따라 해보세요. '불안이 빠져나간다.'

편안함이 들어오고, 걱정은 빠져나가면서 내 안에 평온함이 쌓여 갑니다.

한 호흡 한 호흡 계속 반복합니다.

계속해서 편안함이 들어오고 불안이 빠져나갑니다.

불안과 걱정이 빠져나갈 때 내 몸의 긴장도 같이 빠져나갑니다.

턱근육의 긴장도, 어깨나 목의 긴장도, 배에 남아 있는 긴장도 다 빠져나가서 내 뱃속이 편안해집니다.

눈을 감으면 내 앞에는 막막한 공간이, 적막한 공간이 펼쳐집니다. 나는 계속해서 평온함을 들이마시고 불안을 내뱉습니다. 분노도 내 뱉습니다. 짜증도 빠져나갑니다. 내 가슴과 뱃속에 들어 있던 온갖 부정적 감정이 한 호흡 한 호흡 계속 빠져나갑니다.

그 자리를 평온함이 메워갑니다.

다시 눈을 감고 바라보면 내 앞에는 텅 빈 공간이 펼쳐져 있습니다. 적막한 공간 속에서 한 호흡 한 호흡을 들이마시고 내쉴 때, 그 공간에 빛이 스며들기 시작합니다.

하얗고 은은한 빛이 내 눈앞에 떠오르며 점점 밝아집니다.

이 빛은 따뜻하고 부드럽게 내 마음을 감싸줍니다.

나는 점점 더 깊이 이완됩니다.

온몸의 긴장이 풀리고, 마음은 더욱 편안해집니다.

눈앞의 빛이 점점 선명해지고 따뜻하게 퍼져나갑니다.

이제 내 호흡은 더 깊어집니다.

내 들숨은 이 빛을 빨아들입니다. 한 호흡 한 호흡마다 하얀빛이 내 안으로 스며듭니다.

들숨에 내 앞에 있던 하얀빛이 내 콧속으로, 가슴 속으로, 몸속으로 계속 들어옵니다.

숨이 들어올 때마다 이 따뜻한 빛이 내 몸 구석구석을 채웁니다. 빛은 내 폐를 지나 가슴으로 퍼지고, 온몸으로 확산됩니다.

나는 점점 빛으로 가득 찹니다.

빛이 내 몸을 감싸고, 나는 점점 더 밝고 따뜻해집니다.

빛이 내 안으로 들어오고, 내 안에서 다시 퍼져나갑니다.

나는 점점 더 밝아지고, 더 편안해집니다.

나는 빛과 하나가 됩니다. 내 몸에서 뿜어져 나오는 빛이 주변을 감싸며 따뜻하게 퍼져나갑니다.

나는 환하게 빛나는 존재입니다.

내 안의 평온함이 빛이 되어 세상을 향해 퍼져나갑니다.

나는 이 빛과 함께 평온함과 고요함 속에 머뭅니다.

나는 빛으로 존재합니다.

나는 평온합니다.

나는 고요합니다.

1-5 들숨을 날숨에 바치기(바가바드기타)

이 호흡 명상은 초보자에게는 권하지 않습니다. 기본적인 호흡 훈련에 어느 정도 익숙한 분에게 적합합니다. 자연스럽게 호흡에 집중할 수 있는 상태에서 한걸음 더 나아가는 명상입니다. 적어도 한 달 이상 매일 호흡 훈련을 해본 분에게 추천합니다. 물론 초심자도 경험은 해볼 수 있겠지만, 잘 안 된다고 실망하지 않아도 됩니다. 이 명상은 어느 정도 연습이 필요하기 때문에 처음에는 어렵게 느껴지는 게 당연합니다.

편안한 명상 자세를 취합니다. 앉아서 하는 것도 좋지만 처음 시도하는 분이라면 되도록 누운 상태에서 해보는 것이 좋습니다. 평소 앉아서 명상을 했던 분도 오늘은 누워서 진행하는 것이 좋습니다.

하지만 도저히 누울 상황이 안 된다면 앉아서 해도 괜찮습니다.

호흡에 깊게 집중합니다. 하지만 호흡을 억지로 깊게 하려 하지 마세요. 호흡은 자연스럽게 두고, 다만 나의 주의를 깊게 호흡에 가져갑니다. 주의가 한곳으로 집중되는 것을 느껴보세요.

내 몸의 중심으로 기운이 모이는 느낌이 들 수도 있고, 내 주의가 호흡에 완전히 집중되는 느낌이 들 수도 있습니다. 내 몸 한가운데로 모든 기운과 호흡이 모이는 것처럼 상상해도 좋습니다. 그저 순수하게 호흡에 집중합니다.

편안함이 온몸에 퍼지는 것을 느껴보세요. 숨을 들이마시면 '들어오는구나', 숨을 내쉬면 '나가는구나', 조용히 알아차립니다.

호흡을 억지로 조절하지 않습니다. 숨이 들어오면 들어오는 대로, 숨이 나가면 나가는 대로 그대로 놔둡니다.

나는 개입하는 사람이 아닙니다. 나는 모든 것을 한걸음 떨어져서 조용히 바라보는 사람입니다. 나는 내 호흡을 바라보는 사람입니다. 나는 호흡을 바라봄으로써 지금 여기에 현존할 수 있습니다.

나의 마음은 과거로 돌아가지도 않고, 나의 마음은 미래로 달려가지도 않습니다.

나의 마음은 지금 이 순간, 여기에 머물러 있습니다. 마음이 늘 있는 곳은 항상 지금 여기입니다.

평온함과 행복은 언제나 지금 여기에 있습니다.

실습편: 내면소통 명상 가이드

마음이 과거로 달려갈 때, 나는 분노를 느낍니다.

마음이 미래로 달려갈 때, 나는 두려움을 느낍니다.

하지만 마음이 지금 여기 있을 때, 나는 평화롭고 고요합니다.

나는 늘 지금 이 순간에 머무르며, 호흡과 함께합니다.

나는 호흡을 따라갑니다.

지금 이 순간, 온전히 나의 호흡과 함께 머물러보세요.

턱근육에 힘이 빠지고, 얼굴도 이완됩니다. 배에도 힘이 빠지고, 어깨도 부드럽게 이완됩니다. 온몸이 편안한 상태입니다.

천천히 왼손을 아랫배에 올려놓습니다. 손바닥이 배를 감싸도록, 배꼽 아래 가장 편안한 위치에 살며시 둡니다.

오른손은 배 위쪽, 가슴 아래에 닿도록 가볍게 올려둡니다.

두 손이 아래위로 자연스럽게 놓이는 상태를 만들어줍니다. 손가락은 가볍게 펼치고, 붙이지 않습니다. 그러면 왼쪽 엄지손가락과 오른쪽 새끼손가락이 서로 만나게 됩니다. 손끝이 닿아도 좋고, 손가락의 중간이 맞닿아도 괜찮습니다. 중요한 것은 어깨와 팔의 힘을 빼고, 손이 편안한 상태여야 한다는 것입니다.

그 상태에서 호흡을 따라갑니다.

숨을 들이마시면서 배의 움직임을 손으로 느껴봅니다.

숨을 내쉴 때도 배의 움직임을 손으로 알아차립니다.

배를 일부러 움직이려 하지 않습니다.

나는 호흡을 조절하지 않습니다. 그저 손바닥을 통해 자연스럽게 일어나는 배의 움직임을 알아차릴 뿐입니다.

이제 손의 위치를 바꿔봅니다. 이번에는 오른손이 아랫배에 가고, 왼손이 그 위에 올라갑니다. 왼손은 명치 부근, 가슴뼈 아래쪽에 닿습니다. 오른쪽 엄지손가락과 왼쪽 새끼손가락이 서로 닿아 있습니다. 손가락에 힘을 주지 않고, 자연스럽게 펼친 상태를 유지합니다. 힘을 줘서 쫙 펴지도 않고, 손가락을 인위적으로 모으지도 않습니다. 그 상태에서 다시 호흡을 따라갑니다.

조금 전 손의 위치가 반대였을 때와 지금의 느낌을 비교해봅니다. 사람마다 편안한 손의 위치가 다릅니다. 왼손이 아래일 때 더 편한 사람이 있고, 오른손이 아래일 때 더 편한 사람이 있습니다.

이제 더 편안한 손의 위치를 선택합니다.

어느 위치가 더 자연스럽고 안정적인 느낌이 드는지 살펴보세요. 잘 모르겠다면 한 번 더 손의 위치를 바꿔가며 느껴보세요. 자연스럽게, 본능적으로 '아, 나는 이게 편하구나' 하는 순간이 있을 것입니다.

그 느낌이 드는 대로 손을 놓습니다.

그 상태에서 계속 호흡에 집중합니다.

주의를 더욱 집중합니다. 내 손에 느껴지는 모든 미세한 움직임을 알아차려보세요.

숨을 들이마실 때, 횡격막이 내려오면서 아랫배가 살짝 올라가는 것을 느껴봅니다.

숨을 내쉴 때, 배가 자연스럽게 들어가는 변화를 알아차립니다.

이것은 항상 일정합니다. 어떤 가이드를 따라가더라도, 이 흐름은 변하지 않습니다.

숨을 들이마시면 배가 올라가고, 숨을 내쉬면 배가 들어갑니다. 이 흐름이 완전히 습관화되어야 합니다.

호흡에 개입하지 않습니다. 배를 일부러 부풀리거나 집어넣으려고 하지 않습니다. 그저 자연스럽게 일어나는 변화에 집중하세요.

숨을 들이마시면 배가 부풀어 오릅니다.

숨을 내쉬면 배가 가라앉습니다.

배의 움직임에 더 깊이 집중합니다.

자 이제, 숨을 들이마실 때, 배가 부풀어 오르면서 동시에 무언가가 빠져나가는 것을 느껴보세요.

숨을 내쉴 때, 배가 가라앉으면서 무언가가 내 안으로 들어오는 것을 느껴보세요.

들숨이 들어올 때, 내 안에서 무언가가 나갑니다.

날숨이 나갈 때, 내 안으로 무언가가 들어옵니다.

무엇이 들어오고, 무엇이 나갈까요? 호흡입니다.

숨을 들이마실 때, 호흡이 나가는 것처럼 느껴집니다.

숨을 내쉴 때, 호흡이 들어오는 것처럼 느껴집니다.

숨을 들이마시면 숨이 나가고, 숨을 내쉬면 숨이 들어옵니다.

이제 호흡은 점점 고요해집니다.

들숨과 날숨이 완벽하게 고요해집니다.

숨을 들이쉴 때, 나는 들이쉬는지 내쉬는지 알 수 없습니다.

숨을 내쉴 때도 마찬가지입니다.

호흡이 고요해질수록, 나는 더욱 편안해집니다.

들숨과 날숨의 구별이 점점 사라집니다.

나와 이 세상의 구별도 점점 사라집니다.

나는 호흡을 통해 이 세상으로 스며들고 녹아들어갑니다.

호흡을 계속 따라가면서 나와 세상 사이의 경계가 부드럽게 사라져가는 것을 알아차립니다.

1-6 호흡 조절 명상(미주신경 자극)

가장 편안한 자세를 취하세요. 눕거나 앉아서 해도 좋습니다. 모든 것을 내려놓겠다는 마음으로, 천천히 호흡에 주의를 가져갑니다. 숨이 들어오면 들어오는 대로, 나가면 나가는 대로 조용히 알아차립니다. 개입하지 않습니다. '나는 내 호흡에 개입하지 않는다.' 이것이 기본 호흡 명상의 원칙입니다. 하지만 오늘은 기존과는 조금 다른 방식을 적용해보겠습니다.

그동안 우리는 호흡에 개입하지 않고 있는 그대로 바라보는 연습을 해왔습니다. 그 과정이 어느 정도 익숙해졌으니, 이제는 호흡을 조절하는 연습도 진행해보겠습니다.

호흡하면서 깊이 들이마셔야 하나, 배에 힘을 줘야 하나, 가슴을 넓게 해야 하나 등을 너무 의식하는 분은 오늘의 명상이 잘 안 맞을 수도 있습니다. 잘 안 되는 분은 이런 게 있다는 정도만 알아두고 호흡 바라보기가 익숙해진 후에 오늘 해볼 호흡 조절 명상을 시도하는 것이 좋습니다.

오늘도 시작은 역시 호흡 바라보기입니다. 지금까지 해오던 대로 해보겠습니다. 평소와 같이 호흡을 알아차린 상태에서 약간의 조정을 해보겠습니다.

오늘의 연습은 날숨을 들숨보다 길게 하는 것입니다. 이 방법은 여러 가지 방식으로 변형할 수 있습니다. 예를 들면 하나 들이쉬고, 둘 내쉬기. 둘 들이쉬고, 넷 내쉬기. 셋 들이쉬고, 여섯 내쉬기. 넷 들이쉬고, 여덟 내쉬기. 어떤 비율이든 날숨이 들숨보다 두 배 정도 길면 됩니다. 편안한 수준에서 조절하되, 부담스럽지 않은 방식을 선택하세요.

이제 직접 해보겠습니다. 4-8 호흡입니다.

편안한 상태에서 천천히 들이쉽니다. 하나, 둘, 셋, 넷.

그리고 천천히 내쉽니다. 하나, 둘, 셋, 넷, 다섯, 여섯, 일곱, 여덟. 이 과정을 반복합니다.

너무 길다면 3 대 6이나 2 대 4로 줄여서 연습하세요.

호흡을 강제로 깊이 들이쉬거나 힘을 주지 말고, 되도록 자연스럽게 하세요.

이 방법은 호흡을 통해 미주신경을 자극하는 효과가 있습니다. 이는 과학적으로도 효과가 입증된 방법으로, 호흡을 길게 내쉬면 부정적 정서, 분노, 불안이 가라앉고 스트레스가 이완된다는 연구결과가 많습니다. 그래서 실제로 병원에서도 스트레스 조절과 불안 완화를 위해 이 방법을 활용합니다. 신경계가 안정되며, 수면에도 도움을 주기 때문에 트라우마 스트레스 환자의 심리 치료에도 사용되는 단순하지만 강력한 방법입니다. 따라서 특별히 스트레스가 많거나 마음이 불안정하다고 느껴지는 경우 이 방법을 활용해보길 권장합니다.

다시 한번 호흡을 조절하며 연습해봅니다. 비율은 각자의 편안함에 맞춰 선택하세요.

이번에는 들숨과 날숨 사이에 잠시 멈추는 구간을 추가해보겠습니다.

들이쉬고, 멈추고, 내쉬기.

이 방식은 긴장을 완화하고, 호흡의 흐름을 더 자연스럽게 만듭니다. 너무 어렵게 생각하지 말고, 자연스럽게 숨을 쉬면서 적용해보세요. 여러 가지 방식을 시도해보고, 가장 편안한 비율을 선택하세요. 2-2-4가 편할 수도 있고, 3-3-6이 자연스럽게 느껴질 수도 있습니다. 사람마다 편안한 호흡 패턴이 다릅니다. 가장 안정감이 느껴지는 방식을 찾는 것이 중요합니다.

천천히 눈을 감고 편안한 호흡을 유지합니다. 호흡이 자연스럽게 조절되면서, 점점 더 깊은 이완 상태로 들어갑니다. 몸 전체가 가벼워지고, 마음은 더욱 평온해집니다.

아무런 노력 없이도 자연스럽게 호흡이 이루어지며, 깊고 편안한 안정감 속으로 들어갑니다.

이제 더 깊은 이완 상태로 들어가겠습니다. 들숨과 날숨을 조절하며 호흡을 길게 유지하는 것이 핵심입니다. 먼저 호흡의 속도를 조절할 텐데, 너무 강하게 하지 말고 조용하고 부드럽게, 거의 소리가 나지 않도록 호흡을 이어갑니다. 내쉴 때에는 입술을 조금만 열고 입으로 일정하게 내쉽니다.

들이마십니다. 하나, 둘.

내쉽니다. 하나, 둘, 셋, 넷.

이 속도를 기억하세요. 들이마신 후 잠시 멈추고, 천천히 길게 내쉬는 것이 중요합니다. 들숨은 짧고, 날숨은 길게 가져갑니다. 지금부터 2-2-4 호흡을 시작합니다.

들이마십니다. 하나, 둘.

멈춥니다. 하나, 둘.

내쉽니다. 하나, 둘, 셋, 넷.

다시 들이마시고, 멈추고, 내쉬고. 계속 이 호흡 패턴을 반복합니다.

사람마다 호흡의 길이가 다릅니다. 어떤 분은 너무 짧다고 느낄 수도 있고, 반대로 너무 길어 숨이 차다고 느낄 수도 있습니다. 자신에게 편안한 속도로 조절하세요.

만약 숨이 차다면 참지 말고 중간에 자연스럽게 호흡하세요.

각자 호흡을 이어가보세요. 들이마시고, 멈추고, 내쉬고. 들이마시고, 멈추고, 내쉬고.

호흡이 길어질수록 더욱 깊이 편안해지는 것을 느낄 수 있습니다. 배로 들어오는 호흡이 다르게 느껴질 수도 있습니다. 한 호흡, 한 호흡이 점점 더 깊어지고 안정되면서, 명상의 깊은 차원을 경험할 수 있습니다.

이번에는 손을 사용하여 번갈아 한쪽 콧구멍을 막는 연습을 해보겠습니다. 이제는 코로 들이마시고 코로 내쉽니다.

오른쪽 콧구멍을 오른쪽 엄지로 막고, 왼쪽 콧구멍으로 숨을 들이쉽니다. 들이쉰 후 잠시 멈추고, 이번에는 오른쪽 검지로 왼쪽 콧구멍을 막아서 오른쪽 콧구멍으로 내쉽니다. 내쉰 후에 다시 같은 콧구멍으로 들이마십니다.

들이쉰 후에 다시 오른쪽 엄지로 오른쪽 콧구멍을 막고 왼쪽 콧구멍으로 내쉽니다.

내쉴 때마다 콧구멍을 바꾼다고 기억하면 됩니다.

왼쪽으로 들이마시면 오른쪽으로 내쉬고, 오른쪽으로 들이마시면 왼쪽으로 내쉽니다. 이렇게 계속 반복합니다.

코 한쪽이나 양쪽이 다 막혀서 도저히 안 된다면 안 해도 됩니다. 이 경우 입을 약간 벌린 상태에서 콧등 위 뼈 부위를 살살 문지르면 코가 뚫릴 수도 있습니다.

사실 어차피 비강에서 다 통하기 때문에 왼쪽 콧구멍과 오른쪽 콧구멍의 구별이 큰 의미는 없습니다. 들어가자마자 합쳐지니까요. 하지만 이렇게 하면 딴생각이 안 나고 호흡에 집중하는 데 큰 도움이 됩니다. 이 방식은 호흡 알아차리기 초보자용입니다. 이렇게 좌우 뇌를 자주 사용하면 뇌 건강에도 꽤 도움이 됩니다.

미주신경 자극 호흡 명상은 수면 유도용으로도 좋습니다.

잠자기 전이라면 누운 상태에서 어깨나 팔꿈치를 들지 말고 편한 자세를 잡아보세요.

다시 천천히, 들숨과 날숨을 조절하며 호흡을 이어갑니다.

2-2-4 호흡을 하며 손을 사용하지 않고 진행합니다. 들이마시고, 하나, 둘. 멈추고, 하나, 둘. 내쉬고, 하나, 둘, 셋, 넷.

2-2-4 호흡이 익숙해진 분은 4-4-8 호흡으로 진행해보세요.

네 박자 들이마시고, 네 박자 멈추고, 여덟 박자 내쉽니다. 이 방식은 특히 깊은 이완 상태에 도달하는 데 효과적입니다. 호흡이 길어질수록, 몸과 마음이 더 깊이 가라앉고 고요해집니다.

여기에서 가장 중요한 건 뭘까요? 4-4-8 호흡을 할 때 가장 중요한 건 일정하게 여덟 박자를 내쉬는 겁니다. 내쉬는 동안 호흡이 끊기지 않도록 일정하게 계속 내쉬어야 합니다.

이때 평화롭게 내려가는 상상을 합니다.

호수 밑바닥이든 아니면 저 아래 어디든 계속해서 아래로, 아래로 내려가는 상상을 하면서 긴장을 풉니다.

8박자 동안 숨을 내쉬면서 '여기가 내가 있어야 할 곳이다, 정말 편안하다'라는 마음으로 계속 내려갑니다.

한 호흡, 한 호흡 계속 이완되는 것을 즐겨보기 바랍니다.

긴 날숨과 함께 평온함과 행복한 이완감을 찾아가기 바랍니다.

1-7 호흡 알아차리기(수면 유도 명상 - 조약돌)

명상은 뭔가를 열심히 하는 것이 아닙니다. 오히려 그 반대입니다. 아무것도 하지 않으려는 것이 명상입니다. 'doing', 행위가 아니라 'being', 존재가 바로 명상입니다.

명상을 통해 뭔가 특별한 경험이나 깨달음, 신비로운 체험을 얻으려는 태도에서 벗어나야 합니다. 종교적 목적이나 신비주의적 체험을 위해 명상을 한다면 그런 것을 추구해도 상관없습니다. 하지만 마음근력을 키우기 위한 내면소통 명상은 무언가를 얻기 위한 것이 아니라, 오히려 내려놓고 덜어내기 위한 것입니다.

불안, 두려움, 분노, 그리고 끊임없이 떠오르는 마음의 시끄러운 생각들. 이 모든 것을 덜어내고 비워내는 것이 명상의 과정입니다.

명상은 하는 것이 아니라 그냥 있는 것입니다. 무언가를 얻으려 하기보다 내려놓고 비워내는 것입니다. 이러한 마음가짐으로 지금 가장 편안한 자세를 취하세요. 명상은 잠시 쉬어가는 시간입니다.

몸을 편안히 눕히고 호흡에 주의를 가져갑니다. 여기서 호흡에 주의를 둔다는 것은 열심히 호흡을 하라거나 집중해서 호흡을 하라는 뜻이 아닙니다. 그런 생각조차 내려놓습니다.

어차피 우리는 하루 종일 호흡을 하고 있습니다. 그 상태를 그대로 유지하면 됩니다. 내 호흡의 빠르기나 깊이를 바꾸려 하지 마세요. 그냥 놔두세요. 다만 지금까지 바깥세상을 향해 있던 주의를 180도 돌려 내 호흡으로 가져옵니다.

지금 들이마시고 있구나, 지금 내쉬고 있구나, 이게 전부입니다. 바로 이것이 호흡을 알아차리는 것입니다.

편안한 상태에서 눈을 감고, 자연스럽게 호흡을 알아차리세요. '나는 지금 편안해야 해'라는 마음조차 버리세요. '이제는 쉬어야 해, 반드시 자야 해'라는 마음도 버리세요.

'아무것도 하지 않겠다, 나는 있는 그대로 존재한다'라는 마음을 가지세요. 우리는 평소 너무 많은 의도를 가지고 살아갑니다.

'나는 지금 자야 해', '내일을 위해 오늘 꼭 잘 자야 해'라는 의도가 강할수록 오히려 잠이 오지 않습니다.

잠은 내가 자는 것이 아닙니다. 잠은 오히려 내가 의도를 내려놓을 때 자연스럽게 찾아옵니다.

우리가 깨어났을 때, '아, 나 잤구나'라고 알아차리는 것이 바로 수면입니다.

의도적으로 잠을 자려는 마음을 버려야 합니다.

애써 잠을 자려는 마음을 버려야 합니다.

아등바등 살아가려는 삶의 태도도 내려놓아야 합니다.

이렇게 저렇게 살아야겠다는 의도를 버려야 진짜 삶이 시작됩니다. 어차피 우리 삶은 내가 시작한 게 아닙니다. 놔둬야 합니다.

우리의 호흡이 의식적으로 조절되지 않고 저절로 이루어지는 것처럼, 잠도 마찬가지입니다.

숨을 쉬려는 노력을 내려놓아야 자연스럽게 호흡이 일어나는 것처럼, 잠에 대한 집착을 내려놓아야 자연스럽게 잠들 수 있습니다.

이제 눈을 감고, 부드러운 호흡과 함께 자연스럽게 흐르는 시간을 느껴보세요.

우리는 숲으로 향합니다. 아름다운 숲속을 천천히 걸어갑니다. 고개를 들어 하늘을 보니, 푸른 나뭇가지 사이로 반짝반짝 햇살이 비칩니다. 아름다운 나무 그늘 아래 오솔길을 걷고 있습니다.

어디로 가야 하는지 정해진 목적지는 없습니다. 그저 이 숲속에 있는 게 너무 좋아서 한 발 한 발 천천히 걸어갑니다.

아주 화창하고 따뜻한 날씨입니다. 바람이 부는 것 같기도 하고, 아닌 것 같기도 합니다. 멀리 아름답게 펼쳐져 있는 오솔길 저 끝엔 뭐가 있을까 생각하면서 그 길을 따라 계속 걸어갑니다.

멀리서 물소리가 들려옵니다. 오솔길을 따라가다 보니, 저 멀리 푸른 바다가 보입니다. 너무나 아름다워서 감사하는 마음이 저절로 생깁니다. 사람은 아무도 없고 숲과 바다와 나뿐입니다.

나는 혼자서 바닷가 모래사장을 천천히 걸어갑니다.

파도는 내 발 바로 아래까지 밀려와서 하얗게 부서집니다. 천천히 밀려오고 천천히 밀려가는 파도를 내려다봅니다.

발 아래 반짝이는 조약돌이 가득합니다. 그중에서 가장 예쁘고, 내 손바닥보다 조금 작은 납작한 조약돌을 하나 집어듭니다.

이제 그 조약돌을 저 멀리, 바다로 던질 것입니다.

손을 들어 조약돌을 바다로 힘껏 던집니다.

조약돌이 허공을 가르며 날아갑니다.

그리고 멀리, 바다 저 깊은 곳으로 퐁 하고 떨어집니다.

조약돌은 천천히, 아주 천천히 깊은 바닷속으로 가라앉기 시작합니다. 아래로, 아래로, 점점 더 깊이 가라앉습니다.

조약돌은 바다의 물결에 이리저리 흔들리며, 부드럽게 심연으로 내려갑니다.

이제 보니, 내가 바로 그 조약돌입니다.

나는 부드럽게 가라앉는 조약돌입니다.

지금 나는 바닷속으로 계속 가라앉고 있습니다.

온몸에 힘이 빠지고 조약돌이 된 나는 점점 어두워지는 바닷속 깊은 심연으로 내려갑니다. 조약돌은 바다 물결에 이리저리 흔들리며 천천히, 아주 천천히 계속 내려갑니다.

바다는 아주 깊습니다.

나는 계속 편안하게 내려갑니다.

완진히 깜깜한 바닷속입니다.

저 멀리 아래 바닥이 보입니다.

한 10미터쯤 남은 것 같습니다.

나는 천천히 바닥을 향해서 물결 따라 둥둥 내려갑니다.

이제 9미터쯤 남았습니다. 천천히 편안하게 내려갑니다.

이제 8미터입니다. 점점 더 어두워지고 점점 더 편안해집니다.

7미터, 6미터, 아주 고요합니다. 아주 조용합니다.

5미터, 너무나 평화롭습니다. 나는 자꾸 내려갑니다.

3미터, 얼마 안 남았습니다. 저 밑에 모랫바닥이 보입니다.

2미터, 점점 내려갑니다. 이제 거의 다 내려왔습니다.

1미터, 이제 바닥에 닿습니다.

온몸에 힘이 빠지고 나는 부드럽게 모랫바닥에 가라앉습니다. 나는 편안하게 누워 있습니다.

나는 조용하고 어두운 바다 밑바닥에 평화롭게 누워 있는 조약돌입니다.

고요함과 평온함에 감사하는 마음으로 천천히 계속 호흡합니다.

　　　　　　　　　　　　　　　　실습편: 내면소통 명상 가이드

1-8 호흡 알아차리기(시각화-호수)

편안하게 자세를 잡습니다. 앉아도 좋고, 서서 해도 좋습니다. 몸을 자연스럽게 이완한 채, 천천히 호흡에 집중합니다.

의도적으로 크게 세 번 호흡하며 몸과 마음을 안정시킵니다.

깊이 들이마시고, 내쉽니다. 다시 한번 들이마시고, 내쉽니다. 마지막으로 한 번 더 호흡하며, 숨을 내쉴 때마다 몸의 긴장이 점점 풀리는 것을 느껴봅니다.

이제 호흡에 관여하지 않습니다. 자연스럽게 내버려둡니다.

숨이 들어오고 나갈 때마다 얼굴의 근육을 하나씩 이완합니다. 들숨과 함께 에너지를 받고, 날숨과 함께 불필요한 긴장을 흘려보냅니다.

먼저 눈 주변 근육을 부드럽게 풀어줍니다.

다시 한번 숨을 들이마시고 내쉴 때, 턱근육도 함께 이완합니다. 계속해서 호흡할 때마다 얼굴 전체의 긴장이 점점 사라집니다.

귀 뒤쪽, 정수리 끝, 목덜미까지 부드럽게 이완합니다.

뺨 속, 혀 밑의 작은 근육까지 하나하나 주의를 기울이며, 숨을 내쉴 때마다 모든 긴장이 녹아내리듯 풀어지는 것을 느낍니다.

목과 어깨도 함께 이완합니다. 숨을 내쉴 때마다 어깨가 자연스럽게 내려갑니다. 어깨가 바닥으로 스며들듯이, 혹은 발끝 방향으로 가라앉는 듯한 느낌을 떠올려봅니다.

앉아 있는 분은 어깨가 바닥으로 툭 떨어지는 느낌을 상상하고,

누워 있는 분은 어깨가 중력에 의해 발끝으로 스르르 내려가는 느낌을 경험합니다.

뱃속도 편안해집니다. 배의 긴장을 툭 풀어줍니다. 들숨과 함께 뱃속이 부드럽게 확장되었다가, 날숨과 함께 편안하게 이완됩니다. 몸 전체가 점점 더 깊은 휴식 속으로 들어갑니다.

이제 깊은 산속의 커다란 호수를 떠올려봅니다. 천천히 그 산을 향해 걸어가보세요.

내 앞에는 웅장하고 거대한 산이 있습니다. 그 산의 존재감을 선명하게 느껴봅니다.

산에는 지금 비가 내리고 있습니다. 억수같이 쏟아지는 거대한 장대비가 산을 적십니다.

바람이 불고, 나뭇가지와 나뭇잎이 요란하게 흔들립니다.

그러나 그 모든 것 속에서도 산은 단단하게 그 자리에 서 있습니다. 흔들리는 것은 나뭇잎과 작은 가지뿐, 산은 결코 움직이지 않습니다. 마음속으로 이렇게 이야기합니다.

나는 곧 산이다.

나는 흔들리지 않는 산이다.

비가 내려도, 바람이 불어도, 나는 그대로 있다.

비바람이 몰아쳐도 나는 변하지 않는다.

나뭇가지와 나뭇잎처럼 나의 감정과 생각은 이리저리 흔들릴지라도, 나의 중심은 흔들림 없이 단단하게 서 있다.

실습편: 내면소통 명상 가이드

시간이 흐르면서 비가 점점 그칩니다.

빗줄기가 가늘어지고, 하늘이 조금씩 맑아집니다.

먼 곳에서 구름이 천천히 흩어지며, 파란 하늘이 모습을 드러냅니다.

맑은 공기가 산속을 가득 채우고, 햇빛이 투명하고 깨끗하게 내리쬡니다.

그 산속에 있는 맑고 고요한 호수를 바라봅니다.

천천히 호수에 다가가봅니다.

투명하고 깨끗한 물로 가득한 고요한 호수,

그 수면 위로 아무런 흔들림도 없이 정적이 흐릅니다.

바람이 불면 호수의 표면에 작은 파문이 일어납니다.

내 마음도 이 호수와 같습니다.

내면이 흔들리면, 호수의 물결도 요동칩니다.

하지만 마음이 차분해질수록 호수의 물결도 점점 잔잔해집니다.

조용하고 깊은 호흡을 이어가면서, 마음을 더욱 고요하게 가라앉힙니다.

공기의 흐름을 거의 감지할 수 없을 만큼, 미세하고도 고요한 호흡을 유지합니다.

숨이 조용해질수록, 내 마음도 점점 더 깊이 가라앉습니다.

호수의 물결도 완전히 잔잔해집니다.

호수의 수면이 거울처럼 맑아집니다.

세상의 모든 것이 이 깨끗한 호수에 선명하게 비칩니다. 하늘도,

지나가는 구름도, 높은 산과 나무도, 있는 그대로의 모습으로 반영됩니다.

이 호수는 바로 나의 마음입니다.

세상을 있는 그대로 맑게 비추는 거울과도 같습니다.

어떤 어려움이나 감정의 변화가 찾아오더라도, 다시 호흡을 고요하게 하면 나는 언제든 이 잔잔한 호수 같은 평온함으로 되돌아올 수 있습니다.

숨을 들이마실 때마다, 내 마음은 더욱 투명하게 정화됩니다.

내쉬는 숨과 함께 모든 긴장은 부드럽게 흘러갑니다.

내일도, 그리고 앞으로도 나는 일상 속에서 이 호수처럼 맑고 고요한 마음을 유지할 수 있습니다.

나는 흔들리지 않는 거대한 산이고,

내 마음은 맑고 잔잔한 호수입니다.

모든 긴장을 내려놓고, 호흡을 따라 평온한 감각을 유지하며 깊은 휴식을 취합니다.

실습 2

뇌신경계 이완 명상

2-1 뇌신경계 이완 명상 기본(턱근육)

이 명상은 누운 자세를 기준으로 안내하지만, 앉아서 하거나 서서 해도 좋습니다. 내 몸에 맞는 가장 편안한 자세를 선택해주세요.

편안한 자세를 취했으면 늘 바깥으로 향하던 나의 의식을 천천히 나의 내면으로 돌려봅니다.

누운 상태라면, 천장을 바라보며 똑바로 눕습니다. 베개는 되도록 낮게 베는 것이 좋으며, 양손은 몸통에서 한 뼘 정도 떨어진 곳에 편안하게 놓습니다. 손바닥이 천장을 향하도록 두고, 혹시 불편하다면 손날이 바닥에 닿아도 괜찮습니다. 두 발은 어깨너비만큼 자연스럽게 벌려주세요. 그리고 누워 있는 내 모습을 알아차립니다. 나는 지금 편안합니다.

이제 천천히 내 주의를 호흡으로 향하게 합니다. 먼저 의도적으로 크게 들이쉬고 내쉽니다. 다시 한번 최대한 깊이 들이마시고, 한 번 더 들이마시고, 또 들이마시고, 천천히 내쉽니다. 세 번째 호흡은 각자 해보세요.

이제 호흡을 자연스럽게 놔둡니다. 의식적으로 조절하려 하지 않고, 평소처럼 자연스럽게 들이쉬고 내쉽니다. 다만, 그 순간을 온전히 알아차립니다.

'들이쉬는구나, 내쉬는구나.'

호흡을 억지로 조절하거나 개입하지 않고 지켜보기만 합니다.

호흡을 관찰하는 과정에서 내 삶에서 벌어지는 많은 일을 그냥 놔두는 연습을 합니다. 내 몸 하나 제대로 내려놓지 못하는데, 어떻게 다른 일을 놔둘 수 있을까요.

지금 호흡을 통해 내려놓는 연습을 해봅니다. 그냥 놔두고 그냥 지켜보는 것을 호흡을 통해서 해봅니다.

나의 호흡을 따뜻한 마음으로 바라봅니다.

온화하고 평화롭고 따뜻하고 친절한 마음으로 내가 내 호흡을 바라봅니다.

내 호흡을 바라보던 나의 시선으로 이제는 내 몸을 바라봅니다. 내 머리가 어디쯤 닿아 있는지 가만히 느껴봅니다.

내 두 발은 어떻게 놓여 있는지, 내 발뒤꿈치는 어디쯤 놓여 있는지, 내 발뒤꿈치부터 내 머리 사이에 있는 내 몸은 지금 어떻게 있는지, 천천히 호흡을 바라보던 시선으로 내 몸을 바라보기 시작합니다.

나의 시선은 따뜻하고 온화해서 내가 느끼고 바라보는 내 몸 곳곳이 다 편안해집니다.

내 왼손과 오른손의 위치를 알아차립니다. 왼손은 어디 있나, 오른손은 어디 있나, 지금 내 왼손의 모양과 내 오른손의 모양은 같은가 다른가, 지금 내 왼쪽 손바닥의 느낌과 오른쪽 손바닥의 느낌은 같은가 다른가, 조용히 비교해봅니다.

이제 들숨을 알아차리고 다시 날숨을 알아차리는데, 이번에는 호흡에 살짝 개입해보겠습니다.

아주 조금 내 호흡을 조절해봅니다.

들이마십니다, 하나, 둘. 내쉽니다, 하나, 둘, 셋, 넷.

들숨보다 날숨이 두 배 길게 되도록 조절해보세요. 더 길게 하는 게 편한 분은 넷까지 들이마시고, 여덟까지 내쉽니다.

들이마십니다, 하나, 둘, 셋, 넷.

내쉽니다, 하나, 둘, 셋, 넷, 다섯, 여섯, 일곱, 여덟.

무리하지 않고 각자 편안한 길이로, 자연스럽게 들이마시고 내쉽니다.

호흡의 움직임에 따라 내 몸이 어떻게 조금씩 변화하는지를 알아차립니다. 들이마신 공기가 내 아랫배까지 쭉 내려가서 모이는 느낌을 상상해보세요.

배에 억지로 힘을 주지 않고, 숨이 아랫배에 모이는 것을 느껴봅니다. 복식호흡이나 단전호흡 같은 개념은 잠시 잊어버리고, 그저 내 호흡이 배에 모이는 걸 알아차립니다. 그리고 날숨은 그냥 놓으세요. 저절로 나갑니다.

들이마시면 다시 횡격막이 내려가죠. 들숨에 횡격막이 내려가면서 내가 들이마시는 호흡이 내 아랫배에 살짝 뭉쳤다가 놓아줍니다. 각자 해보세요.

긴장을 풀면 숨을 저절로 내쉬게 됩니다.

들숨이 들어와서 아랫배를 지나 발뒤꿈치까지 편안하게 쭉쭉 내려갑니다.

힘을 빼고 온몸의 긴장을 풉니다.

입속의 혀끝을 윗니와 잇몸이 맞닿는 지점에 살짝 대어봅니다. 그리고 숨을 들이마시면 숨이 발뒤꿈치까지 천천히 내려갑니다.

내쉬면서 몸의 긴장이 턱근육을 통해서 빠져나갑니다.

처음에는 조금 어려울 수 있지만, 하다 보면 점점 익숙해지며 할 수 있게 됩니다.

턱근육은 완전히 힘을 뺍니다. 윗니와 아랫니는 자연스럽게 떨어져 있습니다. 턱근육에 힘이 빠집니다. 계속 해보세요.

숨을 천천히 들이쉬세요. 발뒤꿈치 아래까지 쭉 내려보세요.

내 몸의 긴장이 턱근육을 통해서 빠져나갑니다.

날숨은 입으로 내도 되고 코로 내도 됩니다. 힘을 살짝 빼고 입으로 내쉬면 턱근육의 긴장이 더 잘 빠져나갑니다.

온몸의 힘을 빼고, 고개를 미세하게 좌우로 그리고 위아래로 1~2밀리미터 정도 아주 조금씩 움직여서 편안한 위치를 찾아봅니다.

조금씩 움직이면 조금 더 긴장이 풀리는 위치가 있습니다. 찾으셨나요? 그러면 됐습니다.

이제 본격적으로 이어갑니다. 숨을 들이쉬고, 발뒤꿈치까지 내려보냅니다.

내쉬면서 턱근육의 힘을 빼고 긴장을 흘려보냅니다.

이제 각자 자신의 호흡의 흐름에 맞춰 계속 이어가보세요.

기본적인 방법을 알았으니 계속 이어가면서 긴장을 풀면 됩니다. 무언가를 해야겠다는 의도는 계속 버립니다.

이 명상에는 어떠한 목적도 없습니다. 목적이 있다면 의도를 버리는 것뿐입니다.

턱근육의 힘을 빼는 것은 의도를 내려놓는 데 도움을 줍니다. 그리고 호흡의 움직임에 내 주위를 집중하는 것이 전부입니다.

편안하게 의도를 내려놓고 숨이 나갈 때마다 계속 긴장을 푸세요. 턱근육의 이완을 통해서 내보내시기 바랍니다.

2-2 뇌신경계 이완 명상(안구근육)

오늘은 뇌신경계 중에서도 안구근육을 중심으로 하는 이완을 시도할 것입니다. 여기에 더해 흉쇄유돌근 이완을 함께 진행하며, 고유감각 훈련 요소도 가미해보겠습니다.

우선, 편안히 누워봅니다. 무엇을 해야겠다는 의도를 내려놓습니다. 대신 주의만 끌어올립니다. 명상에서 몸과 호흡을 바라본다는 것은 단순한 시각화가 아니라, 나의 주의를 특정한 부위나 호흡에 집중한다는 의미입니다.

우리는 하루 종일 끊임없이 '이것을 해야 한다', '저것을 끝내야 한다'는 생각 속에서 살아갑니다. 이제 잠시 그 모든 의도를 내려놓을 시간입니다.

완전히 버리는 것이 아니라, 잠시 내려놓는 것뿐입니다.

지금, 이 순간만큼은 그 모든 것을 내려놓습니다.

이제 천천히 나의 주의를 나의 호흡으로 가져갑니다. 의도적으로 깊고 느린 호흡을 할 필요는 없습니다. 억지로 조절하려 하지 마세요. 지금 나에게 자연스럽게 일어나는 호흡을 그저 알아차립니다. 아주 간단합니다.

'호흡이 들어오네.' '호흡이 나가네.'

그저 이 흐름을 있는 그대로 바라봅니다.

호흡에 주의를 집중하면서 가장 편안한 자세를 찾아봅니다.

앉아서 진행해도 좋고, 누워서 진행해도 좋습니다. 어떤 자세도 괜찮습니다. 정해진 방법은 없습니다. 내 몸이 편안함을 느낄 수 있는 길을 따르는 것이 가장 좋은 방법입니다.

'나는 어떻게 하면 편안할까?' 스스로에게 물어보고, 그에 따라 자연스럽게 자세를 조정합니다.

자세가 편안해졌으면 이제 천천히 호흡에 집중하며, 천천히 눈을 감습니다. 이제 얼굴과 턱근육의 긴장을 풀어봅니다.

턱근육을 부드럽게 이완합니다.

눈을 감고, 눈동자를 천천히 왼쪽으로 움직여봅니다. 마치 왼쪽 끝에 있는 무언가를 바라보는 듯한 느낌이지만, 사실 아무것도 보이지 않습니다.

눈을 감은 상태에서 오직 눈동자만 왼쪽 끝으로 가져갑니다. 약간의 긴장이 느껴질 것입니다. 그것을 그대로 받아들이세요.

긴장을 풀고 이번에는 오른쪽으로 눈동자를 끝까지 움직여봅니다. 이때 얼굴이나 목은 움직이지 않습니다. 몸의 어떤 부위도 움직이지 않습니다.

오직 눈동자만 좌우로 움직입니다. 왼쪽 끝으로 가져갔다가 가운데로 돌아오고, 다시 오른쪽 끝으로 가져갔다가 가운데로 돌아옵니다.

이 눈동자 움직임을 호흡과 함께 해보겠습니다.

숨을 들이마시면서 눈동자를 왼쪽 끝으로 이동하고, 내쉬면서 가운데로 돌아옵니다.

다시 들이마시면서 오른쪽 끝으로 이동하고, 내쉬면서 가운데로 돌아옵니다.

호흡의 속도는 사람마다 다릅니다. 그러므로 각자의 호흡 리듬에 맞춰서 편안한 속도로 진행합니다. 눈동자의 움직임보다는, 내쉬는 숨과 함께 이완하는 과정이 더 중요합니다.

날숨이 들숨보다 두 배 정도 길게 이어지도록 합니다. 이제 각자 호흡의 흐름에 맞춰 반복해봅니다.

계속 눈을 감은 상태에서 이번에는 눈동자를 위로 움직입니다. 마치 머리 위쪽에 무언가가 있는 것처럼 최대한 위쪽을 바라봅니다. 다시 가운데로 돌아오고, 이제는 아래쪽을 바라봅니다.

이 과정에서도 얼굴은 전혀 움직이지 않습니다. 오직 안구근육만 사용합니다.

우리의 눈을 움직이는 뇌신경은 세 가지, 즉 3번, 4번, 6번 뇌신경입니다. 이번 연습을 통해 이 뇌신경들을 부드럽게 이완할 것입니다. 다시 눈을 감고, 고개나 얼굴을 움직이지 않도록 주의합니다.

숨을 들이마시면서 눈동자를 위로 움직이고, 숨을 내쉬면서 정면으로 돌아옵니다. 다른 곳은 모두 가만히 있으며 움직이지 않습니다. 다시 들이마시면서 아래로 움직이고, 내쉬면서 가운데로 돌아옵니다.

모든 동작을 부드럽게 진행하며, 숨을 내쉴 때마다 이완되는 감각을 느껴봅니다. 숨을 내쉬면서 가운데를 볼 때마다 온몸에 편안한 기운이 쫙 퍼지면 잘하고 있는 겁니다.

안구근육을 긴장했다가 이완하면, 즉 왼쪽을 보면서 이완했다가 오른쪽을 보면서 이완할 경우 깊은 감정이 느껴집니다. 갑자기 슬퍼지거나 어떤 감정이 북받쳐도 전혀 이상한 게 아닙니다. 아주 흔한 일입니다. 그냥 즐기세요.

이때 중요한 건 들숨과 날숨입니다. 내 호흡에 안구 운동을 얹어놓는 겁니다. 호흡을 놓치지 말고 왼쪽에서 가운데로, 오른쪽에서 가운데로, 계속 위아래로 반복합니다.

눈동자가 왼쪽으로 갔다가 가운데로 돌아오는 과정에서 이완됩니다.

오른쪽으로 갔다가 가운데로 돌아오는 과정에서도 이완됩니다. 위로 갔다가 다시 가운데로, 아래로 갔다가 다시 가운데로 돌아오면서, 이완이 점점 더 깊어지는 것을 느낄 수 있습니다.

이제 눈을 감은 상태에서 눈동자를 부드럽게 회전해봅니다.

시계 방향으로 천천히 한 바퀴 돌려봅니다.

위쪽 끝을 바라보다가, 오른쪽 끝, 아래쪽 끝, 왼쪽 끝을 거쳐 다시 위로 돌아옵니다.

이번에는 반대 방향으로 회전합니다.

고개를 움직이지 않고, 얼굴의 긴장을 풀고, 오직 눈동자만 부드럽게 회전합니다. 너무 힘을 주지 않고, 완벽하게 하려고 애쓰지도 않습니다. 편안한 상태에서 자연스럽게 움직이면 됩니다.

이제 눈동자를 가운데에 둡니다. 아주 미세하게 얼굴과 목을 움직였을 수도 있습니다. 괜찮습니다. 모든 것은 연결되어 있습니다.

들숨과 날숨은 계속 알아차리도록 합니다.

이번에는 머리의 위치를 조금씩 조정해봅니다.

누운 상태에서 목을 왼쪽으로 아주 살짝 돌려봅니다. 1밀리미터, 2밀리미터 정도의 작은 움직임이면 충분합니다. 옆에서 보면 거의 움직이지 않는 것처럼 보일 정도로 부드럽게 조정합니다.

턱을 살짝 내리고, 혹은 살짝 들어올려 봅니다. 어느 방향이 더 편안한지 살펴봅니다. 신기하게도 아주 작은 움직임만으로 느낌이 달라집니다. 어떤 위치가 가장 편안한지 찾아보세요.

이제 편안한 자세를 찾았다면, 다시 호흡으로 주의를 돌립니다. '들이마신다', '내쉰다'. 이 단순한 흐름을 다시 알아차립니다.

이번에는 호흡과 함께 머리를 아주 살짝 움직여봅니다. 들이마시면서 고개를 왼쪽으로 아주 조금 돌립니다.

내쉬면서 가운데로 돌아옵니다.

다시 들이마시면서 고개를 오른쪽으로 살짝 돌리고, 내쉬면서 가운데로 돌아옵니다.

움직임은 매우 미세해야 합니다. 다른 사람이 보면 움직이지 않는 것처럼 부드럽게 진행합니다. 나는 분명 움직이고 있지만, 외부에서 보면 거의 감지되지 않는 정도입니다. 머리가 가운데로 돌아올 때마다 점점 바닥으로 가라앉는 듯한 느낌이 들 것입니다. 뒤통수가 바닥에 더 깊이 놓이며, 온몸이 편안하게 가라앉습니다.

이제 여기에 꼬리뼈의 움직임을 더해보겠습니다.

들이마시면서 고개를 왼쪽으로 살짝 돌릴 때, 꼬리뼈를 바닥으로 살짝 눌러봅니다. 꼬리뼈 아래 작은 과일이 있다고 상상하며, 그 과일을 부드럽게 누르는 느낌으로 진행합니다.

이 과정에서 어떤 사람은 아랫배에 힘이 들어가는 느낌을 받을 수도 있고, 어떤 사람은 무릎을 누르는 듯한 감각을 느낄 수도 있습니다. 혹은 엉덩이가 눌리는 느낌이 들 수도 있습니다. 정해진 방식은 없습니다. 중요한 것은 부드럽게 꼬리뼈를 바닥에 살짝 누르는 감각을 알아차리는 것입니다.

들이마시면서 고개를 왼쪽으로 돌리고, 꼬리뼈를 살짝 누릅니다.

내쉬면서 모든 것을 이완하고 가운데로 돌아옵니다.

다시 들이마시면서 고개를 오른쪽으로 돌리고, 꼬리뼈를 살짝 눌렀다가, 내쉬면서 이완합니다.

이제 이 과정을 반복합니다. 천천히, 호흡과 함께 부드럽게 이어갑니다. 들이마시고, 내쉬고. 모든 움직임은 미세하게, 그리고 편안하게 진행됩니다.

내쉬는 숨과 함께 점점 더 깊이 이완됩니다.

머리가 더욱 바닥으로 가라앉고, 몸 전체가 편안한 휴식 상태로 들어갑니다.

이완이 깊어질수록, 몸은 본래 있어야 할 자리로 돌아갑니다.

이제부터 각자 자신의 호흡과 함께 이 움직임을 계속 이어갑니다. 들이마시고, 내쉬고. 천천히, 부드럽게, 몸과 마음을 깊이 이완합니다.

2-3 뇌신경계 이완 명상(혀근육)

혀와 관련된 신경과 근육을 풀어주는 것이 이번 명상의 핵심입니다. 평소에 혀근육은 음식을 삼킬 때 주로 사용되지만, 편도체 활성화와 변연계의 작동과도 밀접하게 연결되어 있습니다. 긴장하거나 두려움을 느낄 때 혀가 굳어지고, 말이 어눌해지는 이유도 이러한 이유 때문입니다.

먼저 가벼운 준비 운동을 통해 혀근육을 자극하고 이완하는 연습을 해보겠습니다. 혀근육은 일상에서 의식적으로 사용하는 일이 많지 않기 때문에 부드럽게 풀어주는 과정이 필요합니다.

지금 앉아 있는 상태에서 턱근육의 긴장을 풀어주세요(눕거나 서서 해도 됩니다). 위아래 어금니가 자연스럽게 떨어지도록 하면서 깨물근, 즉 교근을 완전히 이완합니다. 깨물근은 이를 악물 때 쓰는 근육으로, 5번 뇌신경과 관련이 있습니다. 이 근육이 충분히 이완되어야 혀근육도 자유롭게 움직일 수 있습니다.

턱의 긴장을 풀면 자연스럽게 입이 살짝 벌어집니다.

이제 혀끝을 위쪽으로 살짝 말아 올려 입천장에 닿게 합니다. 그 상태에서 천천히 들이마신 후, 입천장을 따라 혀끝을 목젖 방향으로 밀어 올렸다가 숨을 내쉬면서 혀를 원래 자리로 되돌립니다.

한 번 더 진행해보겠습니다. 들이마시면서 혀를 말아 올렸다가 편안하게 내려놓습니다. 한 번 더 반복합니다.

이번에는 혀를 아래쪽으로 말아 바닥 쪽을 눌러보겠습니다. 혀밑에는 침샘이 있으므로 혀를 깊이 말아서 눌러줍니다.

숨을 들이마시면서 혀를 바닥 쪽으로 깊숙이 말아 누르고, 내쉬면서 원래대로 이완합니다.

다시 한번 들이마시면서 혀를 아래로 눌렀다가 내쉬면서 편안하게 되돌립니다. 한 번 더 반복하며 혀를 말아 아래쪽으로 최대한 눌러보세요.

이제 좌우로도 움직여보겠습니다. 혀끝을 왼쪽 뺨 안쪽으로 밀어보세요. 혀로 뺨을 안에서 바깥으로 밀어내듯이 움직입니다. 들이마시면서 바깥쪽으로 끝까지 밀어냈다가, 내쉬면서 힘을 풉니다. 두 번 더 반복합니다.

이번에는 혀끝을 오른쪽 뺨 쪽으로 가져가 같은 방식으로 진행합니다. 들이마시면서 혀끝을 오른쪽으로 최대한 밀어붙이고, 내쉬면서 이완합니다.

모든 동작을 마친 후에는 입을 다물고 턱과 혀의 긴장을 완전히 풀어줍니다. 이제 혀와 관련된 신경과 근육이 충분히 풀렸을 것입니다. 이완된 상태를 유지하며 편안한 호흡을 이어가세요.

모든 준비가 완료되었습니다. 편안하게 호흡을 알아차립니다. 이제 혀끝을 아랫니 뒤편, 맨 왼쪽 어금니 뒤쪽에 살짝 가져갑니다. 혀끝이 어금니 뒷부분을 가볍게 터치하는 감각을 느껴보세요. 이 촉감에 집중하면서 천천히 호흡합니다. 들이마시고, 내쉽니다. 처음에는 어색하거나 혀가 흔들릴 수 있지만, 그럼에도 불구하고 혀끝에서 전해지는 감각을 섬세하게 느껴보세요.

혀끝을 한 칸 오른쪽으로 이동하여, 바로 옆 어금니의 뒷면을 터치합니다. 마찬가지로 그 감각에 집중하며 호흡하세요. 들이마시고, 내쉽니다.

호흡의 속도는 편안한 리듬에 맞추되, 깊은 이완을 원한다면 내쉬는 호흡을 조금 더 길게 유지합니다.

이제 혀끝을 다시 한 칸 오른쪽으로 옮겨갑니다. 혀끝이 치아 표면을 감지하는 촉각에 온전히 집중하며 들이마시고, 내쉽니다. 몸이 점점 더 깊이 이완되는 것을 느껴보세요.

혀끝을 계속 오른쪽으로 한 칸씩 이동하며 같은 방식으로 호흡을 이어갑니다.

점점 앞쪽으로 이동하면서 송곳니에 도달합니다. 치아의 개수와 배열은 사람마다 다를 수 있으니, 본인의 리듬에 맞춰 차분하게 진행하면 됩니다.

송곳니에 혀끝을 대고, 천천히 호흡합니다. 들이마시고, 내쉽니다. 다시 한 칸 오른쪽으로 이동합니다.

이제 앞니에 가까워지고 있습니다. 혀끝을 아랫니 앞쪽으로 옮겨가면서 호흡을 계속 이어갑니다. 들이마시고, 내쉬고, 차분하게 진행합니다.

각자의 페이스대로 혀를 오른쪽 끝 어금니까지 이동하며 촉감을 느끼고 호흡하세요. 빠르게 도착하는 분도 있고, 느리게 진행하는 분도 있습니다. 자신에게 맞는 속도로 혀끝을 하나하나 이동시키면서 깊은 집중을 유지합니다.

혀끝이 맨 오른쪽 어금니 뒷면에 도달했습니다. 여기에서 다시 두 번의 호흡을 진행합니다. 들이마시고, 내쉽니다. 다시 한번 들이마시고, 내쉽니다.

혀의 움직임을 조금 더 확장해보겠습니다. 혀끝이 현재 맨 오른쪽 어금니의 뒷면에 위치하고 있다면, 이제 혀를 돌려 같은 어금니의 앞면을 터치해보세요. 뒷면보다 앞면을 터치하는 것이 조금 더 어려울 수 있습니다.

혀를 조금 더 내밀어 치아의 전면을 부드럽게 느껴봅니다. 처음에는 여러 개의 치아가 동시에 닿을 수도 있지만, 목표물을 찾아가듯 정확하게 터치하도록 시도해보세요.

다시 혀끝을 한 칸씩 이동하며, 아랫니의 앞면을 따라 왼쪽으로 움직여갑니다.

들이마시고, 내쉬면서 한 칸 이동합니다. 혀끝이 치아를 따라 부드럽게 움직이는 느낌을 온전히 경험해보세요. 자연스럽게 감각이 예민해지면서 새로운 미묘한 느낌이나 어떤 감정이 느껴지기도 합니다. 이러한 반응은 자연스러운 과정이므로, 그저 받아들이며 혀끝의 감각에 집중하세요.

계속해서 한 칸씩 왼쪽으로 이동하면서 깊은 호흡을 이어갑니다. 앞니에 도달하면 더욱 부드럽게 터치해보세요.

왼쪽 끝 어금니에 도착할 때까지 각자의 페이스대로 천천히 진행합니다.

혀끝이 맨 왼쪽 어금니 앞면에 도달했습니다. 혀를 그곳에 가만히 두고, 호흡을 이어가면서 온몸의 긴장을 완전히 풀어줍니다. 들이마시고, 내쉬면서 남아 있는 모든 긴장을 부드럽게 흘려보냅니다.

혀근육이 처음보다 훨씬 부드러워졌음을 느낄 것입니다. 이완된 상태에서 호흡을 편안하게 이어가며 깊은 안정감을 만끽하세요.

아랫니의 앞뒤 면을 모두 경험했으니, 이번에는 윗니로 주의를 옮겨보겠습니다. 윗니를 진행할 때는 승모근과 어깨까지 함께 이완하는 연습을 하겠습니다. 따라서 이번 단계에서는 주의를 두 곳에 분산해야 합니다.

혀끝이 치아를 하나씩 터치하는 감각에 집중하는 동시에, 양쪽 어깨의 감각도 함께 살펴봅니다. 혀끝을 윗니 맨 왼쪽 어금니의 뒷면에 가져다 댑니다. 이 상태에서 호흡하며 어깨를 이완합니다. 어깨가 자연스럽게 아래로 내려가도록 의식을 집중합니다.

앉아 있는 분은 어깨가 바닥 쪽으로 툭 떨어지는 느낌을 상상하고, 누워 있는 분은 어깨가 발 쪽으로 내려간다고 상상합니다.

여기서 중요한 점은 어깨를 실제로 움직이는 것이 아니라, 들숨과 날숨을 통해 의식적으로 어깨를 들어올리고 내리는 느낌을 갖는 것입니다. 들숨을 마실 때 어깨가 올라간다는 의도를 강하게 하지만 실제로 움직이지는 않습니다. 내쉬는 숨에서는 어깨가 아래로 부드럽게 내려가는 이미지를 그립니다.

이제 각자 호흡하며 들이마실 때 어깨가 위로 올라가는 느낌을 의식하고, 내쉴 때는 이깨가 아래로 부드럽게 내려오는 것을 상상합니다. 들숨, 그리고 어깨가 위로. 날숨, 어깨가 바닥으로 가라앉습니다. 한 번 더 반복합니다.

혀끝은 지금 윗니 맨 왼쪽 어금니 뒷면에 있습니다. 이제 혀끝을 한 칸 오른쪽으로 이동합니다. 혀끝으로 새로운 치아의 뒷면을 느끼면서 호흡합니다.

들이마시고, 내쉬며 어깨가 아래로 가라앉습니다. 다시 한번 들숨, 그리고 내쉬면서 어깨를 내려놓습니다.

계속해서 혀를 한 칸씩 오른쪽으로 이동합니다. 혀끝이 치아를 터치하는 감각을 느끼면서, 동시에 들숨과 날숨에 맞춰 어깨를 이완합니다. 들이마시고, 어깨가 부드럽게 떠오르는 듯한 느낌을 갖고, 내쉬면서 모든 긴장을 내려놓습니다.

혀끝을 한 칸 더 오른쪽으로 이동합니다. 들이마시고, 내쉬면서 몸의 모든 긴장이 녹아내립니다.

혀끝을 한 칸씩 이동할 때마다 모든 집착과 긴장을 내려놓는다고 상상해보세요. 들숨과 함께 새로운 공기가 들어오고, 날숨과 함께 불필요한 긴장이 빠져나갑니다. 편안하게 내려놓습니다.

한 칸 더 오른쪽으로 이동합니다. 혀끝을 치아의 감촉에 집중하면서, 들이마시고, 내쉽니다. 각자의 리듬대로 오른쪽 끝 어금니까지 이동하며 진행합니다. 두 번 들이쉬고 내쉴 때마다 한 칸씩 이동하며, 모든 불필요한 긴장을 날숨에 녹여보세요.

어깨는 부드럽게 내려가고, 마음은 점점 더 깊은 고요로 들어갑니다. 혀끝에 전해지는 촉감이 명확해지고, 몸 전체가 점점 더 편안해집니다.

혀끝을 다시 앞으로 이동합니다. 이번에는 오른쪽 위 어금니의 앞면에 혀끝을 가져다댑니다. 아랫니 앞면보다 약간 더 편하게 느껴질 수도 있습니다.

혀끝을 치아의 전면에 부드럽게 대고, 호흡을 진행합니다. 들이마시고, 내쉬면서 더욱 깊이 이완됩니다.

윗니 앞면을 따라 하나씩 터치하면서 맨 오른쪽에서 왼쪽으로 이동해보겠습니다.

두 번의 호흡을 진행한 후 한 칸씩 왼쪽으로 이동합니다. 혀끝에 전해지는 감각을 섬세하게 느껴보세요.

내쉬는 숨마다 어깨가 더욱 가볍고 부드러워집니다.

모든 주의를 혀끝과 어깨에 집중하세요. 그러다 보면 자연스럽게 딴생각이 사라지고, 온전히 이 순간에 몰입하게 됩니다. 지금까지 딴생각이 떠오르지 않았다면, 성공한 것입니다.

다정하고 따뜻한 마음으로 혀끝을 통해 치아 하나하나를 섬세하게 느껴보세요. 숨을 내쉴 때마다 어깨는 더욱 깊이 이완됩니다. 치아마다 전해지는 미세한 감각이 다르고, 그 차이를 경험하는 자체가 지금 이 순간을 더욱 생생하게 만들어줍니다.

내쉬는 숨과 함께 몸이 부드러워지고, 마음이 편안하게 따뜻해집니다.

오른쪽 앞면에서 왼쪽 끝까지 도달했다면 이제 혀끝을 위 앞니의 뒷면, 즉 잇몸과 치아가 만나는 지점에 가볍게 갖다댑니다.

모든 긴장을 완전히 풀어줍니다.

조용한 호흡을 알아차립니다.

내쉴 때마다 어깨는 더욱 부드럽게 내려갑니다.

이제는 그저 편안함 속에서 호흡만이 계속됩니다.

모든 것을 내려놓고, 이 깊고 부드러운 감각 속에서 자연스럽게 몸과 마음을 맡기세요.

2-4 뇌신경계 이완 명상(호흡)

편안하게 명상 자세를 잡습니다. 앉아도 좋고, 누워도 좋고, 선 자세도 좋습니다.

자세를 잡았다면 천천히 눈을 감고 깊은 호흡을 해보겠습니다. 크게 들이마시고, 잠시 멈춘 후, 길게 내쉽니다.

한 번 더 들이마시고, 잠시 멈춘 후, 길게 내쉽니다.

마지막으로 한 번 더 들이마시고, 멈춘 후, 길게 내쉽니다. 각자의 페이스에 맞춰 한 번 더 해보세요.

이제 자연스러운 호흡으로 내버려둡니다. 호흡을 조절하지 않습니다. 깊게 들이마시려 하지도 않고, 길게 내쉬려 하지도 않습니다. 그저 호흡을 알아차리기만 합니다.

오늘은 평소보다 조금 더 깊게 알아차리기를 해보겠습니다. 여기서 '깊게 알아차린다'는 것은 호흡을 강하게 조절한다는 뜻이 아니라, 숨을 들이마실 때 몸에서 일어나는 변화를 세밀하게 느끼는 것을 의미합니다. 즉 의도를 강화한다는 뜻이 아니라 주의를 강화한다는 뜻입니다.

들이마실 때, 내 가슴과 흉곽이 어떻게 움직이는지 느껴봅니다. 숨을 들어올 때면 횡격막이 내려갑니다. 그와 함께 갈비뼈가 살짝 좌우 양쪽으로 벌어집니다. 옆으로도 벌어지지만 사실 등 쪽으로 더 많이 확장됩니다. 누운 상태라면, 아주 미세하게나마 등이 바닥을 지그시 누르는 느낌을 받을 수도 있습니다.

느낌이 분명하지 않다고 해서 절대 힘을 주어 억지로 누르려 하지 마세요. 그저 내 몸이 자연스럽게 움직이는 감각에 집중하면 됩니다. 날숨은 신경 쓰지 않아도 괜찮습니다. 우선 들이마실 때에만, 갈비뼈가 확장되면서 바닥을 살짝 누르는 그 미묘한 감각을 느껴보세요.

내 등이 바닥을 누르는 느낌이 잘 느껴지지 않아도 괜찮습니다. 그저 힘을 빼고, 자연스러운 흐름을 받아들이면 됩니다.

이제는 숨이 들어올 때, 내 몸에서 일어나는 과정을 떠올려봅니다. 눈을 감은 채로, 내 들숨이 어떻게 내 몸을 순환하는지 상상해 보세요.

공기가 콧구멍을 통해 들어옵니다. 그 공기는 비강과 후두를 지나 기관지를 타고 폐로, 폐포로 전달됩니다. 그곳에서 아주 작은 모세혈관을 통해 산소와 적혈구의 헤모글로빈이 결합합니다.

내가 방금 들이마신 산소가 이제 혈액 속으로 녹아듭니다. 이 과정은 지금 이 순간, 내 몸속에서 실제로 일어나고 있습니다.

이제 폐에서 산소를 머금은 새로운 혈액이 혈관을 타고 심장으로 이동합니다. 심장이 뛰며 산소를 머금은 깨끗한 혈액을 동맥을 통해 온몸으로 보냅니다.

굵은 혈관에서 시작된 혈류는 점점 가지를 뻗어나가며, 작은 모세혈관을 통해 몸 구석구석으로 퍼집니다.

지금 이 순간, 내가 들이마신 산소가 내 몸속 모든 세포에 전달되고 있습니다. 혈관을 타고 흐르며, 내 세포 하나하나에 산소를 공급합니다.

내 호흡이 곧 나의 삶입니다. 나는 호흡을 통해 내 몸을 채우고, 내 몸을 지탱하는 에너지를 만들어내고 있습니다.

다시 한번 깊은 숨을 들이마시고, 내 몸을 순환하는 생명의 흐름을 온전히 느껴보세요.

실제로 호흡하는 것은 내가 아닙니다.

진짜로 산소를 사용하는 것은 30조 개가 넘는 세포 하나하나입니다.

우리는 숨을 들이쉬고 내쉴 때 '내가 호흡한다'고 생각하지만, 실은 착각입니다.

내가 아니라, 내 몸을 이루고 있는 수많은 세포들이 호흡하고 있습니다.

이제 깊이 느껴보세요. 내 몸속 세포 하나하나가 호흡한다고 상상해보세요.

우리의 감각기관으로는 세포의 호흡을 직접 느끼지 못합니다. 하지만 그것은 실제로 벌어지는 일이며, 우리는 이를 상상하고, 마음으로 충분히 느낄 수 있습니다.

한 번 숨을 들이마실 때마다 내 온몸의 세포들이 산소를 받아들이고, 한 번 숨을 내쉴 때마다 내 온몸의 세포들이 편안하게 이완됩니다.

내 몸이 아닌, 나의 세포 하나하나가 살아 숨 쉬고 있음을 느껴보세요.

지금 들이마시는 이 한 번의 숨은 단 한 번도 똑같은 적이 없습니다.

매 순간 새로운 공기가, 새로운 산소 원자가 내 몸 안으로 들어옵니다.

내가 들이마시는 공기는 단 한 번도 똑같은 적이 없는, 완전히 새로운 호흡입니다.

항상 처음 있는 일입니다. 매 순간, 매 호흡이 생전 처음 하는 호흡입니다.

한 호흡 한 호흡을 처음 호흡하는 사람처럼 새롭게 받아들이며, 내 몸을 이루는 세포 하나하나가 살아 있음을 온전히 느껴보세요.

눈을 감고, 이번에는 날숨에 집중합니다.

숨을 내쉴 때, 우리는 더욱 깊고 편안해질 수 있습니다.

내쉬는 숨과 함께, 몸의 긴장을 내려놓고 더욱 깊이 이완됩니다.

똑바로 누운 상태에서, 얼굴은 천장을 향하고, 양 손바닥도 천장을 향하도록 몸 옆에 편안히 둡니다. 양발은 어깨너비 정도로 살짝 벌려주세요. 발끝은 자연스럽게 바깥으로 향하게 두세요. 모든 힘을 빼고, 온전히 편안한 상태로 몸을 맡기세요.

숨을 내쉴 때 턱근육의 힘을 완전히 뺍니다. 윗니와 아랫니가 자연스럽게 떨어져 있습니다. 한 번 더 힘을 빼보세요. 턱이 툭 떨어지는 느낌을 가져보세요. 아래턱의 힘을 빼면서, 혀에도 힘을 뺍니다.

누워 있다면 다시 한번 숨을 내쉬면서, 낮은 베개를 베고 있는 뒤통수, 그중에서도 뒤통수의 아랫부분에 남아 있는 긴장을 풀어줍니다.

목의 긴장이 잘 풀리지 않는다면, 고개를 아주 조금, 1센티미터 정도만 왼쪽으로 돌려보세요. 정말 미세한 움직임입니다. 거의 움직이지 않을 정도로 살짝 왼쪽으로 돌리면서 들이마시고, 다시 오른쪽으로 돌리면서 내쉽니다. 힘을 주지 않고, 자연스럽게 움직입니다.

다시 한번 왼쪽으로 들이마시고, 오른쪽으로 내쉬면서, 목과 턱의 긴장을 한꺼번에 풀어줍니다.

숨을 들이마셨다가 내쉬면서, '아, 내 목과 내 턱이 완전히 흐물흐물해지는구나'라는 감각을 온전히 느껴보세요.

날숨과 함께 눈 주변의 긴장도 이완합니다. 안구근육, 즉 눈알을 움직이는 근육의 긴장을 풀어주세요.

'어, 눈근육을 어떻게 풀지?'라는 생각이 든다면, 아주 약간 눈을 움직여봐도 좋습니다.

눈을 감은 상태에서, 왼쪽을 바라봤다가 툭 놓고, 오른쪽을 바라봤다가 툭 놓고, 위쪽을 바라봤다가 툭 놓고, 아래쪽을 바라봤다가 툭 놓습니다. 안구를 움직일 때, 근육이 어떻게 쓰이는지 느껴보세요.

그다음, 숨을 내쉬면서 눈 주변의 모든 긴장을 완전히 놓아버립니다.

다시 한번 숨을 내쉬면서, 턱근육, 목, 눈 주변의 힘을 완전히 빼줍니다. 훨씬 더 편안해진 느낌이 듭니다.

숨을 내쉴 때마다, 몸에 남아 있는 긴장을 내보낸다고 생각하세요. 한 번 내쉴 때마다 턱의 긴장을 보내고, 또 한 번 내쉴 때마다 목의 긴장을 보내고, 또 한 번 내쉴 때마다 눈 주변의 긴장을 완전히 내보냅니다.

이제 얼굴근육 전체를 이완합니다.

우리는 평소에 인상을 쓰거나 표정을 지을 때 약 40개의 얼굴근육을 사용합니다. 이제 그 근육을 모두 놓아줍니다.

얼굴근육 이완이 어렵다면, 얼굴에 힘을 주어 인상을 한번 찌푸려보세요. 그리고 힘을 툭 풀어보세요.

한두 번만 이렇게 하고, 그다음부터는 계속 힘을 뺀 상태를 유지합니다.

뺨 주변, 코 주변, 양쪽 귀 주변, 관자놀이, 이마, 눈썹….

모두 힘을 뺍니다. 눈썹도 살짝 치켜떴다가 툭 내려놓으세요.

그다음 두피까지 힘을 뺍니다.

이제 얼굴 전체―두피, 이마, 눈, 코, 입, 귀, 턱, 목, 뒤통수까지…
숨을 내쉴 때마다 점점 더 힘이 빠집니다.

한숨 내쉴 때마다 일굴의 힘을 더 빼고, 또 내쉴 때마다 조금 더 편안해집니다.

몸이 점점 더 이완되고 있습니다. 이제 더 이상 움직이지 마세요.

모든 긴장을 내뱉고, 완전히 멈춘 상태에서 이완을 느껴보세요.

이제 어깨의 긴장을 풀어줍니다. 누워 있는 분은 어깨가 자연스럽게 침대 쪽으로 떨어지는 느낌을 느껴보세요.

앉아 있는 분은 어깨를 살짝 뒤로 보내면서, 그 상태에서 아래로 툭 놓습니다. 이때 승모근이 이완됩니다.

어깨가 마치 녹아내리는 것처럼, 서서히 힘을 빼고, 아래로 늘어지는 것을 느껴보세요.

숨을 내쉴 때마다 어깨의 긴장이 확 풀어집니다. 몸 전체가 흐물흐물해집니다.

내 어깨 주변이 완전히 풀어져서, 바닷속을 둥둥 떠다니는 해파리처럼, 바닷속을 기어가는 문어처럼, 부드럽고 자유롭게 흐물흐물해집니다. 숨을 내쉴 때마다, 몸이 점점 더 흐물흐물 풀어집니다.

다음은 복부의 긴장을 풀어줍니다. 숨을 들이마실 때, 횡격막이 내려가면서 배가 살짝 부풀어오릅니다.

숨을 내쉴 때, 뱃속 공간이 더 편안해집니다.

한 번 한 번 숨을 내쉴 때마다, 내 복부는 점점 더 편안해집니다.

내 뱃속이 편안해집니다.

배를 툭 놓아주면, 그 편안함이 온몸으로 퍼져나갑니다.

이제 완전히 이완된 상태입니다.

나는 더 이상 움직이지 않습니다. 하지만 그 어떤 긴장도 남아 있지 않습니다.

나는 마치 연체동물처럼 흐물흐물 완전히 풀어져 있습니다.

다시 한번 날숨에 집중합니다.

숨을 내쉴 때마다, 머리끝부터 어깨를 거쳐 복부 저 깊은 곳까지 하나하나 몸의 각 부위를 알아차리면서 긴장을 풀어줍니다.

지금까지 한 번도 느껴보지 못했던, 생전 처음 경험하는 완전한 이완을 향해 한 호흡 한 호흡 다가갑니다.

이완된 상태에서 한 번 더 내려놓습니다.

내려간 상태에서 한 번 더 내려갑니다.

그리고 이것을 한 호흡 한 호흡 계속 반복합니다.

이것이 나의 본래 모습입니다. 아무것에도 얽매이지 않고, 자유롭고, 평온하고, 편안한 상태입니다.

나는 고요함이고, 나는 평온함입니다.

한 호흡 한 호흡, 낯설게 느끼면서 조금씩 더 이완합니다.

한 걸음 한 걸음, 더 깊이 편안해집니다.

나는 평온함 그 자체입니다.

나는 고요함 그 자체입니다.

내부감각 명상

3-1 내부감각 명상

내부감각에 집중하는 명상을 해보겠습니다. 이 기법은 불안감을 완화하고, 스트레스와 분노의 감정을 줄이는 데 널리 사용됩니다. 여기에 명상적 요소와 호흡 훈련을 결합하여 더욱 깊은 이완과 안정감을 경험해보겠습니다.

먼저 호흡에 집중합니다.

많은 분이 호흡 훈련을 할 때 잘하려고 애를 씁니다. 이는 우리가 어릴 때부터 배운 습관과 관련이 있습니다. 새로운 것을 배울 때마다 완벽하게 습득하려 하고, 노력해서 성취해야 한다고 여겨왔기 때문입니다. 그러나 명상에서는 반대로 해야 합니다.

애쓰지 않으려는 노력이 필요합니다. 이를 '애쓰지 않는 애씀(effortless effort)'이라고 합니다. 노력하지 않는 노력, 애쓰지 않는 애씀입니다. 모든 것을 내 손에 꽉 쥐고 통제하려는 마음을 내려놓고 그냥 '탁' 놓는 연습을 하세요.

자연스럽게 손을 놓듯이, 의도적으로 호흡을 조절하려는 노력을 내려놓아야 합니다. 그러나 현대인은 무언가를 쥐고 있는지도 모른 채 늘 긴장하며 살아가고 있습니다.

그래서 우리는 호흡을 통해 내려놓는 연습을 합니다. 호흡은 의식하지 않아도 자연스럽게 이루어집니다.

아침이 오면 해가 뜨고, 밤이 되면 어두워지듯이, 호흡 또한 스스로 이루어지는 과정입니다. 우리는 그저 들어오고 나가는 것을 알아차리기만 하면 됩니다.

어려서부터 의무교육과 입시지옥에 시달리면서 우리는 내 삶의 많은 것을 통제하려는 습관을 지니게 되었습니다. 내 인생을 내 뜻대로 통제하고, 주변 사람들도 내 뜻대로 바꾸려 합니다. 그렇게 살아야 한다는 강박을 지니고 있습니다.

그러나 삶은 내 뜻대로 되지 않습니다. 이 사실을 받아들이는 것이 마음근력입니다. 모든 것을 전부 다 해내려는 강박이 아니라, 모든 것을 자연스럽게 다 받아들이는 수용의 태도가 진정한 내면의 안정감을 가져다줍니다.

이제 호흡을 알아차리는 연습을 시작해보겠습니다. 복식호흡이나 흉식호흡을 일부러 하려고 하지 마세요. 그냥 호흡을 내버려두세요.

우리의 몸은 하루 종일 호흡을 하고 있습니다. 특정한 방식으로 호흡하려고 할 필요가 없습니다. 복식호흡은 배에 힘을 주고 의도적으로 배로 숨을 쉬는 겁니다. 흉식호흡은 가슴과 어깨를 들었다 놨다 하면서 숨을 쉬는 겁니다. 둘 다 하려고 하지 마시고, 그냥 놔두세요.

호흡에 관한 모든 의도를 내려놓습니다. 우리는 하루 종일 의도하지 않은 채 호흡을 합니다. 이제 그 저절로 이루어지는 호흡을 알아차리세요. 그래야 습관을 고칠 수 있습니다.

모든 것을 내 뜻대로 해야 직성이 풀리는 그 마음, 그래서 조금이라도 일이 내 뜻대로 안 풀리면 짜증나고 화나고 좌절하는 그 마음을 바꾸는 것입니다. 그러기 위한 가장 좋은 방법이 바로 호흡 알아차리기 훈련입니다.

밤에 잠이 오지 않는다면 어째서일까요? 생각을 멈추지 못하기 때문입니다. 즉 집착을 내려놓지 못하기 때문입니다.

이제 명상을 시작합니다. 편안한 자세를 취하세요. 누워 있거나, 편안하게 앉아도 좋습니다.

이 명상은 집중력 향상이나 깨달음을 위한 것이 아닙니다. 그저 이완하고 휴식하기 위한 명상입니다.

호흡을 알아차립니다. 의도하지 않습니다. 호흡을 의식적으로 조절하지 않은 채, 그 흐름을 지켜봅니다.

호흡은 저절로 이루어집니다. 굉장히 신기한 일입니다. 미묘하고 아름다운 일입니다.

호흡에 나 자신을 맡기세요. 편안히 누워서 천천히 들이마시고 천천히 내쉽니다. 열심히 내쉬지 말고 그냥 들어오는 걸 알아차리고 나가는 걸 알아차립니다. 그냥 놔둡니다.

그렇게 하려면 먼저 힘을 빼야 합니다.

어깨에 힘을 빼고, 턱근육도 이완합니다. 몸 전체를 부드럽게 풀어주며 호흡을 지켜봅니다.

이제 내부감각 명상을 시작합니다.

들이마시고 내쉴 때, 복부의 긴장을 풀어줍니다.

들이마실 때, 뱃속이 넓어지고 부드러워집니다. 마음속으로 따라 해봅니다.

'내 배가 편안하다.'

실제로 내장 깊숙한 곳에서부터 편안함이 전해지는 것을 느껴봅니다.

한 호흡, 한 호흡이 들어오고 나갈 때마다 편안함이 온몸으로 퍼집니다.

이것이 바로 행복입니다.

외부로부터 오는 자극적인 쾌감이 아니라 내면에서부터 올라오는 편안한 느낌이 진짜 행복입니다.

발뒤꿈치를 살짝 멀리 보내는 느낌을 가져봅니다.

힘을 주지는 않지만, 발뒤꿈치가 몸으로부터 부드럽게 멀어지는 듯한 감각을 느껴봅니다. 들이마실 때, 발뒤꿈치가 자연스럽게 몸에서 멀어지는 느낌입니다.

숨을 내쉬면서 힘을 완전히 풀어줍니다.

이번에는 어깨에 집중합니다. 들이마실 때 양쪽 어깨가 자연스럽게 뒤로 젖혀지고, 아래로 가라앉습니다. 누워 있는 분은 어깨가 침대나 바닥에 툭 내려앉는 느낌을 경험합니다. 숨을 내쉬면서 어깨가 발 쪽으로 쭉 내려갑니다. 어깨가 뒤로, 아래로 내려갑니다.

편안함이 조금이라도 느껴지나요? '행복하다, 좋다'라고 생각하세요. 배의 긴장이 풀리면서 호흡이 더욱 부드러워집니다.

아주 천천히, 오른손을 들어서 배 위에 살짝 올려놓습니다. 배꼽 근처에 두어도 좋고, 조금 위쪽이나 아래쪽도 괜찮습니다. 각자 가장 편안한 위치를 찾으세요. 그리고 호흡을 알아차립니다.

호흡이 들어올 때, 배의 움직임이 손에 전해집니다. 오른손을 원래 자리로 내려놓고, 이번에는 왼손을 천천히 올려놓습니다.

오른손을 올렸을 때와 느낌이 어떻게 다른지 비교해봅니다. 어떤 손이 더 편안한지, 느낌이 조금이라도 더 좋은 손을 선택합니다. 더 편안한 손을 배 위에 두고, 다른 쪽 손을 그 손등 위에 가볍게 얹습니다.

손바닥으로 배의 움직임을 느껴봅니다. 이번에는 반대로 배의 움직임을 통해 손의 감촉을 느껴봅니다.

쉽진 않겠지만 배의 힘을 빼고 점점 더 깊이 집중하다 보면 배가 손을 느끼는 순간이 옵니다.

손의 무게도 좋고 손의 따뜻함도 좋고, 또는 손의 어떤 기운도 좋습니다. 계속 내 배에 집중해서 배로 내 손의 따스함을 느껴보세요.

점점 깊어집니다.

호흡도 깊어지고, 그에 따라 나의 알아차림도 깊어집니다.

어느 순간 배에서 올라오는 감정도 느껴집니다.

놀랍게도 깊고 묵직한 감정이 내 손을 타고 내 배로 들어옵니다. 그러면 나의 감정이 깊어집니다. 나의 묵직하고도 커다란 감정이, 내가 맨날 힘들게 끌고 다니는 내 감정이 느껴집니다.

또는 묵직한 감정이 내 배에서 내 손으로 전달되기도 합니다.

감정이 느껴지지 않을 수도 있습니다. 그럴 경우에는 손과 배가 서로 주고받는 감각적 느낌에 계속 편안하게 집중하면 됩니다.

천천히 호흡합니다.

이제 나를 살펴봅니다. 혹시 내가 턱에 힘을 주고 있나?

어깨에 힘이 들어가 있으면 힘을 뺍니다. 어깨의 힘을 빼고, 턱의 긴장을 풀고, 얼굴 전체를 이완합니다.

내 두 손은 배 위에 가볍게 얹어져 있습니다.

배에 닿아 있는 한쪽 손바닥을 천천히 왼쪽으로 옮겨갑니다.

왼쪽 갈비뼈 아래쪽으로 왔습니다.

천천히 내 손의 움직임을 내 배로 느낍니다.

호흡을 하면서 천천히 내려갑니다.

손이 왼쪽 골반뼈에서 조금 더 내려갑니다.

이제 왼쪽 배와 허벅지가 만나는 지점쯤까지 왔습니다.

내 손은 오른쪽으로 가운데를 향해 서서히 옮겨갑니다.

가운데 배꼽 아래에서 잠시 멈춥니다.

내 아랫배가 내 손을 느낍니다. 내장이 평소 느껴보지 못한 편안함을 느낍니다.

내 손의 따뜻함이 내 아랫배에 그대로 전달됩니다.

내 손은 계속 아주 천천히 오른쪽으로 옮겨갑니다.

내 배의 편안함도 오른쪽으로 옮겨갑니다.

내 오른쪽 배 끝 골반뼈에 도달하면 이제 천천히 옆구리 쪽으로 올라갑니다. 오른쪽 옆구리가 너무 편안합니다.

천천히 움직여서 이제 갈비뼈 밑까지 왔습니다.

거기에서 다시 왼쪽으로 옮겨갑니다. 가운데 쪽에 닿습니다.

내 손은 이제 가운데 가슴뼈 밑, 복부 윗부분쯤에 놓여 있습니다. 잠시 멈추고 내 손바닥이 전달해주는 따뜻함을 배로 느낍니다.

다시 배꼽 쪽으로 아주 천천히 손을 내립니다.

배꼽 바로 아래쯤에서 멈춥니다.

다시 어깨에 힘이 빠졌는지, 턱근육에 힘이 빠졌는지, 발뒤꿈치에 힘이 빠졌는지 느껴봅니다.

여기서 손의 움직임을 한 바퀴 더 회전시키고 싶으면 손을 다시 복부 위쪽으로 옮긴 다음 서서히 왼쪽으로 옮겨갑니다. 그리고 다시 왼쪽 복부 아래, 오른쪽 복부 아래, 오른쪽 옆구리 위의 순서대로 (시계 방향으로) 손바닥을 서서히 움직입니다.

편안함이 느껴지는 대로 세 번 정도 반복합니다. 몸이 원한다면 더 계속 반복해도 좋습니다.

내장으로 손의 감촉을 느낄 때 그 느낌은 뇌, 특히 전방대상피질

(Anterior Cingulate Cortex, ACC) 쪽으로 강력하게 올라옵니다. 이게 내부감각 훈련의 핵심입니다.

의도는 내장으로 손을 느끼는 것이었으나 그 때문에 뇌는 장이 올려보내는 내부감각 신호를 열심히 받아들였습니다.

나의 내장이 내 손의 편안함을 느낍니다. 이제 여러분의 장의 느낌이 많이 달라졌습니다.

장이 올려보내는 이 편안함과 행복감에 감사하면서 계속 천천히 호흡을 알아차립니다.

3-2 내부감각 명상(심장박동)

자리에 편안히 누우세요. 또는 앉아서 해도 괜찮습니다. 몸이 가장 편안하게 이완될 수 있도록 자세를 조정하세요.

준비가 되었다면, 천천히 깊은 숨을 들이마시고 내쉬세요.

크게 세 번 반복합니다. 의도적으로 깊고 크게 들이마셨다가 끝까지 내쉬어보세요.

다시 한번 들이마시고 내쉽니다.

한 번 더 들이마시고 내쉬세요. 그리고 호흡을 자연스럽게 놓아둡니다.

내부감각 명상을 해보겠습니다. 눈을 감고 저의 안내를 따라 몸의 감각을 살펴보세요.

내부감각이란 우리 몸안의 여러 장기로부터 뇌로 끊임없이 전달되는 다양한 감각 신호를 의미합니다. 내부감각에는 몇 가지 주요 신호가 있습니다.

첫 번째는 장(腸)에서 올라오는 신호입니다. 보통은 잘 느끼지 못하지만, 장에서 보내는 감각들은 우리의 정서와 깊이 연결되어 있습니다. 대부분의 내부감각 신호는 의식적으로 감지되지 않고 무의식적으로 처리됩니다. 그러나 특정한 변화가 생기면, 예를 들어 배탈이 났을 때처럼 평소와 다른 신호가 감지되면, 우리 뇌는 이를 통증이나 불편한 감각으로 해석합니다.

우리는 보통 이런 신호가 의식에 떠오를 때만 내부감각으로 인지합니다. 배가 고픈 것, 배가 아프거나 뒤틀리는 것, 배알이 꼴리는 것 등이 다 내부감각 신호인데, 이렇게 느껴지는 건 이미 뭔가 정상을 벗어났다는 뜻입니다.

두 번째는 심장에서 올라오는 신호입니다. 심장과 장에서 오는 신호들은 무의식적으로 처리되어 우리 뇌로 올라와 종종 불안감, 공포심, 분노 등으로 해석되기도 합니다. 즉 우리의 두려움이나 불안함은 종종 심장과 내장이 보내는 신호가 변형되어 나타납니다.

그럼 어떻게 해야 이러한 감각이 우리를 압도하지 못하게 할까요? '무시할 수 있는 능력'을 회복하는 것이 중요합니다. 우리가 몸에서 올라오는 모든 신호를 하나하나 다 비정상적인 것으로 해석한다면, 점점 더 예민해지고 긴장하게 됩니다. 심장의 신호와 불안이 공명해 상승작용을 일으키면, 공황 상태로 이어지기도 합니다. 따라서 몸이

실습편: 내면소통 명상 가이드

보내는 신호를 자연스럽게 받아들이면서도 불필요한 해석을 줄여야 합니다.

이를 위해, 오늘 우리는 심장박동에 주의를 보내는 연습을 할 것입니다. 심장박동을 찾으려 애쓰는 것이 아니라, 부드럽게 주의를 기울이는 것이 중요합니다.

의식적으로 주의를 보내는 것만으로도, 신체의 무의식적인 감각 처리 과정이 더욱 원활해집니다.

편안하게 누운 상태에서 먼저 호흡에 집중해보세요.

횡격막이 내려오면서 숨이 들어오고, 횡격막이 올라가면서 숨이 나갑니다. 심장은 심장막으로 둘러싸여 있고, 심장막은 횡격막과 연결되어 있습니다. 그래서 호흡의 리듬에 따라 심장도 조금씩 자극을 받습니다. 숨을 들이마실 때 심장박동이 약간 빨라지고, 내쉴 때는 다시 느려집니다.

횡격막이 내려가면서 심막에 둘러싸인 심장을 살짝 끌어내리는 것을 상상하면서 심장박동을 느껴봅니다.

아마 느껴지는 것 같기도 하고 안 느껴지는 것 같기도 할 것입니다. 보통 심박을 잴 때 손가락을 손이나 목에 가져다대고 심장 뛰는 것을 느낍니다.

지금은 그렇게 하지 않습니다. 호흡 훈련을 하듯이 온몸의 긴장을 푸세요. 숨을 내려놓고 어깨를 툭 떨어뜨립니다.

발꿈치도 머리에서 멀리 쭉 밀었다가 놓고, 복부도 넓혔다가 놓습니다.

호흡은 점점 고요해집니다.

주의를 집중한 상태에서 눈을 감습니다. 이미 눈을 감고 있다면 그 상태에서 눈을 감고 있다는 걸 알아차립니다.

눈을 감은 상태에서 그 어두운 공간 속을 바라보세요.

아무것도 보이지 않겠지만 정면을 바라보려고 해보세요. 그러면 공간감이 느껴집니다.

아주 어두운 막막한 우주 공간에 있는 듯한 느낌입니다.

눈앞에 펼쳐지는 듯한 그 어두운 공간으로 들어갑니다.

호흡이 고요해질수록, 눈을 감은 상태에서 멀리 보려고 할수록, 좌우를 다 느끼려고 할수록, 나는 광대무변한 무한한 어둠 속의 공간에 던져져 있습니다.

그 공간 속에서 나는 둥둥 떠 있습니다.

내 호흡은 점점 더 고요해집니다.

완전한 어둠 속에서 완전한 고요함이 느껴집니다.

억지로 심장박동을 찾으려 애쓰지 말고, 온몸을 이완하고 자연스럽게 기다리세요.

심장박동이 나에게 찾아오도록 조용히 기다려보세요.

그러다 문득 목 주변, 턱, 배, 손끝, 발바닥 등 예상하지 못한 곳에서 미세한 박동이 느껴지기도 합니다.

사람마다 다를 수 있습니다.

아무것도 안 느껴질 수도 있습니다. 그럴 때엔 조용히 계속 기다립니다.

턱근육에 힘을 빼고 입을 약간 벌려보세요. 입 주변으로 느껴지기도 합니다. 또는 내 허벅지 안쪽에서 느껴지기도 합니다. 배꼽 옆 부분, 배꼽 뒤의 내장이 있는 부근, 또는 콧속이나 손바닥, 발바닥에서 느껴지기도 합니다.

어느 한 지점에서 무언가 리듬감이 느껴지면 거기에 주의를 보내고 계속 따라갑니다.

통, 통, 통, 통. 심장박동이 어디선가 느껴지면 조용히 집중합니다. 배에서 느껴져서 심장박동을 따라가다 보면 갑자기 사라지기도 합니다. 그러면 어디선가 다시 나타납니다.

턱 주변 또는 목 주변에서 다시 맥박이 느껴지기도 합니다. 온몸에 주의를 집중하면서 계속 느낌을 살펴봅니다.

심장박동이 안 느껴져도 실망하지 않습니다. 그럴 때는 너무 무언가를 느끼려고 애쓰지 않습니다. 그저 고요히 호흡을 이어갑니다.

어느 순간 문득 느껴지기도 하고, 또는 여전히 아무것도 느껴지지 않을 수도 있습니다. 나의 맥박을 짚어보지 않고, 조용히 앉아서 내 심박수를 느껴보며 1분에 몇 번 뛰는지 정확하게 알아차리는 훈련은 불안감이나 트라우마 스트레스를 실제로 완화해줍니다.

이를 심박수 인식 정확도(heart rate accuracy)라고 합니다. 자신의 심박수를 잘 알아차릴수록 감정조절 능력과 불안조절 능력도 함께 향상되며, 트라우마 스트레스를 조절하는 능력도 올라간다고 합니다. 실제로 심박수 알아차리기 훈련은 편도체 안정화의 효과가 뛰어납니다.

이 훈련을 하다 보면 대부분의 사람이 졸음을 느낍니다. 완전히 긴장을 풀고 자신의 심박수를 따라가는 내 모습을 상상해보시기 바랍니다.

잘되고 있는 것 같기도 하고, 아닐 수도 있습니다. 하지만 걱정하지 마세요. 이 연습을 하면 시간이 지나면서 자연스럽게 익숙해집니다.

처음부터 완벽하게 할 필요는 없습니다. 그냥 그 순간을 있는 그대로 받아들이세요.

편안한 마음으로 계속 눈을 감고 광대무변한 공간 속에서 호흡을 편안하게 알아차리세요. 그리고 내 몸 어딘가에서 느껴지는 심장박동에 집중하세요.

깊이 이완된 상태에서 그 박동의 리듬과 함께 부드럽게 떠가는 듯한 감각을 느껴보세요.

3-3 내부감각 명상(통증 완화)

가장 편안한 자세를 취하세요. 누울 수 있다면 편안하게 눕고, 그렇지 않다면 편안한 자세로 앉아도 괜찮습니다. 천천히 눈을 감고 호흡에 집중합니다. 몸의 긴장을 풀고 편안한 느낌을 온전히 받아들입니다.

세 번의 깊은 호흡을 해보겠습니다. 천천히, 깊게 들이마십니다. 하나, 둘, 셋, 넷. 잠시 멈추고 천천히 내쉬면서 여덟까지 셉니다. 하나, 둘, 셋, 넷, 다섯, 여섯, 일곱, 여덟.

한 번 더 반복합니다. 깊게 들이마시고, 잠시 멈춘 뒤 천천히 내쉽니다.

마지막으로 한 번 더 반복합니다. 숨을 들이마시고, 잠시 멈추었다가 내쉽니다. 이제 호흡을 자연스럽게 놔두세요. 들숨과 날숨이 부드럽고 편안하게 이어집니다.

넓은 숲과 초원이 펼쳐진 곳을 상상해보세요. 푸른 풀밭이 끝없이 펼쳐지고, 하늘은 맑고 화창합니다. 따스한 햇살이 나뭇잎 사이로 부드럽게 스며들며 당신을 감싸줍니다.

새소리가 들리고, 바람이 부드럽게 불어옵니다.

이 초원의 한가운데 누워 있는 자신을 느껴봅니다.

기온은 완벽하게 쾌적합니다. 귀를 기울이면 멀리서 잔잔하게 물 흐르는 소리가 들립니다. 가까운 곳에 계곡이나 작은 강이 있을지도 모릅니다. 물이 흐르는 소리는 더욱 깊은 안정감을 줍니다.

따뜻한 햇살 아래 온몸이 이완되며 편안함이 점점 퍼져나갑니다.

이곳은 완벽한 평온의 공간입니다. 춥지도 덥지도 않으며, 몸과 마음이 점점 더 편안해집니다.

호흡에 계속 집중합니다.

숨이 점점 깊어지고, 몸과 마음이 완전히 이완됩니다.

온전히 이 순간을 받아들이며 깊은 휴식에 들어갑니다.

평소 나를 괴롭히는 내 몸 안에 있는 어떤 통증을 떠올려봅니다. 통증이 없는 분이라면 평소 가장 불편했던 신체 부위를 생각해보세요. 자꾸 결리거나 쑤시는 부위, 뻐근한 부위도 괜찮습니다. 통증이 있어도 좋고, 없어도 괜찮습니다.

만약 신체적 불편함이 없다면, 오랫동안 마음속에 남아 있는 응어리나 풀어버리고 싶은 감정을 떠올려보세요.

저는 이것을 '통증' 또는 '아픔'이라 부르겠습니다. 그저 자신의 방식대로 부르면 됩니다.

계속 호흡에 집중하면서 가장 괴로운 통증에 주의를 기울입니다. 잊고 있던 통증에 집중하면 순간적으로 더 아프게 느껴지기도 합니다. 괜찮습니다. 그대로 받아들이세요. 들숨과 날숨을 반복하며 내 통증이 어디에 있는지 찾아봅니다. 들이쉬면서 통증을 찾고, 내쉬면서 그것을 바라봅니다.

이 통증은 오랫동안 나와 함께 있었습니다.

때로는 강하게, 때로는 희미하게 느껴졌지만, 언제나 내 안에 존재했습니다.

그 통증을 더욱 자세히 들여다봅니다. 그것은 어떤 형태인가요? 구슬처럼 둥근가요, 아니면 상자처럼 각이 졌나요?

통증에는 원래 모양이 없지만, 느낌을 떠올리며 형상을 부여해봅니다.

딱딱한가요, 말랑말랑한가요?

뾰족하고 날카로운가요, 아니면 묵직하고 둔탁한가요?

어떤 느낌인가요? 통증을 계속 바라보며 그 생김새를 자세히 관찰합니다.

이번에는 색깔을 떠올려보세요.

검은색인가요, 하얀색인가요?

아니면 빨간색, 파란색, 노란색 중 하나인가요?

집중해서 통증의 색을 떠올려봅니다.

손을 들어 그 통증에 살짝 대본다면 어떤 느낌이 들까요?

뜨거울까요, 차가울까요?

거칠거칠할까요, 매끈할까요?

흐물흐물하고 부드러울까요, 아니면 단단하고 견고할까요?

이제 내 통증이 가진 형태, 색깔, 크기, 촉감을 모두 알게 되었습니다. 그것을 있는 그대로 바라봅니다.

나는 늘 이 통증을 없애려 노력했습니다. 통증에 저항하고 억누르며 사라지게 만들고자 했습니다. 내 안에 있는 통증을 밀어내고 없애려고 애썼습니다. 하지만 오늘은 그 반대로 해보겠습니다.

통증을 있는 그대로 내버려두고 그저 알아차리기만 합니다.

내 통증은 아름답습니다.

내 통증은 소중합니다.

이 통증은 나만의 것이고, 나다운 것입니다.

내 통증은 여전히 내 안에 있습니다. 나와 함께 있습니다.

통증을 받아들입니다. 통증은 단순한 불편함이 아니라 나의 일부입니다.

이 아픔은 나의 친구와도 같은 존재입니다. 나는 내 통증을 따뜻한 마음으로 받아들입니다.

내 몸 한곳에 머물던 통증이 서서히 온몸으로 퍼져나갑니다. 주의를 기울여보면, 통증은 어느 한곳에만 머물러 있지 않습니다. 통증이 부드럽게 몸 전체로 퍼지는 것을 느껴봅니다.

통증은 아픔입니다.

이 아픔은 사라지지 않습니다. 아픔은 항상 내 안에 있었습니다.

그러나 나는 이 아픔 때문에 더 이상 괴롭지 않습니다. 아픔을 아픔 그대로 따뜻한 마음으로 받아들입니다.

아픔이 온몸으로 퍼지고, 부드럽게 녹아들도록 내버려둡니다.

나는 아픔과 하나가 됩니다. 아픔은 더 이상 나를 괴롭히지 않습니다.

나는 계속 나의 아픔을 따뜻한 마음으로 받아들이며, 이 아픔이 나에게 소중한 것임을 인정합니다.

마음속으로 아픔을 감싸 안으세요. 아픔이 서서히 몸속에서 녹아 부드럽게 퍼져나가는 것을 알아차립니다.

통증과 아픔은 여전히 그 자리에 있습니다.

그러나 나의 괴로움과 불편한 감정들은 서서히 사라집니다.

깊이 호흡하며 이 변화를 경험해보세요.

나의 통증, 그리고 아픔과 함께 편안한 휴식을 취합니다.

몸과 마음을 이완하며 평온함 속으로 가라앉습니다.

3-4 내부감각 명상(호흡)

가장 편안한 자세를 찾아 눕거나 앉아주세요. 천천히 호흡에 주의를 가져갑니다. 오늘의 명상은 아나빠나사띠(anapanasati) 명상의 처음 네 개, 1번, 2번, 3번, 4번에 해당하는 것을 기반으로 합니다. 아나빠나사띠는 총 16단계로 이루어진 호흡 수행법입니다. 오늘은 그중 일부를 연습해보겠습니다.

먼저 호흡에 주의를 기울입니다. 지금 내 호흡이 들어오는지, 나가는지를 있는 그대로 알아차립니다.

그동안 무의식적으로 하던 호흡을 알아차림으로써, 숨이 들어오고 있구나, 숨이 나가고 있구나 하며 주의를 기울입니다.

평소와 똑같이 호흡을 하면서 그 흐름을 있는 그대로 바라봅니다. '아, 지금 들어오고 있구나. 건드리지 말자. 개입하지 말자.' 이렇게 주의를 기울입니다.

들어오는 호흡이 길면 길다고 알아차리고, 나가는 호흡이 길면 길다고 알아차립니다. '이번엔 좀 길게 나가는구나. 방금 전엔 숨이 조금 차서 짧게 나갔네.'

이처럼 들어오는 숨이 길면 긴 대로 알아차리고, 나가는 숨이 길면 긴 대로 알아차리는 것이 아나빠나사띠의 첫 번째 수행입니다.

들어오는 숨이 짧으면 짧은 대로 알아차리고, 나가는 숨이 짧으면 짧은 대로 알아차리는 것이 두 번째 수행입니다.

하지만 이 두 가지 수행은 의도적으로 호흡을 길게 하거나 짧게 하라는 뜻이 아닙니다. 그저 호흡을 따라가면서 길면 긴 대로 알아차리고, 짧으면 짧은 대로 알아차리는 겁니다.

이것은 굉장히 쉬운 일이지만, 우리는 평소 호흡을 이런 식으로 하지 않아서 어렵게 느껴집니다. 예를 들어 여행을 한다고 생각해보세요. 여행하는 내내 우리는 손에 가방을 들고 있습니다. 우리 인생도 여행입니다. 마치 여행 가방을 계속 손에 들고 다니는 것과 같습니다.

우리는 어릴 때부터 끊임없이 무언가를 쥔 채 놓지 않고 살아왔습니다. 기억도 안 나는 아주 어린 시절부터 시작해서, 초등학교를 가든 중고등학교나 대학교를 가든, 결혼을 하고 자녀를 낳든, 자녀가 성장하여 손자손녀가 태어나든 한평생 계속 손에 뭔가 들고 있습니다. 그래서 힘들어요. 계속 가방을 들고 있으니 힘듭니다. 가끔 내려놓기도 해야 합니다. 좀 내려놓고 쉬었다가 다시 들면 되니까요.

가방을 버리라는 것도 아닙니다. 가끔 가방을 내려놓고 잠시 손좀 풀고 쉬라는 겁니다. 이렇게 손을 놓고 잠시 쉬는 것이 곧 명상입니다.

매일 애쓰면서 뭔가 들고 다니고, 뭔가 손에 꽉 쥐고 집착해서 놓지 못하니까 잠시 내려놓자는 것입니다. 이것이 바로 명상에서 말하는 '놓는다'는 것의 의미입니다.

손에서 놓기만 하면 되니까 아주 쉬워 보입니다. 그런데 우리는 가방 손잡이를 손에서 놓는 법을 잊어버렸습니다. 평생 가방을 들고 다니다 보니 손에서 놓을 수 있다는 사실조차 잊어버린 겁니다.

이걸 훈련하는 게 바로 호흡 훈련입니다. 내 호흡을 내가 조절한다는 생각을 버리고, 놓아버리는 훈련입니다.

호흡이 길면 긴 대로, 짧으면 짧은 대로 따라갑니다.

한 번 해서는 잘 안 됩니다. 손에서 가방을 한 번도 내려놓은 적이 없다면 잠깐 놓는 것도 어렵습니다. 아니, 내려놓는다는 게 무엇인지조차 모릅니다.

다시 호흡으로 돌아갑니다.

숨이 길면 긴 대로, 짧으면 짧은 대로 자연스럽게 따라갑니다. 호흡을 조절하려는 마음을 내려놓고, 그저 흐름을 바라봅니다. 내가 호흡하지 않는데 숨이 저절로 들어오는 게 느껴지는 순간, 기분이 굉장히 좋습니다.

이제 호흡을 처음부터 끝까지 전체를 따라가봅니다. 그러면 지금이 호흡이 긴지, 짧은지가 느껴집니다.

아나빠나사띠의 세 번째 훈련은 몸 전체(sabba, kaya)를 경험하며 들이쉬고 내쉬는 것입니다. 몸 전체로 호흡을 알아차리면서, 숨이 들어오고 나가는 것을 느낍니다.

호흡이 들어올 때 내 몸에 어떤 미세한 변화가 있는지 주의 깊게 살펴봅니다. 호흡이 나갈 때에는 또 어떤 다른 변화가 있는지 내 몸 전체의 감각을 주의 깊게 살핍니다.

네 번째 훈련은 몸을 고요하게 하면서, 숨을 들이쉬고 내쉬는 훈련을 하는 겁니다.

세 번째 단계에서 몸 전체로 호흡을 경험하는 느낌이 있다면, 네 번째 단계에서는 모든 걸 가라앉히고, 고요하게 하면서 호흡을 알아차리는 겁니다.

오늘은 세 번째 단계에 좀 더 깊이 들어가봅니다. 각자 나름대로 호흡을 계속 따라가면 됩니다. 내가 잘하고 있나 하는 의문이 들 겁니다. 내가 제대로 하고 있는지 알아채는 방법은 딱 하나입니다. 지금 편안한지가 기준입니다.

조금이라도 숨이 더 가빠지거나 어디가 조금 불편해지면 다시 시작하면 됩니다. 처음부터 다시 호흡에 집중합니다.

편안함이 유지되고, 편안함 속에서 평화로움이 느껴지고, 기분이 좋아지면 잘하고 있는 겁니다.

호흡이 들어올 때, 이제 그 호흡이 어디로 들어오는지 느껴봅니다. 코로 들어와 비강을 거쳐서, 후두와 목 뒤를 거치고 폐로 들어갑니다. 폐에 공기가 들어갈 수 있는 건 횡격막이 내려가기 때문입니다.

횡격막이 내려가면서 폐가 확장되는 감각을 느껴봅니다. 공기는 폐포에 머물다가 밖으로 나옵니다. 그 공기의 흐름을 가능하게 하는 내 몸속의 텅 빈 공간을 느껴봅니다.

내 몸은 꽉 찬 실체가 아닙니다. 허공에 떠 있습니다. 내 폐도 허공에 떠 있고, 심장도 실제로 심장막에 싸여서 허공에 떠 있습니다. 가슴뼈, 흉추, 경추 등에 붙어 있는 심막인대가 심장막을 고정시켜주어서 심장이 떠 있을 수 있는 겁니다.

내 몸속에서 폐가 차지하는 공간을 상상해봅니다. 그 사이에 내

실습편: 내면소통 명상 가이드

심장이 차지하고 있는 공간을 느껴보세요. 우리가 직접 느낄 순 없으니까 시각화해서 상상해봅니다.

나는 지금 몸 안의 공간을 알아차리고 있습니다. 내 몸 안의 공간과 내 몸 밖의 공간은 사실 같습니다. 서로 연결되어 있습니다.

내 몸 바깥의 공간을 상상해보세요. 내 왼쪽 옆구리, 내 왼쪽 갈비뼈 바로 바깥의 공간은 몸 밖의 공간입니다. 그런데 내가 왼쪽으로 돌아누우면 내 몸 밖의 공간이었던 것이 내 몸 안으로 들어옵니다.

이런 일은 모든 움직임에서 일어납니다. 내가 걸어갈 때 내 앞에 있던 몸 밖의 공간이 내 몸속으로 들어왔다가 등 뒤로 빠져나갑니다. 우리는 몸으로 공간을 통과하며 움직여갑니다.

우리 몸은 공간을 자유롭게 이동합니다. 우리가 느끼지 못하지만 너무나 당연한 이야기이고 동시에 너무나 신기한 이야기입니다.

이제 오른쪽 귀와 왼쪽 귀에 집중하세요. 그리고 왼쪽 귀와 오른쪽 귀 사이의 공간을 알아차립니다. 거기에 내 뇌가 있습니다. 그 공간에 떠 있는 뇌를 느껴보세요.

다음으로 내 눈동자를 느껴보세요. 내 눈동자와 눈알, 그리고 안구 뒤편의 공간을 느껴보세요. 그곳에도 뇌가 있습니다.

이제 왼쪽 손바닥과 오른쪽 손바닥이 어디 있는지 알아차려봅니다. 내 몸 양쪽에 왼쪽 손바닥과 오른쪽 손바닥이 놓여 있습니다. 왼쪽 손바닥과 오른쪽 손바닥 사이의 공간을 느껴봅니다.

왼쪽 손바닥부터 오른쪽 손바닥 사이의 공간에 내 몸통이 있고 몸통 내부의 공간도 있고 몸통 바깥의 공간도 있습니다. 그 공간을 내 왼손과 오른손으로 다 감싸고 있습니다.

몸을 움직이거나 손을 움직이지 않은 채 주의를 내 손바닥에 보내면서 천천히 호흡합니다. 내 손이 포근하게 안고 있는 나의 공간을 느껴봅니다.

내 왼발과 오른발의 위치를 느껴봅니다. 두 발과 머리, 두 손의 점들을 모두 연결하면 커다란 원처럼 느껴집니다.

두 발과 머리, 두 손이 다 연결되는 나만의 원을 느껴봅니다. 그 원을 다시 바라보면 커다란 원처럼, 투명한 공처럼 느껴집니다.

나는 이 투명하고 커다란 공 안에 있습니다.

나는 이 공간 안에서 무한히 평온하고 편안합니다.

나의 몸 전체는 서로 연결된 하나입니다.

나의 몸은 내 밖의 공간과도 다 연결되어 있습니다.

나의 안과 밖이 하나로 연결되어 있음을 계속 알아차리면서 편안히 호흡합니다.

나는 고요한 텅 빈 공간 속에서 공간과 하나가 됩니다.

3-5 내부감각 명상(도교식 내면 미소)

오늘 해볼 명상은 도교 전통에서 유래한 것으로, 서구에서는 '내면 미소 명상(inner smile meditation)'으로 알려져 있습니다. 하지만 이

것은 신비한 도교 명상이라기보다는, 내부감각 명상의 일종입니다. 몸속 전체로부터의 감각을 살펴보면서 미소의 기운으로 채우는 이 명상은, 전통적인 요가 니드라와 비슷한 점이 많습니다.

편안한 자세를 취하세요. 누워도 좋고, 앉아도 좋고, 서서 해도 괜찮습니다. 호흡에 집중하면서 몸을 이완합니다. 세 번 깊이 들이쉬고 내쉬겠습니다.

하나, 천천히 깊이 들이마시고, 잠시 멈췄다가 길게 내쉽니다.

둘, 다시 한번 깊게 들이쉬고, 멈춘 후 천천히 길게 내쉽니다.

셋, 마지막으로 깊이 들이쉬고, 멈춘 후 부드럽게 내쉽니다. 이제 호흡을 자연스럽게 놔두세요. 억지로 조절하지 않고, 그저 흐름을 따라갑니다.

어린 시절을 떠올려보세요. 어린 시절에 깔깔대며 웃었던 순간을 떠올립니다. 즐겁게 뛰놀던 기억, 아무 걱정 없이 웃던 순간을 생생하게 떠올려보세요.

아주 어린 시절이 아니어도 괜찮습니다. 초등학교, 중학교, 고등학교, 혹은 성인이 되어 즐겁게 웃었던 순간을 떠올려도 좋습니다.

최근에 웃었던 기억이 있다면 그것도 괜찮습니다. 중요한 것은 '웃음' 그 자체를 느끼는 것입니다.

입가에 미소가 번지기 시작할 것입니다. 혹시 최근에 웃을 일이 없었다면, 더 과거로 거슬러 올라가세요.

어린 시절 친구들과 놀며 같이 웃었던 기억, 여행 중에 즐겁게 웃었던 기억, 장난을 치며 깔깔 웃었던 순간을 떠올려보세요.

억지로 웃을 필요는 없습니다. 자연스럽게 미소가 떠오를 때까지 기억을 더듬어보세요.

이제 그 웃음의 기운이 머리로 모입니다. 이마 쪽과 정수리 부근에 따뜻한 웃음의 기운이 가득 찹니다.

머릿속이 밝은 미소의 에너지로 가득 차는 것을 느껴보세요.

천천히 호흡하면서 밝고 환한 미소의 기운을 계속 느껴봅니다.

이제 그 미소의 기운이 점차 이마를 지나 눈으로 내려옵니다.

내 두 눈이 환하게 웃고 있습니다.

내 뇌가 내 눈을 바라보며 웃고, 내 눈이 내 뇌를 바라보며 웃고 있습니다.

환한 미소의 기운이 코로, 턱으로, 얼굴 전체로 퍼집니다.

내 얼굴 전체가 편안하고 따뜻한 미소의 기운으로 가득 찹니다. 내 얼굴이 내 뇌를 보고 웃고, 내 뇌가 내 얼굴을 보고 또 웃습니다. 내 머리 전체가 밝은 미소로 가득 차 있습니다.

그 기운이 목으로 내려옵니다. 내 목이 따뜻한 미소로 가득 찹니다. 환하게 웃고 있습니다.

이제 그 기운이 가슴으로 내려옵니다. 숨을 들이쉴 때마다 내 가슴속의 폐가 미소의 기운으로 가득 차며 환하게 웃고 있습니다.

심장도 같이 밝게 웃고 있습니다. 한 번도 웃어본 적 없었던 내 심장이 활짝 웃습니다. 어두운 가슴속에서 평생 고되게 일만 했던 심

실습편: 내면소통 명상 가이드

장이 처음으로 밝게 웃고 있습니다.

심장에게 고마움의 환한 미소를 보내봅니다.

두려움과 분노로 가득했던 나의 심장이 이제는 환하게 웃으며 기쁨으로 가득 채워집니다.

밝은 미소의 기운이 가슴을 지나 배로 내려옵니다.

위, 간, 장기들이 환한 웃음의 기운으로 감싸집니다. 어두웠던 뱃속이 밝고 따뜻한 에너지로 가득 차며 모든 내장기관이 다 같이 환하게 웃고 있습니다.

미소의 기운이 팔로, 손으로, 다리로, 발끝까지 퍼집니다.

천천히 계속 호흡을 알아차리면서, 미소의 기운이 몸통에서 시작해서 팔다리로 펼쳐져 가는 것을 느껴봅니다.

온몸이 밝은 미소로 가득 차고, 모든 기관이 따뜻하고 편안한 기운을 느낍니다.

마침내 내 온몸이 환하게 웃기 시작합니다.

미소의 따뜻하고 밝은 기운이 나의 온몸을 가득 채웁니다.

나의 왼손, 나의 오른손이 활짝 웃으며 서로 마주 봅니다. 내 왼손과 오른손이 마주 보며 환하게 웃고, 내 왼팔과 오른팔이 서로를 보며 깔깔대며 웃습니다.

그 웃음이 퍼져나가자, 내 두 발이 따라 웃습니다. 나의 왼발도, 나의 오른발도 활짝 웃습니다.

그 웃음을 따라 나의 왼쪽 다리, 오른쪽 다리도 환하게 웃기 시작합니다. 나의 온몸이 활짝 웃습니다.

내 몸의 각 부위가 어린아이처럼 깔깔대며 웃기 시작합니다. 내 몸 구석구석이 환한 미소로 가득 차 있습니다. 머리부터 발끝까지 모든 세포가 밝게 웃고 있습니다.

나는 미소 그 자체입니다.

나는 환한 미소 덩어리입니다.

내 안에는 기쁨과 환한 미소만이 가득합니다.

온몸으로 퍼지는 이 미소의 기운을 감사한 마음으로 받아들입니다.

나는 기쁨 그 자체입니다.

나는 미소 그 자체입니다.

나는 평화 그 자체입니다.

온몸으로 환한 미소와 하나 됨을 느끼며 편안하게 계속 호흡을 알아차립니다.

3-6 점진적 근육 이완(Progressive Muscle Relaxation, PMR) 명상

우선 가장 편안한 자세로 앉거나 눕습니다. 몸을 자연스럽게 맡기고, 천천히 호흡에 집중합니다. 호흡이 들어오고 나가는 과정에 개입하지 않습니다. 자연스럽게 들어오면 들어오는 대로, 나가면 나가는 대로, 그저 알아차립니다. 일부러 깊게 들이마시거나 길게 내쉬지 않고, 그저 호흡을 있는 그대로 둡니다.

지금부터는 들어오는 호흡과 나가는 호흡을 놓치지 않고 알아차립니다. 그러다가 문득 딴생각이 떠오르거나 외부의 소리에 주의가 분산되거나 해서 호흡을 놓쳤다면, 그 순간 호흡을 놓쳤다는 사실을 알아차리고 다시 호흡으로 돌아옵니다. 호흡을 놓쳤다는 사실을 알아차리는 것 자체가 호흡 명상의 핵심입니다. 호흡을 따라가는 것은 쉽지 않지만, 놓쳤음을 깨닫고 다시 돌아오는 것은 누구나 할 수 있습니다.

호흡을 내쉴 때마다 온몸의 긴장을 점차 풀어줍니다. 날숨과 함께 턱근육의 힘을 뺍니다. 입을 약간 벌린 채로 긴장을 내려놓습니다. 다시 날숨과 함께 어깨의 힘이 쭉 빠집니다. 얼굴 전체의 긴장이 풀리고, 눈 주변의 근육도 부드럽게 이완됩니다. 호흡을 내쉴 때마다 배의 긴장이 사라지고, 복부를 부드럽게 놔둡니다. 뱃속이 넓어지는 느낌을 경험합니다. 한 호흡, 또 한 호흡을 할 때마다 편안함이 온몸으로 퍼져나갑니다.

천천히 주의를 오른발로 가져갑니다. 내 오른발이 지금 어디에 있는지, 어떻게 놓여 있는지를 알아차립니다. 발을 움직이지 않은 채, 발이 주는 감각을 세심하게 느껴봅니다.

나의 오른발이 편안하게 놓여 있음을 알아차립니다. 엄지발가락은 어디에 있는지, 나머지 발가락들은 어떻게 놓여 있는지, 그저 알아차립니다. 움직이지 않고, 발이 주는 감각에 집중합니다.

천천히, 아주 살짝 오른쪽 엄지발가락을 움직여봅니다. 발가락이 몸에서 멀어지는 방향으로, 즉 머리와 반대 방향으로 멀리 쭉 뻗어 봅니다. 발등이 펴지고, 발꿈치가 당겨지는 느낌을 경험합니다.

들이마시면서 천천히 펴고, 숨을 멈춘 상태에서 그 자세를 유지합니다. 그리고 숨을 내쉬면서 모든 것을 내려놓습니다. 이번에는 조금 더 강하게 해봅니다. 하지만 지나치게 힘을 주지는 않습니다.

근육이 경직되지 않도록 조절합니다. 숨을 들이마시면서 오른쪽 엄지발가락을 조금 더 강하게 뻗어봅니다. 발등이 더욱 펴지고, 발꿈치가 당겨집니다. 잠시 멈춘 후, 숨을 내쉬면서 완전히 이완합니다.

이처럼 점진적으로 몸의 근육을 긴장했다가 이완하는 과정을 반복합니다. 이것이 점진적 근육 이완법입니다.

이번에는 조금 더 강하게 해봅니다. 하지만 갑자기 너무 강하게 하면 근육이 놀랄 수 있으므로, 적절하게 강도를 조절합니다.

다른 근육은 모두 이완된 상태를 유지합니다. 호흡을 놓치지 않습니다. 숨을 들이마시면서 오른쪽 엄지발가락을 강하게 뻗어봅니다. 최대한 밀어주고, 숨을 멈춘 상태에서 잠시 유지합니다.

그리고 내쉬면서 완전히 놓아줍니다.

다시 한번 들이마시면서 오른쪽 엄지발가락을 쭉 뻗고, 긴장을 유지하며 숨을 멈췄다가 후 하고 내쉬며 놓아줍니다.

이제 마지막으로 한 번 더 반복합니다. 들이마시면서 오른쪽 엄지발가락을 밀어주고, 잠시 정지한 후, 내쉬면서 완전히 이완합니다.

이제 왼발로 주의를 옮깁니다. 호흡을 계속 알아차리면서 같은 방법으로 왼발을 진행합니다. 먼저 왼발이 어디에 있는지 알아차리고,

엄지발가락의 위치를 느껴봅니다. 그리고 서서히 발가락을 쭉 밀어
봅니다.

들이마시면서 점진적으로 긴장시키고, 유지한 후, 내쉬면서 완전
히 이완합니다. 한 번 더 반복합니다. 들이마시면서 밀고, 내쉬면서
편안하게 놓아줍니다.

이제 양발을 동시에 진행해봅니다. 두 발을 함께 긴장시키고, 함께
이완하는 과정을 반복합니다. 들이마시면서 양발을 동시에 밀어내
며 긴장을 유지한 후, 멈췄다가, 내쉬면서 완전히 풀어줍니다.

근육의 긴장과 이완이 반복되면서 점점 더 깊은 이완 상태로 들어
갑니다.

다리 전체로 주의를 확장합니다.

양쪽 종아리, 무릎, 허벅지까지 모든 근육을 함께 긴장시키고, 내
쉬면서 풀어줍니다.

한 번 더 반복하며, 긴장을 최대한 높였다가 내쉬는 숨과 함께 완
전히 이완합니다. 근육이 수축되었다가 이완될 때 찾아오는 깊은 편
안함을 잊지 않습니다.

다음은 손으로 주의를 옮깁니다. 오른손부터 시작합니다. 손을 편
안하게 몸 옆에 두고, 서서히 주먹을 쥡니다. 들이마시면서 손가락에
힘을 주어 주먹을 단단히 쥐고, 숨을 멈춘 상태에서 유지합니다. 그
리고 내쉬면서 손을 부드럽게 풀어줍니다.

같은 방법으로 두 번 더 반복합니다. 왼손으로 주의를 옮깁니다.
들이마시면서 왼손을 단단히 쥐고, 긴장을 유지한 후, 내쉬면서 이완

합니다. 한 번 더 반복합니다.

　이제 양손을 동시에 진행합니다. 들이마시면서 두 손을 강하게 쥐고, 유지한 후, 내쉬면서 부드럽게 내려놓습니다.

　마지막으로 양손을 단단히 쥐어보며, 평소 우리가 얼마나 많은 것을 움켜쥐고 있는지 알아차립니다. 그리고 내쉬면서 그 모든 것을 내려놓습니다.

　두 번 더 반복하며, 주먹을 강하게 쥐었다가 풀면서 불필요한 긴장과 집착을 모두 흘려보냅니다.

　내 몸에 남아 있는 모든 긴장감에 미안한 마음을 가졌다가 내려놓으며 풀어줍니다.

　내 몸에게, 그리고 내 마음에게 이야기해줍니다.

　'미안하다. 이제 좀 쉬자. 그래, 이제 다 내려놓고 쉬어도 된다. 자, 이제 좀 쉬자. 난 쉴 자격이 있어. 오늘도 수고했어. 이제 난 편안하게 쉴 거야.'

　천천히 호흡하면서 이렇게 계속 스스로에게 이야기해줍니다.

　　　　　　　　　　　　　　　　　　실습편: 내면소통 명상 가이드

실습 4

고유감각 훈련

4-1 고유감각 명상(움직임 없는 움직임 명상)

가장 편안한 자세를 찾아 눕거나 앉아주세요. 누운 상태에서 진행하는 분은 베개를 낮게 베고, 숨을 내쉴 때마다 배의 힘을 툭 풀어놓습니다. 몸의 모든 작용을 고요하게 만든다는 느낌으로 호흡에 집중해보세요. 잠시 몸을 준비하는 동작을 해보겠습니다. 편안히 누운 상태에서 오른손을 천장을 향해 뻗어보세요.

앉아 있는 분은 앞쪽으로 오른팔을 쭉 뻗어주세요. 팔꿈치까지 완전히 펴고, 다시 한번 힘을 빼고 부드럽게 오른손을 밀어올려보세요. 그러면 견갑골이나 어깨까지 자연스럽게 늘어나는 느낌이 들 겁니다.

숨을 내쉬면서 손을 더 멀리 밀어냅니다.

어깨가 살짝 들려도 괜찮습니다. 그대로 밀어올리면서 어깨와 팔이 확장되는 느낌을 기억하세요. 긴장을 풀고 쭉 밀어보세요. 오른쪽 어깨가 좀 나가서 몸이 약간 틀어져도 괜찮습니다. 힘을 빼고 어깨를 툭 늘어뜨리세요. 이때 팔의 느낌과 어깨가 이완되는 느낌을 기억해둡니다.

이번에는 왼손을 똑같이 뻗어보세요. 누운 상태라면 천장을 향해, 앉아 있는 분은 앞으로 길게 뻗습니다. 누가 내 손을 천장으로 당기는 것처럼 한 번 더 손끝을 밀어올리고, 어깨와 팔이 늘어나는 느낌을 그대로 기억하세요. 잘 모르겠다면 계속 더 해보면서 어깨와 팔의 느낌을 기억합니다.

두 팔을 내려놓고 편안한 상태로 돌아옵니다. 호흡을 자연스럽게 하면서, 들숨과 날숨을 있는 그대로 느껴봅니다. 이제부터는 완전한 정지 상태에 들어갑니다. 목표는 단 1밀리미터도 움직이지 않는 것입니다.

만약 자세가 불편하거나 가려운 곳이 있다면, 지금 바로 그 불편함을 해소하세요. 그리고 천천히 호흡하면서 굳게 마음먹으세요.

완전히 이완한 상태에서 조금도 움직이지 않습니다. 호흡에만 집중합니다. 조금도 움직이지 않지만, 동시에 조금도 긴장하지 않습니다. 계속 이완합니다.

턱근육의 힘을 빼고, 얼굴과 눈 주변, 귀와 뺨의 긴장도 내려놓습니다. 온전히 편안해진 상태에서, 나는 움직이지 않고 고요 속에 머물러 있습니다. 호흡도 점점 더 조용해집니다.

숨이 들어오고 나가는 소리가 거의 들리지 않을 정도로 부드러워
집니다.

이제, 움직임 없이 상상 속에서만 움직임을 경험해봅니다. 먼저, 내
오른손을 천장을 향해 들어올린다고 상상해보세요.

조금 전 팔을 들었던 감각을 떠올리면서, 손끝이 길어지고 어깨가
들리는 느낌을 상상합니다. 내 몸은 조금도 움직이지 않지만, 머릿속
에서는 팔이 길어지고 손이 뻗어나갑니다.

숨을 내쉴 때마다 손이 점점 더 멀리 뻗어가는 것을 생생하게 상
상해보세요. 천장까지 쭉 뻗어가는 팔의 느낌을 떠올려보세요.

앉아 있는 분은 앞으로 쫙 손이 뻗어나가고 누워 있는 분은 천장
쪽으로 쫙 손이 뻗어나갑니다. 상상으로 손을 쫙 뻗을 때 내 어깨도
들리는 느낌이 들고 내 팔도 길어지는 느낌이 듭니다. 조금 전 진짜
로 손을 뻗을 때보다 느낌이 더 생생합니다.

숨을 내쉴 때마다 조금씩 더 뻗습니다. 내 팔이 조금씩 더 길어지
는 것을 생생하게 느낍니다. 이제 오른팔을 천천히 원래 위치로 돌려
보냅니다.

이번에는 왼손을 같은 방식으로 뻗어보세요. 내 몸은 그대로 있지
만, 상상 속에서는 왼손이 길어지고 어깨가 따라 올라갑니다.

내 왼팔이 쭉 뻗어집니다. 왼쪽 어깨가 들리고 팔도 늘어나고 내
손가락이 저 앞으로 쭉 멀어집니다. 방금 들었던 그 느낌 그대로 느
껴보세요. 아까 실제로 느꼈던 감각이 고스란히 재현되는 것처럼 생
생하게 떠올려봅니다. 생생하게 상상하니까 힘이 듭니다. 생생하게

떠올리면 팔이 점점 무거워지고 아픈 것 같습니다. 왼팔도 원래 위치로 다시 돌아갑니다.

나는 지금 머리끝부터 발끝까지 전혀 움직이지 않고 완전히 이완되어 있습니다. 이번에는 양손을 동시에 천장을 향해 들어올린다고 상상해보세요.

손가락 끝이 쭉 길어지고, 어깨가 확장되며, 내 팔이 저 멀리 뻗어가는 느낌이 듭니다. 숨을 내쉴 때마다 손이 더 멀어지는 것을 느껴보세요.

내 몸은 여전히 조금도 움직이지 않지만, 상상 속에서는 팔이 자유롭게 뻗어나갑니다. 아주 생생하게 상상하면 팔이 자꾸 움찔거리고 어깨도 약간씩 움찔움찔 움직일 수도 있지만 그러지 않도록 합니다.

이 상태에서 계속 호흡을 합니다. 숨을 내쉴 때마다 팔이 길어지고 손이 멀어지는 것을 생생하게 느껴보세요.

이제 천천히 손을 내리고, 자연스럽게 편안한 상태로 돌아옵니다. 몸 전체가 이완되고, 깊은 고요 속으로 들어갑니다.

이번에는 다리에 집중해봅니다.

발뒤꿈치와 발바닥에 주의를 기울이고, 상상 속에서 두 발을 천장을 향해 들어올리세요.

누워 있는 분은 발바닥이 천장을 향한다고 상상하고, 앉아 있는 분은 앞으로 쭉 뻗는다고 상상합니다.

상상 속이니까 다리가 당기거나 불편하지 않고 아주 유연합니다. 아주 가볍게 두 발을 확 들어서 내 발뒤꿈치를 천장으로 쭉 밀어올립니다. 다리 전체가 시원합니다.

숨을 내쉴 때마다 내 발바닥이 몸에서 더 멀어집니다.

두 발이 거의 바닥에 닿을 정도로 내려왔다가 다시 제자리로 올라갑니다. 무릎은 굽히지 않습니다.

두 다리를 부드럽게 양옆으로 벌립니다. 현실에서는 움직이지 않지만, 상상 속에서는 다리가 부드럽게 열리고 다시 모아집니다. 무릎을 쭉 편 상태로 발뒤꿈치가 멀어졌다가 제자리로 돌아옵니다. 다리를 펴고 늘어뜨릴 때, 배와 허벅지, 종아리근육까지 자연스럽게 이완되는 것을 느껴보세요.

다시 호흡에 집중합니다. 몸의 긴장을 살펴보고, 혹시라도 긴장된 부분이 남아 있다면 숨을 내쉴 때마다 그 부위를 부드럽게 풀어줍니다.

머리끝부터 발끝까지 완전히 이완된 상태에서 움직이지 않고, 깊은 평온 속으로 들어갑니다.

더 이상 아무것도 하지 않아도 됩니다. 그저 호흡을 따라가면서 내 몸에 긴장된 부분이 있으면 긴장을 풀어줍니다. 계속 호흡을 하면서 몸 여기저기의 긴장을 풀어갑니다.

4-2 바디스캔(수면 유도 명상)

바디스캔(body scan), 즉 몸의 여러 부위에 주의를 보내는 명상을 해보겠습니다. 우선, 가장 편안한 자세를 취합니다.

우리는 지금 이 순간, 온전히 쉬고 휴식하려 합니다. 편안한 수면을 위해 명상을 진행한다면 누워서 해도 좋고, 아직 잠들 시간이 아니라면 앉아서 해도 괜찮습니다. 다만, 지금 추천하는 자세는 천장을 보고 똑바로 누운 상태입니다.

이불을 덮는 것이 좋습니다. 명상을 하면서 이완하면 체온이 내려갈 수 있기 때문입니다. 이불을 덮어 따뜻하게 보호하고, 베개는 되도록 낮은 것이 좋습니다. 약 2~3센티미터 정도의 높이가 적당합니다.

명상을 마치고 실제로 잠들 때는 더 높은 베개를 사용하거나, 옆으로 돌아누워도 괜찮습니다. 하지만 지금은 똑바로 누워 낮은 베개를 베고 편안한 자세를 유지합니다.

천천히 숨을 쉬며 주의를 호흡으로 가져갑니다. 깊은 숨을 의도적으로 들이마십니다. 최대한 깊게 들이마신 후, 끝에서 한 번 더, 그리고 한 번 더 들이마십니다. 그런 다음, 내쉬면서 완전히 이완합니다. 힘을 줘서 내쉬려 하지 말고, 몸이 자연스럽게 놓아지는 것을 느껴봅니다.

다시 한번 해보겠습니다. 먼저 한 번 내쉬고, '후-' 내쉽니다. 이제 들이마시기 시작합니다. 끝까지 들이마셨다면, 한 번 더, 그리고 한

실습편: 내면소통 명상 가이드

번 더 들이마십니다. 그런 다음, 힘을 빼고 자연스럽게 내쉽니다. 이 과정을 각자의 호흡 속도에 맞춰 반복해봅니다. 최대한 들이마신 후, 두 번 더 마시고, 내쉬면서 툭 놓아줍니다. 자연스럽게 이완합니다.

요가 니드라(nidra)에서 '니드라'는 원래 '잠, 수면'을 뜻합니다. 하지만 단순히 잠자는 것과는 다릅니다. 마치 잠든 듯하지만 실제로는 잠자는 것도 아니고 완전히 깨어 있는 것도 아닌, 깊은 명상의 상태를 의미합니다. 이를 '사마디(samadhi)' 혹은 삼매(三昧)라고도 표현합니다.

요가 니드라는 깊은 삼매의 상태로 들어가는 명상입니다. 현대에는 요가 니드라의 여러 요소 중에서도 특히 바디스캔을 활용하여 수면 유도 명상으로 많이 사용하고 있습니다. 오늘은 그 방법을 함께 실천해보겠습니다.

기본은 호흡입니다. 우선, 주의를 호흡으로 가져갑니다. 따뜻한 마음으로 들어오는 숨을 알아차리고, 나가는 숨도 알아차립니다.

숨이 한 번 들어올 때마다 내 몸에 어떤 변화가 일어나는지 알아차립니다. 아주 미세하고 섬세한 변화가 생기는 것을 느껴보세요.

날숨은 그냥 놔둡니다. 의도적으로 조절하지 않고, 자연스럽게 놔둬서 저절로 나가게 둡니다. 물론 나중에는 날숨을 의도적으로 활용하는 명상도 진행할 것입니다. 하지만 오늘은 들숨만을 의식적으로 알아차리고, 날숨은 자연스럽게 내버려둡니다.

호흡이 들어올 때마다 반갑고 따뜻한 마음으로 그 숨을 맞이합니다.

'아, 너 또 들어오는구나.'

'바깥에 있던 공기가 내 안으로 들어오는구나.'

이제 호흡을 놓치지 않고 따라갑니다. 들숨이 들어오면 들어오는 대로 알아차리고, 나가면 나가는 대로 알아차립니다.

그리고 점점 더 부드럽고 고요한 호흡으로 이어갑니다. 아주 조용하고, 섬세하고, 부드러운 흐름을 유지하며, 호흡이 자연스럽게 흐르도록 합니다.

이제 주의를 내 오른발로 가져갑니다.

'내 오른발은 어디에 있지?'

'아, 내 오른발이 여기 있구나.'

발을 움직이거나 하지 않습니다. 그저 내 오른발을 알아차립니다. 내 오른발이 어떤 상태로 놓여 있는지, 발뒤꿈치가 바닥에 어떻게 닿아 있는지, 엄지발가락은 어느 방향으로 향해 있는지를 차분히 살펴봅니다.

이제 한 가지 의문을 가져봅니다.

'나는 내 오른발이 거기에 있다는 것을 어떻게 알 수 있을까?'

마음의 눈으로 내 오른발을 찬찬히 바라봅니다. 호기심을 가지고 오른발이 주는 감각을 섬세하게 느껴봅니다.

천천히 주의를 오른쪽 엄지발가락으로 가져갑니다. 움직이지 않습니다. 그저 온전히 엄지발가락을 알아차립니다. 이제 조용히 주의를 둘째 발가락으로 이동합니다. 그리고 다시 엄지발가락으로 돌아왔다가, 둘째 발가락으로 옮겨가면서 이완을 경험합니다.

'나는 긴장하지 않았는데, 발가락을 어떻게 이완할 수 있을까?'

이런 의문이 들면, 그냥 그 의문을 있는 그대로 바라봅니다. 중요한 것은 나의 주의가 지금 오른쪽 둘째 발가락에 머물러 있다는 것입니다.

이제 오른쪽 셋째 발가락으로 주의를 옮깁니다. 이어서 넷째 발가락으로 이동합니다. 셋째 발가락과 넷째 발가락의 느낌을 구분하는 것은 쉽지 않을 수 있습니다. 그래도 발가락을 움직이거나 하지는 않습니다. 그냥 내버려둔 채, 발가락 하나하나에 집중하면서, 숨을 내쉴 때마다 긴장이 자연스럽게 풀리는 것을 경험합니다.

이제 다섯째, 즉 새끼발가락으로 주의를 옮깁니다. 숨을 내쉴 때마다 긴장이 더 깊이 풀어집니다.

천천히 오른쪽 발등으로 주의를 옮깁니다. 발등을 느껴보며 숨을 내쉴 때마다 긴장이 부드럽게 사라지는 것을 경험합니다.

이어서 발바닥으로 주의를 옮깁니다. 발바닥의 윗부분, 가운데 부분, 아치 부분, 발뒤꿈치까지 하나하나 세심하게 마음의 눈으로 살펴봅니다.

천천히 발목으로 주의를 가져갑니다. 숨을 내쉴 때마다 발목의 긴장이 사라지고, 오른발 전체가 편안해지는 것을 느껴봅니다.

그다음에는 주의를 오른쪽 종아리로 옮깁니다. 힘을 주거나 움직이지 않고, 부드러운 마음의 눈으로 종아리를 관찰합니다. 장딴지와 정강이뼈까지 알아차리며, 숨을 내쉴 때마다 긴장이 점점 더 풀리는 것을 경험합니다.

이번에는 나의 주의를 오른쪽 무릎으로 가져갑니다. 숨을 내쉴 때, 무릎의 긴장이 부드럽게 풀어지고 편안함이 스며듭니다.

주의를 오른쪽 허벅지로 옮깁니다. 허벅지의 앞부분을 느끼며, 날숨과 함께 긴장을 놓아줍니다. 다시 천천히 호흡하면서 허벅지 뒷부분으로 주의를 옮깁니다. 햄스트링 근육이 점점 더 이완됩니다. 숨을 내쉴 때마다 오른쪽 다리 전체가 더욱 깊이 풀어지는 것을 경험합니다.

편안한 마음으로 주의를 오른쪽 엉덩이로 가져갑니다. 오른쪽 골반뼈와 엉덩이근육의 긴장이 풀어집니다. 숨을 내쉴 때마다 이완이 더욱 깊어집니다.

오른쪽 허리와 옆구리로 주의를 옮깁니다. 오른쪽 갈비뼈와 겨드랑이까지 이완이 점점 확장됩니다.

부드럽고 따뜻한 마음으로 주의를 오른쪽 어깨로 가져갑니다. 어깨가 점점 더 무거워지며, 바닥으로 가라앉는 듯한 느낌이 듭니다. 숨을 내쉬면서 어깨의 긴장이 완전히 사라지는 것을 경험합니다.

천천히 주의를 오른팔로 가져갑니다. 오른쪽 팔꿈치, 손목, 손등, 손바닥으로 이동하며 긴장을 풀어줍니다.

오른쪽 엄지손가락으로 주의를 옮깁니다. 이어서 검지, 중지, 약지, 마지막으로 새끼손가락으로 주의를 옮겨가며 숨을 내쉴 때마다 모든 긴장이 자연스럽게 사라지도록 합니다.

오른쪽 어깨에서부터 오른손 끝까지, 온몸이 깊은 이완 상태에 들어가는 것을 느껴봅니다. 숨을 내쉴 때마다 점점 더 편안함이 퍼져 나갑니다.

자, 다시 한번 숨을 내쉴 때, 내 오른쪽 어깨의 긴장이 풀리며 오른팔을 타고 내려갑니다. 그 긴장은 손끝으로 흐르며, 손가락을 통해 부드럽게 빠져나갑니다. 이제 오른팔 전체가 완전히 이완됩니다.

다시 한번 나의 주의를 오른쪽 어깨로 가져옵니다. 팔과 어깨가 만나는 지점, 그 연결 부위를 세심하게 알아차립니다.

천천히, 바닥을 향해 가라앉는 느낌을 경험해봅니다. 오른쪽 어깨가 중력에 의해 점점 더 가벼워지며, 바닥으로 툭 내려앉는 듯한 감각을 느껴봅니다.

오른쪽 어깨가 발 쪽으로, 오른발 쪽으로 부드럽게 흘러내리는 느낌을 경험합니다. 힘을 주지 않고, 조용히 몸을 맡깁니다. 어깨가 살짝 뒤로 젖혀지며, 그 무게가 오른발 방향으로 쭉 내려가는 듯한 감각을 따라갑니다. 마치 어깨의 긴장이 녹아내려 옆구리를 타고 흐르는 것처럼, 온전히 놓아줍니다.

다시 한번 주의를 오른쪽 어깨로 집중합니다. 그리고 이번에는 오른쪽 발뒤꿈치로 주의를 옮깁니다. 두 지점 사이에서 주의를 왔다 갔다 이동합니다.

오른쪽 발뒤꿈치는 종아리, 허벅지, 허리, 옆구리를 따라 오른쪽 어깨와 연결되어 있습니다. 이 연결을 깊이 경험하며, 몸이 하나의 흐름으로 이어져 있음을 느껴봅니다.

이제 천천히, 발뒤꿈치를 어깨에서 멀어지도록 부드럽게 뻗어봅니다. 마치 다리가 길어지는 듯한 느낌을 상상하며, 발뒤꿈치가 내 몸에서 멀어지는 감각을 따라갑니다. 발뒤꿈치를 바닥 아래로 누르는 것이 아니라, 저 멀리 뻗어가는 듯한 움직임입니다.

발뒤꿈치가 길게 뻗어나가면서, 오른쪽 어깨도 자연스럽게 함께 내려갑니다. 이 흐름을 따라가며 계속 집중해봅니다.

숨을 들이마시고, 내쉬면서 오른쪽 발뒤꿈치가 오른쪽 어깨를 부드럽게 끌어당깁니다. 다시 들이마시고, 내쉬면서 오른쪽 어깨가 점점 더 깊이 이완됩니다.

숨을 내쉴 때마다 더 편안하게 이완합니다.

'하아- 내 발뒤꿈치가, 하아- 내 오른쪽 어깨를 데리고, 하아- 저 멀리 가는구나.'

이 감각을 온전히 느껴봅니다.

이제 오른쪽 몸 전체가 깊은 이완 상태에 들어갔습니다. 그 편안함을 느껴보며, 내 몸의 왼쪽과 비교해봅니다. 오른쪽과 왼쪽의 감각이 다르게 느껴집니다.

그 차이를 알아차리는 순간, 우리의 뇌는 자연스럽게 오른쪽의 이완을 왼쪽으로 전이(transition)합니다.

우리의 몸은 균형을 유지하려는 본능이 있습니다.

이제 숨을 들이마시고, 내쉬면서 내 몸 오른쪽의 이완 상태가 부드럽게 왼쪽으로 확장되는 것을 상상합니다.

이제부터 계속 호흡을 따라갑니다. 오른쪽 발뒤꿈치가 오른쪽 어깨를 끌어내리고, 왼쪽 발뒤꿈치가 왼쪽 어깨를 끌어내립니다. 번갈아 균형을 맞춰가며, 점점 더 깊은 이완 상태로 들어갑니다.

오른발이 이완된 만큼 왼발도 이완됩니다.

오른쪽 다리가 무겁게 이완되는 만큼 왼쪽 다리도 무겁게 이완됩니다.

오른쪽 어깨와 오른팔의 이완이 목 뒤를 타고 왼쪽 어깨와 왼쪽 팔로 부드럽게 퍼져갑니다. 나의 몸은 균형을 찾아가며 점점 더 이완됩니다.

호흡은 점점 더 부드러워지고, 몸은 점점 더 고요해집니다. 나의 존재는 평온함으로 가득 차고, 마음속에는 따뜻한 감사의 감정이 자연스럽게 스며듭니다.

이제 나는 평온함과 따뜻함 속에 온전히 머물며, 깊은 휴식을 취합니다.

4-3 신체 감각 인지 명상(호흡)

오늘은 깊은 호흡을 따라가며 몸과 마음을 완전히 이완하는 시간입니다. 가장 편안한 자세를 취하세요. 눕거나 앉아도 괜찮습니다. 마치 처음 명상을 하듯, 새로운 마음으로 깊이 따라가봅니다. '저 너머에는 무엇이 있을까?'라는 호기심을 가지고 끝까지 집중해보세요.

의도적인 호흡을 크게 세 번 합니다.

하나, 들이마시고, 내쉽니다.

둘, 다시 한번 들이마시고, 잠시 멈췄다가 부드럽게 내쉽니다.

셋, 마지막으로 한 번 더 들이마시고, 길게 내쉽니다.

자, 이제는 더 이상 호흡에 개입하지 않습니다. 자연스러운 호흡으로 돌아갑니다. 들어오는 숨과 나가는 숨을 그저 알아차리며 주의를 집중합니다. 내 호흡을 따라가면서 몸이 점점 더 이완되는 것을 느껴보세요.

내 주의를 양손으로 가져갑니다. 왼손과 오른손, 두 손의 감각을 느껴보세요. 손바닥, 손가락, 손등의 감각을 하나하나 살펴봅니다.

손이 닿아 있는 곳의 촉감을 느껴보세요.

온도는 어떠한가요? 부드러운가요, 딱딱한가요? 차가운가요, 따뜻한가요?

손을 움직이지 않고도 내 손의 위치를 알고 있습니다. 눈을 감고도 내 손이 어디에 있는지 알 수 있습니다. 어떻게 알 수 있을까요?

눈을 감고 마음의 눈으로 조용히 내 몸을 들여다봅니다. 내 손이 어디에 있는지 느껴보세요. 눈을 뜨지 않아도, 손이 어디에 있는지 알고 있습니다. 그것을 어떻게 알 수 있을까요? 촉감일까요? 피부로 전해지는 감각 때문일까요?

손이 닿아 있는 곳을 자세히 살펴봅니다. 이불이든, 옷이든, 내 몸이든, 무엇이든 손이 만지고 있는 것을 감각을 통해 알아차려보세요. 차갑거나 따뜻한 온도, 부드럽거나 거친 촉감 등 손이 전달하는 다양한 신호에 집중해봅니다.

호흡을 계속 따라갑니다. 자연스러운 흐름 속에서 손의 감각에 더

실습편: 내면소통 명상 가이드

깊이 집중합니다. 손이 보내는 미세한 신호를 하나하나 알아차려보세요.

내 손이 살아 있다는 느낌에 집중합니다. 내 손은 살아 있습니다. 하지만 나는 그것을 어떻게 알 수 있을까요? 단순한 촉감이 아니라, 손에서 느껴지는 생명력과도 같은 감각이 있습니다. 움직임의 가능성, 손가락과 손바닥 깊숙한 곳에서 전해지는 존재감이 있습니다.

손을 움직이지 않아도, 살아 있다는 어떤 느낌이 있습니다.

이 감각은 촉각도, 촉감도 아닙니다. 단순한 신경 자극이 아니라, 내 몸이 살아 있음을 증명하는 미묘한 기운입니다.

손안의 깊숙한 곳에서 흐르는 생명력을 느껴보세요.

호흡은 자연스럽게 이어지며, 몸의 긴장은 점점 더 풀립니다. 몸이 편안해야 감각이 더욱 명확하게 드러납니다. 손에서 팔로, 팔에서 몸통으로, 몸 전체로 집중을 확장해봅니다.

내 팔이 어디에 있는지 느껴보세요. 내 몸통과 다리, 머리는 어디에 있을까요? 내 몸 전체를 한꺼번에 느껴봅니다.

우리는 몸의 안과 밖을 구분할 수 있다고 생각합니다. 하지만 그 경계의 느낌은 어디서 오는 것일까요?

우리의 뇌는 몸이 주는 신호 외에는 어떠한 정보도 처리할 수 없습니다. 그렇다면 내 몸의 안과 밖을 나누는 그 경계에 대한 정보는 어디에서 오는 것일까요?

피부가 단순한 경계일까요? 아니면 더 깊은 감각이 그것을 결정할까요? 내 몸과 바깥 세계를 구분하는 그 경계를 느껴보세요.

혀를 떠올려보세요. 입안에 있는 혀는 몸 안에 있는 것일까요, 아니면 바깥에 있는 것일까요?

몸의 안과 밖을 나누는 기준은 명확하지 않습니다. 우리의 뇌는 주로 위쪽두정소엽(Superior Parietal Lobule, SPL)이라는 특정 영역을 중심으로 몸의 이미지를 형성합니다. 하지만 그 이미지는 실제와 다를 수 있습니다. 우리가 느끼는 몸의 형태와 실체는 다를 수도 있습니다.

이제 다시 손으로 돌아갑니다. 손의 안과 밖, 그 경계선을 따라가 보세요. 손의 테두리를 명확하게 인식할 수 있나요? 점점 경계가 흐려지는 느낌이 듭니다. 안과 밖이 존재하는 것 같지만, 선명하게 구별되지 않습니다. 경계가 분명하지 않으며, 흐릿하게 번지는 느낌이 들 수도 있습니다.

눈을 감고 조용히 내 손에 집중합니다. 내 손의 경계를 분명하게 느낄 수 있을까요?

내 손의 경계가 뚜렷하다면 내 손의 크기를 정확히 느낄 수 있겠지요. 내 손의 크기가 정확히 얼마인지, 어디까지가 손이고 어디부터가 아닌지 확신할 수 있나요?

우리는 손을 보지 않고도 그 크기를 안다고 생각합니다. 하지만 그것은 시각적 기억일 뿐, 지금 이 순간 오직 감각만으로 내 손의 크기를 정확히 알 수 있을까요?

눈을 감고 양손의 크기를 가늠해보세요. 그리고 마음속으로 손의 크기를 줄였다 늘였다 해보세요.

내 손은 작아질 수도 있고, 커질 수도 있습니다. 우리 뇌는 손의 정확한 크기를 알지 못합니다.

눈을 감고 손의 크기를 의식할수록 손의 경계는 흐려집니다. 손과 주변 공간의 구분이 점점 사라지는 느낌을 받아들입니다.

우리 뇌가 형성하는 몸의 이미지는 몸의 각 부위에서 보내오는 고유감각 신호, 내부감각 신호, 촉각 신호, 그리고 균형에 관한 신호들을 종합해, 뇌가 추론을 통해 만들어낸 것에 불과합니다.

내 몸은 결코 하나의 고정된 실체가 아닙니다.

편안하게 몸이 허공으로 스며드는 느낌을 받아들여보세요. 내 몸이 침대로, 내가 덮고 있는 이불로 부드럽게 스며듭니다. 마치 잉크가 종이에 퍼지듯, 몸이 침대와 이불 속으로 자연스럽게 스며들어 퍼져갑니다.

온몸의 긴장을 풀고, 몸의 경계가 사라지는 것을 느껴보세요. 그 순간, 몸은 무게를 잃습니다. 몸이 공기처럼 가벼워지는 감각을 경험해보세요. 몸은 점점 더 가벼워지고, 무한히 가벼워집니다. 점점 더 자유로워집니다.

가볍게, 더 가볍게, 허공으로 퍼져나갑니다. 아무런 무게도 없이, 편안하게 떠오릅니다. 마치 실제로 무중력 상태에 있는 것처럼 몸이 자유롭게 떠오른다면, 어떤 감각이 느껴질까요?

이제 그 감각을 뇌로 보내보세요. 그러면 뇌는 정말로 떠 있는 듯한 느낌, 한없이 가벼운 상태, 무게가 전혀 없는 자유로움을 경험하게 됩니다.

모든 무게에서 해방된 나 자신을 느껴보세요. 인생의 무게로부터 자유로운, 가벼운 나의 모습을 온전히 받아들여보세요.

나는 지금 자유롭습니다. 나는 지금 어떠한 것에도 얽매여 있지 않습니다. 나는 허공의 바람처럼 자유로운 존재입니다.

푸른 하늘의 하얀 구름처럼 나는 둥둥 떠갑니다.

나는 진정 자유롭습니다.

이 세상 그 무엇도 나를 구속하지 않습니다.

나는 자유롭습니다.

나는 평화롭습니다.

나는 텅 빈 허공입니다.

나는 평온합니다.

나는 텅 비어 있음으로 가득 차 있습니다.

4-4 아우토겐 명상(2단계)

아우토겐 명상법은 독일의 정신과의사 요하네스 하인리히 슐츠가 개발한 것으로, 1930년대부터 전 세계적으로 널리 사용되고 있습니다. 아우토겐(autogen)은 'auto(스스로)'와 'generating(생성하는)'의 합성어입니다. 즉 스스로 이완된 상태를 만들어가는 훈련을 의미합니다. 영어로는 '오토제닉 트레이닝(autogenic training)' 혹은 '오토제닉 명상(autogenic meditation)'이라고도 합니다.

아우토겐 트레이닝에는 여섯 가지 요소가 있습니다. 무게감(heaviness), 따뜻함(warmth), 호흡(breathing), 복부 감각(abdominal sensation), 심박 감각(heartbeat awareness), 머리 감각(head sensation)입니다.

오늘은 이 중 호흡을 기본으로 하면서 무게감과 따뜻함에 초점을 맞춰 진행해보겠습니다. 심박이나 복부 감각에 대한 명상은 다른 세션에서 다루게 될 것입니다.

일반적으로 아우토겐 트레이닝은 무게감에서 시작하지만, 오늘은 따뜻한 감각을 먼저 경험해보겠습니다.

우선 편안하게 누우세요. 명상이라기보다는 이완 훈련이기 때문에 앉아서 하는 것보다는 누운 자세가 더 효과적입니다.

눈을 감고, 호흡에 집중합니다. 천천히 숨을 들이마시고 내쉬면서 몸과 마음이 편안해지는 것을 느껴봅니다.

지금부터 이런 장면을 상상해보세요.

나는 따뜻하고 조용한 바닷가에 누워 있습니다.

한여름의 무더위가 아닌, 초여름의 기분 좋은 따뜻함이 온몸을 감싸고 있습니다. 바람도 없이 잔잔한 해변, 파도 소리도 들리지 않는 고요한 공간입니다. 오직 나의 숨소리만이 들릴 뿐입니다.

햇볕이 강하게 내리쬐어서 커다란 파라솔을 펼쳤습니다.

나는 파라솔 아래에서 커다란 수건을 깔고 편안하게 누워 있습니다. 따뜻하지만 덥지 않은 온기가 온몸을 감싸고 있습니다.

내 오른발은 파라솔 그림자 밖으로 나와 있어, 햇살을 직접 받고 있습니다.

그 따뜻함이 아주 부드럽고 기분 좋게 퍼져나갑니다. 뜨겁지 않습니다. 마치 온몸을 감싸는 포근한 이불처럼 따뜻합니다.

주의를 오른발에 집중합니다. 햇볕이 내리쬐는 그 따뜻한 감각을 섬세하게 느껴봅니다. 햇볕은 계속 내 오른발을 점점 더 따뜻하게 합니다.

따뜻함이 오른발 전체로 퍼져나갑니다. 발가락부터 발등, 발바닥까지 온기가 스며듭니다. 숨을 내쉴 때마다 이 따뜻함이 더 깊이 스며드는 것을 느껴봅니다.

햇살이 조금 더 들어와 오른쪽 종아리와 무릎까지 비춥니다. 숨을 내쉴 때마다 따뜻함이 다리를 타고 올라옵니다. 발바닥과 다리에 약간 땀이 나는 것 같은 느낌이 들 수도 있습니다.

실제로 다리의 체온이 올라가고 있음을 알아차립니다.

따뜻함이 오른쪽 다리를 타고 허벅지를 지나 엉덩이까지 올라옵니다. 오른쪽 발과 다리 전체가 따뜻해집니다.

이제 왼발도 햇볕이 드는 곳으로 옮깁니다.

따뜻한 감각이 왼발에 스며들기 시작합니다. 천천히 호흡하면서, 마음속으로 따라 말합니다. '내 왼발이 따뜻해진다.' '내 왼발이 기분 좋게 따뜻하다.'

숨을 내쉴 때마다 따뜻함이 왼발에서 종아리, 무릎, 허벅지까지

실습편: 내면소통 명상 가이드

퍼져나갑니다.

온몸으로 따뜻한 기운이 확산됩니다.

이제 양쪽 다리가 동시에 따뜻해지는 것을 느낍니다.

숨을 내쉴 때마다 더욱 따뜻해지고, 편안해집니다.

마음속으로 반복합니다. '내 다리는 따뜻하다.' '내 다리의 따뜻한 기운이 온몸으로 퍼진다.'

실제로 내 다리는 체온이 기분 좋게 올라갑니다. 다리에서 더운 기운이 올라와서 몸 전체가 따뜻해집니다.

머리는 그늘에 있어서 시원한데 다리는 아주 따뜻합니다. 온몸에 퍼지는 따뜻한 기운을 잠시 느끼면서 즐겨보세요.

다시 호흡에 집중하면서 이제 오른발이 점점 무거워지는 것을 느껴봅니다. 숨을 내쉴 때마다 더 깊이 가라앉습니다. 발이 마치 돌덩이처럼 무겁습니다. 바닷가 모래 속으로 스며들듯, 점점 더 깊이 가라앉습니다.

처음에는 나무토막 같았다가, 돌덩이처럼 무거워지고, 이제는 쇳덩어리처럼 무겁게 가라앉습니다. 움직이려고 해도 움직일 수가 없습니다. 너무나도 무거워서 오른쪽 다리는 조금도 움직이지 않습니다.

하지만 이 무거움이 불편하지는 않습니다. 오히려 너무나 편안합니다. 오른쪽 다리가 완전히 힘이 빠져서 침대 아래로 가라앉는 듯한 느낌이 듭니다. 숨을 내쉴 때마다 무게감이 더 느껴집니다.

왼쪽 다리도 같은 감각을 느껴봅니다.

숨을 내쉴 때마다 왼쪽 다리가 점점 무거워집니다.

마치 나무토막이 되었다가, 돌덩이처럼 변하고, 쇳덩어리가 되어서 점점 더 깊이 가라앉습니다.

처음에는 발이 무거웠지만, 이제는 종아리, 무릎, 허벅지까지 모든 근육이 무겁게 이완됩니다. 양쪽 발과 다리가 무겁게 가라앉습니다.

몸 전체가 침대에 녹아들듯이 깊이 가라앉습니다.

마음속으로 따라 말합니다. '내 다리는 무겁다.' '무겁지만 편안하다.' '나는 다리를 꼼짝도 할 수 없다.' '그래서 더 편안하다.' '숨을 내쉴 때마다 더 무거워진다.' '한없이 무거워진다.' '하지만 동시에 한없이 편안하다.'

몸 전체로 퍼지는 발과 다리의 따뜻함과 무게감을 동시에 느껴봅니다.

온몸의 모든 긴장이 사라지고, 깊은 안정과 휴식 속으로 들어갑니다.

머리는 시원한 그늘에 있지만, 몸 전체는 따뜻한 기운으로 가득합니다. 따뜻함과 무거움이 조화롭게 공존하는 이 상태를 그대로 유지하며, 호흡을 따라갑니다.

이 편안함에 온몸을 온전히 맡깁니다.

숨을 내쉴 때마다 더 깊이 이완되고, 더 깊이 가라앉습니다.

4-5 아우토겐 명상(6단계)

오늘은 아우토겐 명상의 여섯 단계를 모두 경험해보겠습니다. 아
나빠나사띠, 즉 호흡을 있는 그대로 바라보는 것을 기본으로 합니다.
먼저, 주의를 호흡으로 가져갑니다.

편안한 자세로 누웠다면, 이제 호흡을 바라보는 연습을 해봅니다.

물에 떠 있는 모습을 상상해보세요. 수영을 할 때 물과 싸우면 허
우적거리게 됩니다. 물살을 헤쳐 나가려고 할수록 더 힘이 듭니다.
하지만 물 위에 뜨려면 어떻게 해야 할까요?

물에 몸을 맡겨야 합니다. 힘을 완전히 빼야 합니다. 호흡을 물처럼 생각하세요. 그리고 그 속으로 몸을 던지듯이 맡기세요. 호흡을 통제하려 하지 않고, 그저 호흡에 몸을 맡기고 떠가는 듯한 느낌을 가지세요. 이것이 바로 호흡 바라보기입니다.

우리의 삶에서는 뜻대로 안 되는 일이 많습니다. 아니, 거의 대부분의 일이 뜻대로 안 된다고 해도 과언이 아닙니다. 어떤 계획이 성공했다고 해도, 원래의 계획과는 조금씩 다르게 흘러갔을 가능성이 높습니다. 완벽하게 내 뜻대로 되는 일은 없습니다.

그럴 때 우리는 어떻게 해야 할까요? 받아들이는 법을 배워야 합니다. 맡기는 법을 익혀야 합니다. 이를 연습하는 가장 좋은 방법이 바로 호흡입니다.

인생에서 어려움이 닥쳐올 때, 우리는 이를 악물고 버티거나 싸우려 합니다. 하지만 때로는 그러지 않는 것이 더 현명합니다. 거대한 파도 같은 역경이 다가올 때 그 파도에 몸을 맡기면 오히려 파도를 타고 흐를 수 있습니다. 파도를 피하기보다, 파도와 하나가 되는 법을 배우는 것입니다.

이 연습을 호흡을 통해 해보겠습니다. 한 호흡 한 호흡에 나를 완전히 맡겨보세요. 그러기 위해서는 먼저 호흡을 알아차려야 합니다.

들숨이 들어오고 날숨이 나가는 것을 그대로 알아차리세요. 거기에 집중하세요. 그러면서 자연스럽게 호흡에 나를 맡깁니다. 눈을 감고 호흡에 집중하며, 점점 더 깊이 편안함을 느껴보세요.

호흡이 점점 차분해지고, 고요해지는 것을 알아차리세요. 너무나 고요해서, 지금 호흡이 들어오는지 나가는지도 모를 정도로 미세해질 것입니다. 숨소리조차 들리지 않고, 오직 고요함만이 가득합니다.

드넓고 푸른 초원에 누워 있다고 상상해보세요. 따뜻한 봄날입니다. 햇살이 너무 강해 커다란 그늘막이 쳐져 있고, 나는 그 그늘 속에 누워 있습니다. 푸른 초원 위에 커다란 매트를 깔아놓고 편안하게 휴식을 취하고 있습니다.

주변에는 아무도 없지만, 너무나 안전하고 조용하며 편안합니다. 호흡은 더욱 고요해지고, 온몸의 긴장이 풀어지기 시작합니다.

시간이 지나면서 태양의 위치가 달라져 내 두 발이 그늘 밖으로 나왔습니다. 햇볕에 노출된 두 발이 따뜻해집니다. 마음속으로 조용히 따라 하세요.

'내 두 발은 따뜻하다. 내 두 발은 정말 따뜻하다.'

햇볕이 점점 더 올라오면서 종아리와 무릎, 허벅지까지 따뜻해집니다. 내 두 다리에 따뜻한 햇살이 비치며 더욱 기분 좋게 따뜻해집니다. 마음속으로 조용히 따라 하세요.

'내 두 다리는 따뜻하다. 내 두 다리는 아주 따뜻하다. 내 두 다리는 기분 좋게 따뜻하다.'

이제 햇볕이 손과 팔에도 비치기 시작합니다. 양손과 팔이 기분 좋게 따뜻해집니다. 온몸의 긴장이 더욱 깊이 풀어집니다. 마음속으로 따라 하세요.

'내 손과 팔은 따뜻하다. 내 손과 팔은 아주 따뜻하다. 내 손과 팔은 기분 좋게 따뜻하다.'

온몸의 긴장이 점점 더 깊이 풀어지고, 이제 따스한 햇볕이 배까지 스며듭니다. 배가 따뜻해집니다. 가슴도 따뜻해집니다.

온몸이 따뜻한 기운에 감싸여 깊은 이완 상태로 들어갑니다. 따스한 온기가 온몸을 감싸며 기분이 좋아집니다. 그 상태에서 내 오른발을 살짝 움직이려고 하지만, 오른발이 움직이지 않습니다.

너무 깊이 이완되어 오른발이 그대로 머물러 있습니다. 다시 천천히 집중해보니, 오른발이 점점 무거워지는 것을 느낍니다.

발만 무거운 것이 아니라 종아리, 무릎, 허벅지까지 점점 더 무거워집니다. 오른쪽 발과 다리 전체가 마치 돌덩이처럼, 쇳덩이처럼 무거워집니다. 오른쪽 다리를 조금이라도 움직이려 하지만 꼼짝도 하지 않습니다.

오른쪽 다리가 너무 무겁습니다. 마음속으로 따라 하세요.

'내 오른발과 다리는 무겁다. 내 오른발과 다리는 아주 무겁다.'

이제 왼쪽 다리는 어떤지 느껴봅니다. 왼쪽 발과 다리도 너무 무겁습니다. 아니, 오히려 왼쪽 다리가 더 무겁게 느껴집니다. 마치 아래로 쑥 꺼질 것처럼, 쇳덩어리처럼 무거운 느낌이 듭니다. 왼쪽 다리를 움직이려 해도 꼼짝하지 않습니다. 이 상태가 무겁지만 동시에 아주 편안합니다. 마음속으로 따라 하세요.

'내 왼쪽 다리는 무겁다. 내 왼쪽 발과 다리는 아주 무겁다.'

손과 팔로 주의를 옮겨보세요. 손과 팔도 무겁습니다. 목과 손, 양쪽 팔 다 움직여보려고 하지만 조금도 안 움직입니다.

아주 무거운 쇳덩이 같습니다. 마음속으로 따라 하세요.

'내 손과 팔은 무겁다. 내 손과 팔은 점점 더 무거워진다. 내 손과 팔은 점점 더 무거워진다.'

팔과 다리가 너무 무거워서 조금도 움직이지 않습니다. 그런데 온 몸이 너무 편안합니다.

이제 주의를 복부로 가져가보세요 뱃속이 편안하고 따뜻합니다. 호흡 한 번 할 때마다 내 뱃속의 공간은 넓어지고 내 복부에 들어 있는 모든 내장기관이 다 편안하고 따뜻합니다. 마음속으로 따라 하세요.

'나는 배가 편안하다. 나는 배가 아주 편안하다.'

호흡은 계속 고요합니다. 이제 주의를 심장으로 옮겨보세요. 꼼짝 않고 누워 있어도 심장이 뛰는 게 느껴질 수 있습니다. 심장 박동은 심장에서 느껴지기보다는 온몸에서 느껴집니다.

내 배, 내 목, 내 머리, 내 다리, 내 옆구리, 어디든 좋습니다. 심장 의 박동이 은은하게 느껴집니다. 숨을 내쉬면서 따라 하세요.

'내 심장은 천천히 뛴다. 내 심장은 편안하다. 숨을 편안히 내쉬니 심장도 편안하다.'

실제로 숨을 편안하게 내쉬면 심장이 느려지고 조용해집니다. 너 무 편안합니다. 내 팔다리는 따뜻하고 내 팔다리는 무겁고 내 호흡 은 고요하고 내 뱃속은 편안하고 내 심장도 편안합니다.

이제 보니 내 머리는 여전히 그늘 속에 있었습니다. 그래서 시원합 니다. 이 시원함을 느껴보세요. 내 몸은 이렇게 따뜻한데 내 머리는 이렇게 시원합니다. 앞이마에서 시원하고 선선한 기운을 느껴보세요. 마음속으로 따라 하세요.

'내 머리는 시원하다. 내 이마는 시원하다. 내 머리는 아주 시원하다.'

몸이 따뜻하고 무거워집니다. 호흡을 할수록 몸이 더 따뜻해지고 더 무거워지고 더 편안해지고 더 고요해지고 머리는 더 시원해집니다. 내 마음과 생각, 의도를 전부 호흡에 맡깁니다.

계속 고요하게 호흡합니다.

4-6 기초적인 움직임 명상

준비 자세

서서 하는 명상 자세로 똑바로 섭니다.

꼬리뼈부터 정수리까지 일직선에 놓이도록 합니다. 온몸의 긴장을 풀고 호흡에 집중합니다.

특히 교근, 승모근, 흉쇄유돌근, 얼굴표정근육, 혀근육 등에 힘이 들어가 있지 않은지를 하나하나 확인합니다.

눈을 감거나, 혹은 한 지점을 정하고 계속 바라봅니다. 눈동자를 움직이지 않으며 안구근육은 완전히 긴장을 풉니다. 몸무게가 발바닥에 실리는 것을 느껴봅니다.

나의 체중이 발바닥을 지그시 누르는 힘을 자각합니다.

손바닥으로 얼굴과 가슴, 복부 스캔하기

손바닥이 복부 쪽으로 향하게 해서 두 손을 천천히 들어올립니다.

두 팔로 커다란 나무줄기를 얼싸안은 듯한 자세로 손바닥이 가슴, 목, 얼굴 앞을 지나도록 합니다.

두 팔을 쭉 펴고 손바닥도 쭉 펴서 손가락 끝이 하늘을 찌르도록 하면서 고개를 젖혀 두 손을 바라봅니다.

두 손을 천천히 내리면서 얼굴은 정면을 향하고 손바닥은 얼굴 쪽으로 향한 채 천천히 팔을 내립니다.

팔이 얼굴 높이쯤에 내려올 때 손바닥이 얼굴로부터 한 뼘 정도 떨어지게 합니다. 어깨와 팔의 긴장을 풀어 양 팔꿈치를 손의 위치보다 더 낮게 유지하면서 두 손으로 마치 몸을 스캔하듯이 천천히 내립니다.

얼굴을 지나 목, 가슴, 배를 거쳐 아랫배까지 천천히 내리면서 손이 지나가는 부분에서 느껴지는 몸속의 내부감각에 집중합니다.

손이 복부를 지나 아랫배까지 왔을 때, 잠시 멈추고 온몸의 긴장을 풀어줍니다.

복부의 긴장을 풀고 체중이 발바닥으로 툭 떨어지는 감각에 집중합니다. 다시 천천히 손을 들어올리면서 위의 동작을 반복합니다.

체중 이동

어깨너비로 두 발을 벌리고 똑바로 선 다음 무릎을 약간 구부립니다. 무릎과 발목은 지면으로부터 수직선을 이루도록 해서 무릎이 발끝보다 앞으로 나가지 않게 합니다.

꼬리뼈는 발뒤꿈치보다 더 뒷부분의 지면을 향하도록 하여 뒤로 걸터앉은 듯한 느낌이 들게 합니다.

어깨는 툭 떨어뜨리고 손바닥은 배를 향하도록 합니다.

천천히 호흡을 하면서 체중을 발바닥의 앞, 뒤, 좌, 우로 조금씩 이동합니다.

발 앞쪽에 체중이 실렸다가 뒤꿈치로 옮겨졌다가 다시 좌우로 옮겨지는 느낌에 집중합니다. (네 번 반복합니다.)

체중이 발뒤꿈치부터 시계 방향으로 원을 그리며 왼쪽 발날을 지나 발 앞쪽으로 왔다가, 다시 오른쪽 발날을 지나 발뒤꿈치로 돌아오는 것을 네 번 반복합니다.

이번에는 반시계 방향으로 마찬가지 방식으로 원을 그리면서 체중을 이동합니다. (마찬가지로 네 번 반복합니다.)

체중을 이동하는 내내 꼬리뼈와 정수리는 일직선에 놓인 채로 지면과 수직 상태를 유지하는 것이 중요합니다.

몸통이 좌우나 앞뒤로 기울어지면 안 됩니다.

겉으로 보기에는 체중 이동을 거의 알아차릴 수 없을 정도로 미세하고 조용하게 움직입니다.

나는 체중이 이동하는 것을 분명하게 느끼지만, 다른 사람의 눈에는 가만히 서 있는 것처럼 보일 정도로 고요하게 움직여야 합니다.

그러기 위해서는 꼬리뼈부터 정수리까지 척추의 축이 흔들리지 않도록 일직선을 유지해야 합니다.

온몸의 긴장을 풀고 내 몸이 주는 느낌에 계속 집중합니다.

한 발로 서기

천천히 체중을 오른쪽 발로 옮겨갑니다. 이때에도 몸의 중심축은 흔들리거나 기울어지지 않습니다.

왼발이 지면에서 살짝 들릴 정도로 체중을 오른발로 완전히 옮깁니다.

체중을 완전히 오른발에 실은 다음에 왼발을 가볍게 들어서 발목에 힘을 뺍니다.

중심을 잡기가 어려우면 왼쪽 엄지발가락만 살짝 바닥에 닿도록 합니다. 오른쪽 무릎은 약간 구부리되 발보다 앞으로 튀어나오면 안 되고 발목과 무릎이 일직선에 있어야 합니다.

체중이 오른쪽으로 이동한다고 해서 상체가 오른쪽으로 기울어지면 안 됩니다.

이때에도 꼬리뼈부터 정수리까지의 척추는 지면과 수직 상태를 그대로 유지합니다.

나의 머리 무게가 척추와 골반과 다리를 거쳐 그대로 발바닥에 전달되는 것을 느껴봅니다.

그 상태에서 체중이 오른발을 통해 지면으로 쑥 내려가는 느낌으로 견고하게 섭니다.

이를 위해서는 몸의 긴장을 계속 완전히 풀고 있어야 합니다.

허벅지의 대퇴근, 무릎 주변, 발목, 어깨, 허리, 복부 등에서 전달되는 고유감각에 최대한 집중합니다.

천천히 호흡하면서 몸 어딘가에 힘이 들어가 있지 않은지 살펴보고 긴장한 부위가 있다면 하나하나 풀어줍니다.

다시 천천히 왼발로 무게중심을 옮기면서 같은 방식으로 체중을 왼발로 완전히 옮겨갑니다. (좌우 이동을 네 번 반복합니다.)

천천히 걷기(경행)

오른손으로 가볍게 주먹을 쥐고 복부 위에 살짝 올려놓습니다. 왼쪽 손바닥으로 부드럽게 주먹 쥔 오른쪽 손등을 덮습니다.

어깨의 긴장이 완전히 이완된 상태에서 손을 복부에서 살짝 떼어놓습니다. 어깨에 조금이라도 힘이 들어가면 다시 손을 복부에 살짝 얹어놓습니다.

양쪽 팔꿈치가 90도 정도 되는 위치에 손을 놓도록 합니다. 어깨의 긴장을 완전히 풀고, 턱은 지면과 평행이 되도록 합니다.

한 발 서기로 체중을 왼발에 싣고 오른발은 엄지발가락이 지면에 가볍게 닿은 상태에서 시작합니다.

오른발을 살짝 들어서 발꿈치를 왼쪽 엄지발가락 옆에 내려놓으면서 발바닥 전체로 지면을 지그시 딛습니다.

이때 체중은 자연스럽게 왼발에서 오른발로 옮겨갑니다.

숨을 천천히 들이쉬면서 체중을 오른발 쪽으로 옮기면서 왼발은 뒤꿈치를 살짝 듭니다.

체중을 오른발로 완전히 옮긴 후에 왼발을 살짝 들어 오른발 쪽으로 가져갑니다.

이때 왼쪽 발바닥을 지면으로부터 2~3센티미터 정도 띄워서 지면과 평행 상태를 유지하면서 움직입니다.

왼쪽 발뒤꿈치를 오른쪽 엄지발가락 옆에 놓습니다. 이때 체중은 여전히 오른발에 실려 있어야 합니다.

왼발로 지면을 지그시 누르듯이 디디면서 체중을 옮겨가기 시작합니다. 마찬가지 방식으로 체중을 왼발로 옮기면서 오른쪽 발을 뒤꿈치부터 서서히 듭니다.

이런 식으로 한쪽 발뒤꿈치를 다른 쪽 엄지발가락 옆에 놓은 정도로 계속 걷습니다.

발을 들고, 발바닥을 지면과 평행하게 옮기고 내리는 모든 동작에서 어떠한 고유감각이 느껴지는지 집중합니다.

체중을 좌우 앞뒤로 이동할 때 몸의 중심축이 어떻게 옮겨가는지를 느껴봅니다.

격관 명상
자기참조과정 훈련

5-1 종소리 격관 명상

'대상 없는 인식의 경험' 상태에 이르는 효과적인 방법은 종소리에 집중하는 것입니다. 이때 울림이 오래 가는 좌종을 활용하면 좋습니다. 차분히 마음을 가라앉히고 그저 종소리라는 하나의 사건에 집중합니다. 종을 치는 순간 종소리가 시작되고, 점점 작아지다가 마침내 완전히 사라지는 순간이 옵니다.

종소리가 울리는 순간, 나의 의식은 자연스레 종소리라는 하나의 '대상'으로 향하고, 나는 종소리를 듣고 있다는 사실을 알아차립니다. 종소리는 점차 사라져갑니다.

소리가 작아질수록 그 소리를 들으려는 나의 집중력은 더 커지게 됩니다. 종소리는 더 작아집니다. 이윽고 종소리가 아직 남아 있는지 아닌지 불분명한 미묘한 순간에 이르게 됩니다.

소리라는 하나의 사건이 고요함에 자리를 양보하는 순간입니다. 어느덧 종소리는 완전히 사라지고 고요함만 남습니다. 이제 나는 고요함을, 침묵을 듣게 됩니다.

일상생활에서 우리가 들을 수 있는 것은 소리뿐입니다. 침묵이나 고요함은 들을 수가 없습니다. 고요함은 내 밖에 있는 어떤 사건이나 인식의 대상이 아닙니다. 고요함은 경험 대상이 아닙니다. 그런데도 우리는 고요함의 존재를 너무도 잘 압니다. 종소리가 사라지는 그 순간, 그 텅 빈 자리, 그 고요함의 자리의 존재는 너무도 분명히 드러납니다. 고요함은 들을 수 있는 대상이 아니지만 모든 소리의 배경에 항상 존재하고 있습니다.

마찬가지로 인식 주체로서의 배경자아는 우리가 직접 보거나 체험할 수 있는 경험의 대상이 아닙니다. 그런데도 우리의 모든 경험에 항상 배경으로 존재함을 분명히 알 수 있습니다. 종소리가 점차 작아질수록 고요함은 점차 분명해집니다.

종소리가 사라진 그 자리를 고요함이 가득 채우는 것처럼 느껴집니다. 그러나 고요함은 소리가 사라지기 때문에 생겨나는 것이 아닙니다.

고요함은 종소리 이전에도 있었고, 종소리와 함께 있으며, 종소리 이후에도 언제까지나 그대로 있을 뿐입니다. 고요함은 늘 거기 그렇게 있습니다. 모든 소리가 존재하기 위한 전제조건이 바로 고요함입니다. 소리는 결코 고요함에 영향을 미치지 못합니다.

소리와 고요함의 관계는 사물과 공간의 관계와 같습니다. 어떤 사물도 공간을 파괴할 수는 없습니다. 사물은 다만 일정한 공간을 차지할 수 있을 뿐입니다.

모든 사물은 언젠가 사라지고 맙니다. 그러나 사물이 점유하는 공간은 사물 이전에도 있었고, 그 사물과 함께 있으며, 사물이 사라진 이후에도 계속 있습니다. 공간이 없으면 사물은 존재할 수 없습니다.

공간은 모든 사물이 존재하기 위한 전제조건이면서 배경입니다. 마찬가지로 고요함은 모든 소리가 존재하기 위한 전제조건이자 배경입니다.

또한 마찬가지로 배경자아는 모든 경험이나 생각이나 느낌이나 감정이 존재하기 위한 전제조건이자 배경입니다. 내가 하는 모든 경험은 일종의 소음이나 사물과도 같습니다. 그러한 것들이 존재하는 배경에는 항상 텅 비어 있고 고요한 배경자아가 있습니다.

고요함은 하나입니다.

당신의 침묵과 나의 침묵은 구분되지 않습니다.

당신의 소리와 나의 소리는 다르지만, 당신의 고요함과 나의 고요함은 완벽하게 같습니다.

모든 고요함은 하나입니다.

마치 공간이 하나인 것과도 같습니다.

사물들은 구별되지만, 모든 사물의 뒤에 배경으로 존재하는 공간은 완벽하게 같습니다.

이 방의 공간과 저 방의 공간은 언뜻 다르다고 생각되겠지만, 그것은 벽이나 사물에 의해 일시적으로 구분되는 것처럼 느껴질 뿐, 공간 자체에는 아무런 차이가 없습니다. 사실상 공간 자체는 벽에 의해 나누어지지도 않습니다.

공간은 나누어질 수가 없습니다. 일시적으로 세워진 벽에 의해 잠시 가려질 뿐입니다. 마치 소리에 의해 고요함이 잠시 가려지는 것과 같습니다.

벽에 의해 잠시 가려진 그 자리에도 공간은 그냥 그대로 존재할 뿐입니다.

아무리 큰 소리가 있어도 그 소리의 배경이 되는 고요함은 소리 뒤에 그대로 존재하는 것과 같습니다.

방의 공간과 내 몸속의 공간, 그리고 광대무변한 우주의 공간 역시 완전히 하나입니다.

고요함도 마찬가지입니다.

나의 내면의 고요함은 우주의 고요함과 같습니다.

나의 내면의 고요함과 텅 빈 공간은 당신의 고요함과 텅 빈 공간이며, 우주의 고요함과 공간이고, 이것이 곧 나의 배경자아입니다.

종소리가 사라질 때마다 고요함을 알아차립니다.

고요함이 곧 나의 배경자아임을 알아차립니다.

5-2 호흡 격관 명상

격관 명상의 또 다른 방법은 호흡을 인식의 대상으로 삼는 것입니다. 들숨이 날숨으로 바뀌고 날숨이 들숨으로 바뀌는 그 순간을 비집고 들어가서, 그 찰나의 순간에 집중하면 그 순간순간이 마치 영원처럼 무한히 확장되어 그곳에 머무를 수 있게 됩니다.

먼저 접촉점에 집중하는 호흡 명상과 아랫배에 집중하는 호흡 명상을 차례대로 하겠습니다. 우선 코끝에 주의를 집중합니다. 천천히 숨을 들이쉬면서 공기가 코끝으로부터 콧속으로 들어가는 것을 느껴봅니다. 약간 차가운 기운이 느껴집니다.

천천히 내쉴 때도 코끝에 집중합니다. 약간 따뜻한 기운이 코끝을 통해 나가는 것을 느껴집니다.

이처럼 호흡이 들어오고 나가면서 코끝을 스치는 느낌에 집중하는 명상이 접촉점 호흡 명상입니다.

다시 숨을 들이쉬면서 호흡이 코를 지나고, 목과 기관지와 폐를 지나 복부 아래쪽까지 깊숙이 내려가는 것을 느껴봅니다. 배에 힘을 주거나 긴장해서는 안 됩니다.

그저 편안하게 자연스럽게 숨을 쉬면 됩니다. 다만 호흡의 움직임을 그저 바라보고 알아차립니다.

내 호흡은 코끝으로부터 아랫배까지 편안하게 내려갑니다.

다시 숨을 내쉴 때는 아랫배로부터 따뜻한 기운이 천천히 올라와서 코끝을 통해 서서히 빠져나가는 것을 느껴봅니다.

천천히 호흡을 반복하면서 공기의 흐름이 코부터 시작해서 머리, 목, 가슴, 배를 거쳐 아랫배까지 내려갔다가 다시 천천히 배에서부터 시작해서 가슴, 목, 머리를 거쳐 코를 통해 흘러나가는 것을 관찰합니다.

들숨은 횡격막이 아래로 내려가면서 복부의 내장기관을 살짝 내리누르게 되므로 자연스레 아랫배가 살짝 나옵니다.

날숨에서는 횡격막이 가슴 쪽으로 올라가게 되므로 아랫배가 원래 위치로 살짝 들어옵니다.

의도적으로 아랫배에 힘을 주어 부풀리거나 하면 안 됩니다. 호흡에 따라 자연스레 살짝 나왔다 들어가는 아랫배의 느낌에 집중합니다.

들숨에서 횡격막이 수축해 아래로 내려갈 때는 반작용으로 몸통이나 어깨가 떠오르는 듯한 느낌이 듭니다.

반대로 횡격막이 이완되어 올라올 때는 몸통이나 어깨가 이완되고 아래로 내려가는 듯한 느낌이 듭니다.

이처럼 횡격막의 움직임과 우리가 느끼는 몸통의 상하 움직임은 반대입니다.

호흡에 계속 집중하면서 나의 호흡이, 나의 생명의 기운이 아랫배에서 시작해 위로 올라갔다가 다시 천천히 내려오는 것을 바라봅니다. 이제 호흡은 저절로 상하운동을 하게 됩니다. 마치 활처럼 크게 원호를 그리면서 복부 아랫부분에서 정수리 맨 위까지 호흡이 상하운동을 하는 것을 바라봅니다.

이제 들숨이 날숨으로 바뀌는 순간에 집중합니다.

천천히 들이쉬는 숨이 아랫배까지 내려왔다가 다시 천천히 올라가는 날숨으로 바뀌는 순간에, 들숨이 잠시 멈췄다가 날숨으로 바뀌는 바로 그 순간에 집중합니다.

들숨에서 횡격막이 아래로 내려갑니다.

호흡이 나의 아랫배로 내려왔다가 날숨에서 다시 가슴으로 올라가는 횡격막의 움직임을 느껴보세요.

다시 숨을 들이쉬었다가 내쉬기 직전의 그 순간에 집중합니다.

집중이 잘되지 않는다면 임시방편으로 들숨이 날숨으로 전환되는 그 순간에 1초 정도 잠시 숨을 멈췄다가 내쉬면 됩니다.

잠시 멈추면 집중이 잘될 것입니다.

들숨도 아니고 날숨도 아닌 그 틈에 집중하는 것이 점차 익숙해지면 잠시 멈추는 시간을 0.5초, 0.3초, 0.2초 등으로 줄여나갑니다.

격관 명상의 기본적인 원리를 이해하고 나면 일상생활에서 다양한 종류의 격관 명상을 시도해볼 수 있습니다. 걷기나 달리기 같은 움직임 속에서 왼발을 내디뎠다가 오른발을 내딛는 전환점에 집중하는 것도 훌륭한 격관 명상이 됩니다.

음식을 먹을 때, 차를 마실 때, 혹은 다른 사람과 대화할 때도 우리는 움직임의 변화 속에서 수많은 전환점의 '간격'을 발견할 수 있습니다.

그 수많은 간격을 순간순간 바라봄으로써 일상생활 속에서도 다양한 격관 명상을 통해 배경자아를 알아차릴 수 있습니다.

5-3 자기참조과정 명상(호흡)

오늘은 우리 마음속에 존재하는 커다란 공간, 텅 빈 공간을 느껴보고 그 안에서 머무는 명상을 해보겠습니다. 편안하게 눕거나 앉은 상태에서 긴장을 풀고 호흡에 주의를 가져갑니다. 그리고 천천히 눈을 감습니다.

눈을 감기 전에 한 번 눈을 떠보세요. 뭔가 보이죠? 보이는 것을 잠시 바라보세요. 아, 이런 것이 보이는구나 하고 알아차린 다음에 눈을 감습니다. 눈을 감으면 아무것도 보이지 않죠.

그런데 그 상태에서 눈앞에 뭔가 있다고 생각하고, 마치 실제로 보려고 하듯이 집중해보세요. 눈앞에 있는 걸 뭔가 보겠다는 마음을 유지하며 바라봅니다.

이제 들숨과 날숨에 집중합니다. 천천히 들이마시고, 천천히 내쉽니다. 희미한 빛이 어른거리는 것 같지만 눈뜨고 있을 때와는 달리 아무것도 보이지 않는 그런 공간에 들어와 있습니다.

눈을 감고 무언가를 보려고 하면, 무한한 공간감이 느껴집니다. 마치 끝없는 어둠 속에 들어와 있는 것 같습니다.

이 텅 빈 공간은 앞에만 있는 것이 아닙니다. 뒤에도 있고, 위에도 있고, 아래에도 있습니다.

나는 지금 무한한 공간 안에 있습니다. 그런데 이 공간은 바깥에 있는 것이 아니라 내 안에 있습니다. 광대무변한 우주처럼 끝없이 확장된 이 공간이 바로 나의 내면입니다.

이 텅 빈 공간 안에는 무엇이 있을까요? 가장 많이 존재하는 것은 내 생각, 감정, 기억입니다. 이들은 내 밖에 있는 것이 아니라 내 안에 있습니다.

생각이 떠오르고, 감정이 생겨나고, 기억이 떠오르는 것. 이 모든 것이 나의 내면에서 일어나는 현상입니다.

이제 내 생각을 바라봅니다. '아무 생각도 안 하고 있는데?'라고 생각한다면, 바로 그것이 생각입니다. '지금 무슨 생각을 하고 있지?'라고 떠올려보세요. 방금 전에는 무슨 생각을 했나요? 우리는 항상 무언가를 생각하고 있습니다.

그런데 그 생각이 나일까요?

생각이 나라고 착각하면, 우리는 그 생각에 끌려다닙니다.

하지만 생각은 내가 하는 것이 아니라 나에게 일어나는 현상임을 알아차리는 게 명상의 핵심입니다.

지금 떠오르는 어떤 생각이라도 좋습니다.

그 생각을 알아차리세요. '나는 지금 이런 생각을 하고 있구나. 내일 몇 시에 일어나야겠다는 생각을 하고 있구나'와 같이 떠오르는 생각 중 딱 하나만 붙잡고 그걸 바라봅니다.

그걸 알아차립니다.

이제 중요한 사실을 깨닫습니다.

생각은 '나'가 아닙니다. 생각은 나에게 떠오르는 사건입니다.

마치 호흡이 저절로 일어나는 것처럼, 생각 또한 그냥 나에게 일어나는 사건입니다.

어떤 생각이 일어났다고 해서 내가 그 생각이 되는 것은 아닙니다. 중요한 것은 생각이 일어났음을 알아차리는 존재가 '나'라는 사실입니다. 생각은 지나가는 것이며, 이를 알아차리는 존재가 진짜 나입니다.

어떤 생각이 일어나서 내가 괴롭다는 것을 알아차리는 게 나입니다. 생각이나 괴로움은 '나'가 아닙니다.

마치 내가 입고 있는 옷이나 내가 한 식사, 내가 가지고 있는 무언가가 '나'가 아닌 것과 마찬가지입니다.

생각 역시 나에게 일어난 그런 일이지 '나'가 아닙니다.

지금 어떤 소리가 들리나요? 지금 들리는 소리는 내게 일어난 사건입니다. 이 소리가 나일까요? 아닙니다. 내가 듣는 겁니다.

마찬가지로 나에게 떠오른 생각이 나일까요? 아니, 나에게 떠오른 일입니다. 이것을 알아차려야 합니다.

이 알아차림이 자유로움과 평화로움으로 가는 길입니다.

이번에는 천천히 호흡을 하면서 지금 또는 평소에 가장 잘 느끼는 감정을 생각해봅니다.

또는 자고 일어나서 아침이 되었을 때 어떤 감정이 떠오를지 생각해봅니다.

즐거운가요? 걱정이 있나요? 두려운가요? 왠지 짜증나고 화날 것 같은가요?

그 어떤 감정도 '나'가 아닙니다.

감정이야말로 내게 발생한 일에 불과합니다.

그러면 나는 어디에 있을까요?

이런 감정을 느끼는구나 하고 알아차리는 존재가 바로 나입니다.

이제 나의 생각과 감정을 바라봅니다.

천천히 호흡을 하면서 내 마음을 바라봅니다.

나의 내면이라는 텅 빈 공간에 둥둥 떠다니는 내 생각과 감정, 기억을 바라봅니다. 이런저런 생각도 있고, 이런저런 감정도 있고 좋은 기억도 나쁜 기억도 둥둥 떠다니고 있습니다.

이 모든 게 내 눈앞에 있다고 생각하고 바라봅니다. 그리고 분명히 알아차립니다.

눈앞에 떠다니는 생각과 기억, 감정은 내가 아닙니다. 나는 내 생각과 내 감정과 내 기억을 알아차리는 주체입니다.

나는 완벽하게 고요하고 완벽하게 평화롭습니다.

떠다니는 생각과 감정, 기억이 '나'가 아니고, 그걸 떠다니게 하는 이 넓은 공간, 이 어둡고 고요한 공간 자체가 나입니다.

나에게 떠오르는 생각이나 감정은 억누를 필요가 없습니다. 억눌러지지도 않습니다. 무심하고 따뜻한 마음으로 그냥 알아차립니다.

다 종소리 같은 겁니다.

종소리를 억누르려 하지 말고 그냥 들으세요. 내 생각과 감정, 기억을 그냥 들으세요. 감정이나 기억, 생각이 '나'가 아니고, 듣는 주체가 '나'입니다. 종소리가 '나'인 것이 아닙니다.

감정과 생각, 기억을 존재하게 하고 둥둥 떠다니게 하는 이 텅 빈 공간으로 주의를 가져오세요. 그 고요하고 텅 빈 공간, 고요함 그 자체, 평온함 그 자체가 나임을 알아차립니다.

어떠한 노력이나 저항, 애씀도 필요 없습니다. 모두 놔두세요.

어떠한 생각도, 어떠한 감정도, 어떠한 기억도 나를 괴롭힐 수가 없습니다. 내가 다 알아차리니까요.

나는 변하지 않습니다.

나는 모든 걸 존재하게 하는 엄청나게 큰 텅 빈 공간입니다.

나는 그 텅 빈 공간으로서 평온하고 고요합니다.

더 깊이, 더 편안하게 가라앉는 것을 느껴보세요.

나는 이 넓은 공간 그 자체입니다.

나는 이 고요함 그 자체입니다.

나는 이 평온함 그 자체입니다.

어떤 생각도, 어떤 감정도, 어떤 기억도 나를 흔들 수 없습니다.

나는 그냥 바라볼 뿐입니다.

그 순간 자유가 찾아옵니다.

평온함이 찾아옵니다.

지금 이 순간, 나는 완벽하게 고요합니다.

지금 이 순간, 나는 완벽하게

텅

비어 있습니다.

자타긍정 명상

용서, 연민, 사랑, 수용, 감사, 존중

6-1 용서 명상

이제 모든 것을 내려놓고, 가장 편안한 자세로 누워보세요. 앉아 있어도 괜찮습니다.

온몸의 긴장을 하나씩 내려놓으며, 호흡에 집중하겠습니다. 먼저, 의도적으로 깊게 세 번 들이마신 후 잠시 멈췄다 내쉽니다.

4-4-8 호흡법을 사용해도 좋고, 편한 박자로 진행해도 됩니다. 자, 크게 들이마시고, 멈추고, 내쉽니다.

이제 각자 한 번 더 해보세요.

마지막으로 한 번 더 크게 호흡합니다.

이제 자연스럽게 호흡합니다. 호흡에 개입하지 않고, 그냥 놔둡니다. 다만 알아차립니다. '아, 들어오네.' '아, 나가는구나.' 이것이 기본입니다.

이 과정을 반복하면서, 들숨을 알아차리고, 날숨을 알아차립니다. 만약 생각이 딴 데로 흘러가 호흡을 놓쳤다면, '아, 내가 놓쳤구나' 하고 알아차리세요. 그리고 부드럽게 다시 호흡으로 주의를 돌립니다.

호흡은 언제나 지금, 여기에서 이루어집니다.

나는 지금, 이 순간, 숨을 들이쉬고 내쉬고 있습니다. '지금', '여기'에 머무는 것이 현존(presence)입니다. 호흡을 알아차리는 것은 목표가 아닙니다. 그것은 단지 수단, 길일 뿐입니다. 그렇다면 진짜 목적은 무엇일까요?

바로 지금, 여기에 현존하는 것입니다.

내 마음이 더 이상 과거로 달려가지 않고, 미래로 치닫지 않고, 내 몸과 함께 지금, 여기 머무는 것. 그것이 목표입니다.

명상에는 다양한 기법이 있지만, 과거에 머물거나 미래를 걱정하는 것은 명상이 아닙니다. 그것은 망상일 뿐입니다. 우리가 명상을 하는 이유는 단 하나, 지금, 여기에 현존하기 위해서입니다.

호흡을 통해, 내가 지금 이 순간 여기에 존재하고 있음을 깊이 느껴보세요. 우리의 삶, 우리가 살아 있다는 것은 늘 지금 이 순간, 여기에서 계속 펼쳐지는 사건입니다. 그 대표적인 예가 호흡입니다.

지금 나는 들이마시고, 지금 나는 내쉽니다.

내 마음이 늘 지금 여기에 머물러 있다면, 자연스럽게 행복해질 수 있습니다.

그러나 마음이 과거로 향하면 분노, 좌절, 괴로움을 느끼고, 미래로 달려가면 두려움과 복수심에 사로잡힙니다. 과거에 얽매이거나,

미래에 대한 걱정에 빠지면 우리는 불행해집니다.

지금 내가 여기에 있는지, 한 번 살펴보세요.

편안하게 쉰다는 것은 지금 이 순간을 온전히 살아가는 상태를 의미합니다. 편안하게 잠들기 위해서도 우리는 지금 여기에 온전히 존재해야 합니다.

현재에 집중하지 않으면, 생각이 끊임없이 흘러가고 온갖 망상에 시달리게 됩니다. 그 망상은 외부에 있는 것이 아니라, 내 마음 안에서 만들어진 것입니다. 나를 괴롭히는 온갖 생각과 감정은 결국 내가 만들어낸 것입니다.

우리를 현재에 머물지 못하게 하는 가장 큰 장애물 중 하나가 복수심입니다. 과거에 받은 상처 때문에 누군가에게 복수하고 싶다는 그 분노는 우리를 현재에서 멀어지게 합니다. 그래서 우리는 종종 2차 피해를 경험하게 됩니다.

가해자가 나에게 나쁜 짓을 저지른 것이 1차 피해라면, 2차 피해는 그 일로 인해 내가 현재를 잃고 과거와 미래에 갇혀버리는 것입니다. 내가 복수를 생각하면서 분노의 감정에 사로잡혀 있을 때, 내 삶은 점점 더 무너져갑니다.

피해를 당한 것만으로도 억울한데, 그 감정에 얽매여 삶 자체가 망가져버린다면 더더욱 억울한 일입니다. 복수심과 분노는 결국 나를 해치는 일입니다.

내게 잘못한 사람은 따로 있는데, 오히려 내가 나를 끊임없이 처벌하고 괴롭히는 것이 분노입니다. 복수심이 나를 사로잡으면 건강도,

마음도, 몸도, 미래도 망가집니다. 모든 것이 엉망이 되어버리는, 참으로 안타까운 일입니다.

우리가 진정으로 현존하기 위해서는, 먼저 과거의 상처와 피해로부터 자유로워져야 합니다. 그것이 바로 현재를 온전히 살아가는 길입니다. 과거도 아니고, 미래도 아닙니다. 오직 지금 이 순간을 받아들이고 앞으로 나아가는 것, 즉 현존을 향해 나아가는 것입니다.

이것이 바로 용서입니다.

잠시, 나에게 해를 끼친 사람을 떠올려보세요. 내가 증오했던 사람, 복수하고 싶었던 사람, 내게 상처를 준 바로 그 사람을 떠올립니다. 그리고 조용히 마음속으로 말합니다.

'당신이 끼친 해악은 더 이상 나를 구속하지 않는다. 나는 더 이상 그것 때문에 괴로워하지 않는다.'

'나는 당신에 대한 어떠한 증오심도, 복수심도 갖지 않는다. 나는 과거에 더 이상 구속되지 않는다. 나에게는 지금 여기가 더 중요하다. 그것이 내 삶이다.'

'당신은 내게 아무런 가치가 없는 존재이고 나의 삶은 소중하다. 나는 당신에게 어떠한 가치도 부여하지 않는다. 당신은 나에게 아무런 의미도 가치도 없다.'

'나는 행복을 원하고, 따라서 나는 당신을 용서한다.'

'나는 당신을 용서함으로써 당신은 내 인생에서 영원히 사라진다.'

'나는 당신을 용서한다. 나는 이제 자유롭다.'

'나는 소중하다. 그래서 나는 당신을 용서한다.'

'나는 행복을 원한다. 그래서 나는 당신을 용서한다. 그러니 이제 내 삶에서 영원히 사라져라.'

여기서 용서는 감정적인 용서를 의미합니다. 내가 받은 피해는 법적인 문제, 형사상 범죄이거나 민사상의 불법 행위일 수도 있습니다. 혹은 단순한 비윤리적·비도덕적 행위, 또는 딱히 불법은 아니지만 기분 나쁘거나 자존심 상하는 일일 수도 있습니다. 어떤 경우든 감정적으로 용서할 수 있어야 이에 제대로 대처하고 피해를 효과적으로 극복할 수 있습니다.

분노에 휩싸인 상태에서는 냉철한 논리적 판단이든 무엇이든 제대로 해내기 어렵습니다. 당연히 법적 대응 등 피해 복구도 오히려 더 힘들어집니다. 복수심에 불타면 1차 피해조차 제대로 해결하지 못할 뿐만 아니라, 스스로 2차 피해를 겪게 됩니다. 그것이 바로 복수심을 내려놓아야 하는 이유입니다.

마음속으로 용서하고, 감정적인 분노를 내려놓으세요. 그 후에 필요하다면 법적 대응이든 항의든 필요한 절차를 차분하게 진행하면 됩니다. 피해를 복구하는 과정에서 불필요한 분노에 휩싸이거나 복수심을 불태우지 마세요. 오히려 행복한 마음을 유지할 때, 전전두피질이 활성화되어 전략적 사고력과 끈기, 문제해결 능력이 더 잘 발휘됩니다.

과거에 입은 피해에 이중, 삼중으로 얽매이지 마세요. 피해는 빨리 복구하면 됩니다. 그러기 위해서는 마음이 항상 현재에 머물러 있어야 합니다.

그리고 사람 자체를 미워하지 마세요. 그 사람이 저지른 행동, 바로 그 나쁜 행위만 알아차리세요. 사실 그것조차 미워할 필요가 없습니다. 중요한 것은 나쁜 행동으로 인해 발생한 피해를 복구하는 것입니다. 물론 어떤 피해는 완전히 복구하기 어려울 수도 있습니다. 그러나 주어진 상황에서 최선을 다해 복구할 방법은 반드시 존재합니다. 되돌릴 수 없는 일에 지나치게 얽매이면, 결국 내 삶이 사라집니다. 누군가의 나쁜 행동으로 내 인생을 영원히 망가뜨릴 수는 없습니다. 우리 한 사람 한 사람이 그 자체로 너무나 소중한 존재입니다.

그래서 우리는 현존해야 합니다. 그리고 현존하기 위해서는 용서가 필요합니다. 다시 한번 호흡에 집중하세요.

사실 용서 명상은 쉽지 않습니다. 많은 시간이 필요하고, 많은 분이 어려움을 느낍니다. 중요한 것은, 과거의 해악을 떠올리는 것을 넘어서야 한다는 점입니다. 지금부터 해야 할 일은, 내가 나에게 진심으로 이야기하는 것입니다. 용서는 결국 나의 내면과의 소통입니다.

마음속으로 조용히 말해보세요.

'나는 당신을 용서한다.'

이 말을 반복하세요. 그리고 자기용서도 함께 해보면 좋습니다. 어떤 분은 자기 자신을 용서하는 것이 더 쉽다고 하고, 어떤 분은 타인을 용서하는 것이 더 쉽다고 말합니다.

'내가 나를 용서한다'는 말이 쉽게 느껴진다면, 자기용서부터 시작해도 좋습니다. 반대로 타인용서가 더 쉬운 분은 그 방법을 먼저 시도해봅니다.

그럼 이제부터 자기용서를 해보겠습니다. 다시 한번 호흡에 집중하고, 숨이 들어오고 나가는 것을 알아차리세요. 그리고 내가 살아오면서 다른 사람에게 끼친 해악에 대해 생각해봅니다.

'나는 잘못한 게 없는데?'라고 생각하시나요? 그렇지 않습니다. 우리는 자신도 모르는 사이에 누군가의 마음을 아프게 했을 가능성이 매우 높습니다. 의도했든 의도하지 않았든, 알았든 몰랐든, 우리는 누구나 한 번쯤 다른 사람에게 상처를 준 적이 있을 것입니다. 그것을 인정해야 합니다.

지금까지 살아오면서 내가 저지른 실수, 다른 사람에게 끼친 해악을 떠올려보세요. 그때 내가 상처를 준 그 사람은 얼마나 힘들었을까요? 얼마나 마음이 아팠을까요?

그들의 고통을 깊이 느끼고, 나의 부족함과 어리석음을 진심으로 반성하세요.

대충 '뭐, 그럴 수도 있지'라고 넘겨서는 안 됩니다. 내가 한 잘못을 명확하게 알아차려야만 진정한 자기용서가 가능합니다.

이제 내가 살아오면서 했던 잘못 중 먼저 떠오르는 한두 가지를 떠올리며, 깊이 반성합니다.

나의 부족함, 나의 어리석음, 나의 경솔함을 인정한 후, 조용히 말해보세요.

'나는 나의 부족함과 어리석음을 진심으로 용서한다.'

내가 저지른 실수들이 더 이상 나를 얽매지 않도록, 깊이 반성한 후, 나는 나를 용서합니다. 크게 호흡하고, 내쉬면서 말합니다.

'용서한다.'

숨을 내쉴 때마다 말합니다.

'용서한다.'

이제 더 이상 자책하지 않습니다. 마음속 깊이 눌러두었던 죄책감에서 벗어납니다. 진심으로 반성했기 때문에, 이제 나는 죄책감에서 자유로울 수 있습니다. 세상에 완벽한 인간은 없습니다.

반성하고 용서하는 것, 그것이 우리가 할 수 있는 최선의 길입니다. 그 이상 우리가 해야 할 일은 없습니다.

진심으로 반성하고, 진심으로 용서하세요. 그리고 다시 한번 조용히 나 자신에게 이야기하세요.

'나는 나를 용서한다.'

'나는 나를 진심으로 용서한다.'

'나는 이제 과거에 얽매이지 않는다.'

'나는 자유롭다.'

이제부터 마음속으로 조용히 되뇌세요.

'나는 당신을 용서한다. 나는 나를 용서한다.'

용서 명상은 한 번으로 끝나지 않습니다. 다른 명상도 마찬가지이지만, 특히 용서 명상은 꾸준한 반복이 필요합니다.

단 한 번의 시도로 모든 것이 해결되지는 않습니다.

용서는 마음의 상태입니다. 진정으로 용서하는 마음이 내 안에 자리 잡으려면, 계속해서 연습해야 합니다.

편안한 숨을 쉬며 조용히 되뇌어보세요.

'용서한다. 용서한다.'
편안한 마음으로 계속 반복해봅니다.

6-2 자기연민 명상

오늘은 자기연민 명상을 진행하겠습니다. 따뜻한 마음과 친절함
이 자기연민의 핵심이니 지금부터 마음을 자유롭고 따뜻하게 가져
가도록 하겠습니다. 무엇보다 편안하고 좋다는 느낌이 있어야 자기
연민을 할 수 있습니다. 호흡을 하면서 모든 집착을 내려놓습니다.
집착하는 마음, 통제하려는 마음을 숨을 내쉬면서 다 내려놓습니다.

연민은 아픔에 공감하는 것입니다. 용서의 출발점이 자기용서이듯
이, 연민 또한 자신을 향한 연민에서 시작됩니다.

실습편: 내면소통 명상 가이드

숨을 들이마시고 내쉬면서 턱근육, 얼굴근육, 어깨의 긴장을 부드럽게 풀어주세요. 숨을 내쉴 때마다 어깨가 부드럽게 아래로 내려가는 감각을 느껴보세요.

천천히 호흡하면서, 지금 이 순간 나는 나 자신과 소통하고 있다는 느낌을 가져봅니다. 나 자신을 알아차리고 나 자신을 돌봐줄 거라는 느낌입니다.

나 자신과의 소통을 위해 가장 먼저 해야 할 일은 나와의 화해입니다.

모든 것을 놓아두고 떠나보내면서 나 자신을 있는 그대로 받아들입니다. 내 몸, 내 위치, 내 모습, 내 실수, 이루지 못한 꿈, 그 모든 고민과 갈등을 숨을 내쉴 때마다 놓아주는 느낌을 가져봅니다.

따뜻한 마음으로 모든 것을 받아들입니다.

나의 나약함, 불안함, 분노와 슬픔도 억누르지 않고 그저 있는 그대로 놓아둡니다. 나에게 주어진 모든 것을 받아들입니다.

내가 할 수 있는 것도, 내가 할 수 없는 것도 모두 있는 그대로 따뜻하게 받아들입니다. 전적으로 수용합니다.

지금 이 순간, 나에게는 나 자신밖에 없습니다.

이 우주에서 나는 하나뿐인 귀한 존재입니다.

한 호흡, 한 호흡마다 이 소중한 나를 온전히 느껴보세요.

나 자신을 있는 그대로 받아들일 수 있는 사람은 결국 나 자신뿐입니다. 나 자신마저 나를 부정하고 무시하고 거부한다면 누가 나를 받아들일 수 있을까요?

우리는 나 자신에게 가혹한 것이 미덕이라는 잘못된 교육을 받아왔습니다. 그 결과 우리는 타인에게는 따뜻한 위로를 건네면서도 정작 나 자신에게는 냉정한 태도를 보일 때가 많습니다.

이제 그 냉정함을 버리고, 내가 나 자신을 따뜻하게 대해야 합니다.

따뜻한 마음을 담아서 오른손을 천천히 왼쪽 어깨 위에 올려보세요. 그리고 부드럽게 쓰다듬어주세요.

가끔 누군가를 위로할 때 가볍게 어깨를 두드리거나 토닥여주듯이, 지금 내 손으로 나 자신을 다정하게 위로해줍니다.

토닥토닥, 따뜻한 감각이 스며듭니다.

어떻게 하는 게 느낌이 제일 좋은지, 어떤 손길에 내가 가장 많이 위안을 받는지 느껴보세요.

손을 살짝 움직여 왼쪽 갈비뼈, 왼쪽 옆구리를 부드럽게 감싸 안아주세요.

살살 쓰다듬어도 좋고, 가볍게 안아줘도 됩니다.

내 손길이 스스로를 따뜻하게 위로한다고 생각해보세요. 천천히 손을 배 위에 가져가세요. 뱃속이 편안해지는 것을 느껴보세요.

이번에는 왼손으로 오른쪽 어깨를 감싸 안아주세요.

부드럽게 쓰다듬어주세요.

왼손에 따뜻한 마음을 담아, 오른팔을 감싸고 다독여줍니다.

다시 손을 옮겨 오른쪽 갈비뼈, 오른쪽 옆구리를 감싸주세요.

토닥토닥, 따뜻한 손길로 스스로를 감싸 안아보세요.

가볍게 꼭 안아도 좋고, 부드럽게 쓰다듬어도 좋습니다. 약간 세게 꼭 안아줘도 됩니다.

양손을 각각 양쪽 어깨나 팔 위에 얹어보세요.

오른손으로 왼팔을, 왼손으로 오른팔을 감싸 안아도 좋고,

한 손은 옆구리에, 다른 손은 팔에 놓아도 됩니다.

가장 편안하게 나 자신을 감싸 안는 방법을 찾아보세요.

그러면서 동시에 마음속으로 나 자신을 위로해줍니다.

요즘 나를 괴롭히는 문제를 생각하면서 말해도 됩니다. '괜찮아. 나 참 힘들었구나. 요즘 정말 고생 많았지.' 이렇게 나 자신에게 따뜻한 말을 건네보세요.

내 이름을 부르면서 말해도 좋습니다.

'아무개야, 정말 힘들었겠구나.' 이렇게 나 자신을 다독이며, 진심 어린 위로를 건네보세요.

우리는 너무 바쁘게 살아오느라 정작 자신을 돌아볼 겨를이 없었습니다. 이제는 나를 위로하고 인정하며 다독일 시간입니다.

손의 위치를 바꿔도 좋습니다.

나 자신을 꼭 안아주면서, 내 안의 슬픔, 고통, 외로움을 따뜻하게 감싸주세요.

마음속으로 말해보세요.

'나만 힘든 게 아닐 거야. 이 세상에는 나와 같은 아픔을 겪고 있는 사람이 많을 거야. 이건 나만의 고통이 아니라, 삶의 과정일 뿐이야.'

따뜻한 마음으로 나 자신을 토닥이고, 모든 감정을 부드럽게 받아

들이세요.

천천히 양손을 배 위에 얹거나, 편안한 곳에 놓습니다.

두 손이 내 몸 어딘가에 닿아 있기만 하면 됩니다.

마지막으로 한 번 더, 부드러운 호흡을 느껴보세요.

이제 마음속으로 반복해봅니다. '아무개야, 정말 힘들었겠구나. 그렇지만 나만 힘든 게 아닐 거야.'

따뜻한 마음으로 나의 힘든 것을 있는 그대로 받아들이고 한 호흡, 한 호흡마다 긴장을 푸시기 바랍니다.

내가 나를 보살피는 따뜻한 연민의 마음이 온몸에 퍼지는 것을 알아차립니다.

6-3 메따 명상

오늘은 메따(metta) 명상, 일명 사랑-친절(loving-kindness) 명상을 해보겠습니다. 불교에서는 '자비 명상'이라고 부릅니다. 편안하게 누워서 진행해도 되고, 가장 편안한 자세로 앉아 있어도 됩니다.

온몸의 긴장을 풀고, 천천히 내 호흡에 집중합니다. 턱근육의 긴장을 풀어줍니다. 얼굴 전체의 긴장을 내려놓고, 혀도 가볍게 툭 내려놓습니다.

숨을 내쉴 때마다 코 주변, 귀 주변, 눈썹, 이마, 머리 전체, 두피까지 모든 긴장이 빠져나가는 것을 느껴보세요.

눈의 긴장도 풉니다. 안구, 눈동자의 저 뒤편, 위아래, 양옆의 모든 근육이 부드럽게 이완됩니다.

숨을 내쉬면서, 어깨의 긴장도 내려놓습니다. 어깨가 바닥으로 툭 떨어지는 느낌을 가져보세요. 천천히 배와 복부의 힘도 완전히 뺍니다.

숨을 내쉴 때마다 몸이 점점 더 편안해집니다.

천천히 오른손을 가슴 한가운데에 올려놓습니다. 손바닥이 내 가슴을 부드럽게 감싸는 것을 느껴보세요.

이제 왼손을 오른손 위에 가볍게 올려놓습니다.

어깨와 팔의 힘을 빼고, 가슴과 배의 긴장을 완전히 내려놓습니다. 그 상태로 편안하게 호흡합니다.

손의 위치를 천천히 바꿔봅니다.

이번에는 왼손이 가슴 한가운데를 감싸고, 오른손을 왼손 위에 가볍게 올려놓습니다. 손을 바꾼 상태에서도, 여전히 어깨와 가슴의 힘을 풀어줍니다.

배의 힘도 완전히 뺍니다.

왼손이 아래일 때와 오른손이 아래일 때, 어느 쪽이 더 편하고 마음이 따뜻해지는지 느껴보세요.

조용히, 천천히 손을 번갈아 바꿔보면서, 어떤 손의 위치가 내 마음을 더 편안하고 부드럽게 감싸는지 알아차려보세요.

그리고 이제 가장 편안한 자세를 선택합니다. 왼손이 아래일 때가 편하면 그렇게, 오른손이 아래일 때가 편하면 그렇게 합니다.

가슴에 닿는 손바닥이 가슴뼈 한가운데에 닿도록 합니다.

그 위에 다른 손을 살짝 올려놓습니다. 손에 힘을 주거나 가슴을 누르지 마세요.

계속 온몸의 힘을 뺍니다.

손바닥을 통해 부드러운 온기가 내 가슴으로 퍼지는 것을 느껴보세요. 편안한 상태에서, 따뜻한 호흡을 이어갑니다.

계속 호흡에 집중합니다. 숨이 들어오면 '들어오는구나' 알아차리고, 숨이 나가면 '나가는구나' 알아차립니다.

호흡이 한 번씩 들어오고 나갈 때마다, 내 손바닥이 가슴에 닿는 느낌이 조금씩 변화하는 것을 느껴보세요. 손바닥이 더 부드러워지고, 더 따뜻해지는 것을 알아차립니다.

몸의 긴장을 다시 한번 확인해봅니다. 얼굴 전체에 힘이 빠졌나요? 어깨에 힘이 빠졌나요? 배도 편안하게 이완되었나요?

천천히 호흡하면서, 내가 가장 아끼고 사랑하는 대상을 떠올려봅니다. 내가 정말 사랑하는 가족, 나의 아이, 애인, 친구, 누구든 좋습니다. 반려동물을 떠올려도 좋습니다.

사랑하는 대상이 떠오르지 않는다면, 내가 가장 좋아하는 어떤 대상을 떠올려도 괜찮습니다. 아름다운 풍경, 귀여운 동물, 좋아하는 꽃도 좋습니다. 생각만 해도 마음이 따뜻해지고, 사랑이 느껴지는 대상을 떠올려보세요.

사람들은 보통 어린아이나 반려동물을 떠올릴 때, 가장 자연스럽게 사랑을 느낀다고 합니다.

눈앞에 그 대상을 떠올리면서 '아, 정말 예쁘다. 정말 사랑스럽다'라는 감정을 온전히 느껴보세요.

이제 그 사랑하는 대상에 대한 감정을 호흡과 함께 느껴봅니다. 그 대상이 늘 행복하고, 늘 건강하기를 바라는 마음을 깊이 느껴보세요.

하지만 대상 자체에 집중하기보다는 그 대상을 향한 내 마음, 내 따뜻한 감정에 집중합니다.

내 안에서 자연스럽게 일어나는 사랑의 감정에 집중합니다.

손을 가슴에 올린 채, 내 마음에서 그 대상을 향해 흐르는 따뜻한 사랑의 힘을 느껴봅니다.

내 가슴 깊은 곳으로부터 그 대상을 향해 흘러가는 사랑의 에너지를 느껴보세요.

마치 내 가슴에서 따뜻한 빛이 뻗어나가듯이, 내 사랑의 에너지가 그 존재를 감싸는 모습을 떠올려보세요. 마음속으로 생각해봅니다.

'와, 나는 정말 이 존재를 사랑하는구나.'

'와, 내 마음에서 이렇게 따뜻한 사랑이 저 대상을 향해 흘러가고 있구나.'

사랑의 감정이 내 안에서 점점 더 커지고, 그 따뜻한 감정이 점점 더 깊어지는 것을 느껴봅니다.

내 마음속 사랑의 힘이 끝없이 쏟아져나오는 것을 느껴보세요.

그 사랑의 마음을 유지한 채, 내가 평소 좋아하는 특정한 사람을 떠올려봅니다. 내가 처음 떠올렸던 대상만큼 애틋하게 사랑하지는 않더라도 내가 편안하고 좋게 생각하는 사람을 떠올립니다.

가족, 친구, 직장 동료, 선생님, 가까운 지인, 누구든 괜찮습니다. 그냥 내가 좋아하는 사람, 강한 애착보다는 편안한 애정을 느끼는 사람을 떠올려봅니다.

그리고 아까 사랑하는 존재를 향해 흘려보냈던 사랑의 마음을 이 사람에게도 그대로 보내봅니다.

처음에는 낯설겠지만, 그 사람을 향해 흘러가는 내 따뜻한 감정을 느껴보세요.

내 가슴은 점점 더 따뜻해지고, 내 마음은 점점 더 행복해집니다. 그 사랑의 감정이 점점 확장되고, 내 가슴 깊은 곳에서 끝없이 흐르는 사랑을 경험합니다.

그 따뜻한 감정을 계속 유지하면서, 천천히 호흡을 이어가세요.

그 사랑의 마음을 그대로 유지한 채 내 가족 전체, 그리고 자주 만나는 친구나 직장 동료에게도 한 사람씩 보내봅니다.

사랑하는 마음이 자연스럽게 일어나지 않아도 괜찮습니다.

가장 먼저 떠올렸던 사랑하는 대상을 향해 쏟아졌던 따뜻한 감정을 떠올리면서, 그 마음을 유지한 채 한 사람 한 사람을 떠올려주세요. 가족, 친구, 동료, 나와 함께하는 모든 사람들.

그들의 건강과 행복을 진심으로 빌어주세요.

마음속으로 생각합니다.

'나는 이 사람들의 행복을 바랍니다. 나는 이 사람들의 건강을 바

랍니다.'

차례차례 떠올리면서, 따뜻한 사랑을 보냅니다.

사랑하는 마음은 나누면 나눌수록 더 커집니다.

여러 사람에게 향할수록 그 사랑은 오히려 더욱 강해집니다.

나의 내면 깊은 곳에서 쏟아져 나오는 강한 사랑의 힘을 느껴보세요.

한 호흡, 한 호흡. 나의 내면은 점점 더 사랑의 마음으로 가득 차고 있습니다.

머릿속에 떠오르는 모든 사람을 한꺼번에 떠올려보세요.

가족, 친구, 직장 동료, 지나가듯 알게 된 사람들까지. 그들을 떠올리면서, 마음속으로 이렇게 이야기합니다.

'내가 아는 모든 사람들이 고통에서 벗어나기를.'

'내가 아는 모든 사람들이 아픔에서 벗어나기를.'

'내가 아는 모든 사람들이 건강하기를.'

'내가 아는 모든 사람들이 행복하기를.'

마음속으로 반복하세요.

마지막으로 그 자리에 나 자신을 가져다둡니다. 다른 사람들에게 향했던 따뜻한 사랑의 마음이 이제는 나 자신을 향해 갑니다. 그리고 마음속으로 진심을 담아 따라 해보세요.

'내가 모든 고통에서 벗어나기를.'

'내가 모든 아픔에서 벗어나기를.'

'내가 늘 건강하기를.'

'내가 늘 행복하기를.'

천천히 두 손을 몸 옆으로 내려놓습니다. 그대로 편안하게 돌아눕거나, 가장 편한 자세로 누워도 좋습니다. 마음속으로 계속 반복합니다. 진심을 담아, 아주 조용히 되새깁니다.

'내가 모든 고통에서 벗어나기를.'

'내가 모든 아픔에서 벗어나기를.'

'내가 늘 건강하기를.'

'내가 늘 행복하기를.'

이렇게 네 가지를 계속 마음속으로 반복하면서, 편안한 호흡과 함께 깊은 평온함 속으로 들어갑니다.

6-4 수용 명상

먼저, 편안한 자세로 눕거나 앉으세요. 온몸의 긴장을 내려놓고, 천천히 크게 세 번 들이마신 후 잠시 멈추었다가 내쉬어보겠습니다. 숨을 끊어서 들이마시지 말고, 자연스럽게 이어서 하세요.

내쉴 때도 마찬가지입니다.

4초 동안 계속 들이마시고, 잠시 멈춘 후, 8초 동안 길게 계속 내쉬어보세요. 단, 숫자를 속으로 세는 것일 뿐, 호흡을 억지로 조절하려고 하지 마세요. 숨이 끊어지지 않도록 부드럽게 이어가면서 들이쉬고, 내쉬세요.

자, 들이마시고, 멈추었다가, 내쉽니다.

한 번 더, 각자의 페이스에 맞춰 해보세요.

마지막으로 한 번 더 해보겠습니다.

이제 호흡을 그냥 내버려두세요.

혹시 '호흡을 내버려둔다는 게 무슨 뜻인가요?'라고 묻고 싶을 수도 있습니다. 하지만 사실 우리 스스로 더 잘 알고 있습니다.

평소 우리는 호흡에 신경을 쓰지 않으면서도 자연스럽게 숨을 쉬고 있습니다. 바로 그 상태입니다. 일부러 깊이 들이쉬거나 내쉬려고 하지 마세요. 그냥 평소처럼 두세요.

잠시 딴생각이 떠올라도 괜찮습니다. 자연스럽게 주의를 다시 가져오면 됩니다. 발이 어디에 있는지, 손의 감각이 어떤지, 눈의 느낌이 어떤지 알아차리는 것처럼, 지금 호흡이 들어오고 있는지, 나가고 있는지를 가볍게 살펴보세요.

'아, 지금 숨이 들어오고 있네.'

'아, 지금 숨이 나가고 있구나.'

이렇게만 하면 됩니다. 그런데 우리에게는 습관이 있습니다. 호흡을 알아차리는 순간, 본능적으로 숨을 조절하려고 합니다. 그 의도를 내려놓으세요. '이렇게 해야지, 저렇게 해야지'라는 생각을 버리는 연습을 하는 것입니다.

처음에는 어려울 수도 있습니다. 하지만 그 이유는 의도를 내려놓는 것이 본질적으로 어려워서가 아니라, 우리가 늘 강한 의도를 가지고 살아온 습관 때문입니다. 항상 뭔가를 하려고 애쓰는 삶을 살아왔기에, 갑자기 내려놓으려 하면 어색하게 느껴지는 것입니다. 하지만 사실 의도를 내려놓는 것은 쉬운 일입니다. '무심코'라는 상태를 떠올려보세요.

의도(intention)를 내려놓고, 주의(attention)는 끌어올립니다. 내 주의를 어디에 둘 것인가, 그것을 알아차리는 연습을 해보세요. 그럼에도 불구하고 '잘 안 된다'라고 느낄 수도 있습니다.

사실 처음에는 잘 안 되는 것이 당연합니다. 한 달을 꾸준히 해도 여전히 어렵다고 느낄 수도 있습니다. 하지만 한 달 전과 비교해보세요. 분명 뭔가 변화가 있을 것입니다.

그러니 잘 안 된다고 조급해하지 마세요. 의도를 내려놓고, 주의는 조금 더 기울이면서, 다시 호흡에 집중하면 됩니다.

'숨이 들어오는구나.' '숨이 나가는구나.' 이것만 반복하면 됩니다.

실습편: 내면소통 명상 가이드

한 가지만 더 말씀드리겠습니다. '이제 된다!' 또는 '이제 안 된다!' 이렇게 생각할 필요가 없습니다. 명상은 되는 상태와 안 되는 상태로 나뉘는 것이 아닙니다.

처음에는 호흡에 개입하지 않고 주의를 기울이는 것이 살짝 되는 것처럼 느껴집니다. 시간이 지나면 더 잘됩니다. 또 시간이 지나면 더 깊이 집중할 수 있습니다. 마치 팔의 근력을 키우는 것과 비슷합니다. 팔을 구부릴 수 있느냐 없느냐가 중요한 것이 아니라, 점점 더 무거운 것을 들어올릴 수 있느냐가 중요합니다. 이처럼 호흡에 대한 주의도 그렇게 점차 길어지고 깊어지는 것입니다. 그러니 조급해하지 마세요. 지금은 그저 호흡에 집중하는 것만으로 충분합니다.

편안히 누워서, 요즘 나를 가장 괴롭히는 고민이 무엇인지 하나만 떠올려보세요. 지금 내 마음을 가장 무겁게 하는 일이 무엇인가요? 고민이 많다면 그중 가장 큰 것을, 고민이 없다면 사소한 것이라도 괜찮습니다. 조금 마음에 걸리는 일, 찜찜한 일, 신경 쓰이는 일이 있는지 살펴보세요. 혹은 지금 내 삶에서 가장 큰 문제라고 생각되는 고민을 떠올려보세요.

호흡이 들어오고 나가는 것을 계속 알아차리면서, 그 고민을 마음속에 떠올립니다. 하지만 고민에 집중하다 보면 호흡을 놓칠 수도 있습니다. 그래도 괜찮습니다.

잠시 고민에 빠졌다가도 '아, 호흡을 놓쳤구나' 하고 알아차린 후 다시 호흡으로 돌아오면 됩니다.

고민을 억지로 밀어내지 않고, 호흡과 함께 바라보는 것이 중요합니다.

누구나 크든 작든 고민을 가지고 살아갑니다. 그리고 그 고민은 단순한 생각이 아니라, 때때로 우리를 짓누르는 무거운 감정과 연결됩니다. 하지만 고민을 거부하거나 밀어내려 하지 마세요. 대신, 그 고민이 눈앞에 떠 있는 거대한 둥근 공이라고 상상해봅니다.

고민이 클수록 공도 거대해 보입니다.

그 고민이 무겁고 두렵다면 그 공의 색깔과 모양도 더욱 강렬하고 위압적으로 느껴지겠죠.

지금 커다란 공으로 내 눈앞에 놓여 있는 나의 고민을 자세히 들여다보세요. 얼마나 큰가요?

무슨 색인가요? 표면은 거친가요, 매끄러운가요?

나는 지금 내 고민을 마주하고 있습니다.

하지만 내 주의는 여전히 호흡에 있습니다.

눈앞에 거대한 고민이 버티고 있어도, 나의 호흡은 흔들리지 않습니다.

나의 호흡은 내 삶이고, 나의 생명이며, 나의 현존입니다.

큰 고민이 있지만, 그것은 나의 호흡에 아무런 영향을 미치지 않습니다.

이제 그 고민이 점점 더 커집니다.

계속 더 거대해집니다. 하지만 내 호흡은 여전히 편안합니다.

그 공이 점점 커지더니, 마침내 나를 향해 굴러오기 시작합니다.

처음에는 자동차만 하던 것이 이제는 빌딩만큼 커졌습니다.

나를 덮치려는 듯 굴러오지만, 나는 여전히 호흡을 알아차립니다.

공이 더욱 가까워집니다.

둔탁한 소리가 들리고, 땅이 흔들리며, 내 몸도 함께 흔들립니다.

하지만 내 호흡은 흔들리지 않습니다.

나는 여전히 들숨이고, 나는 여전히 날숨입니다.

고민이 거대한 공이 되어 나를 향해 돌진하고 있지만, 나의 호흡은 변함없이 고요합니다.

이제 공이 바로 내 눈앞까지 도달했습니다.

공이 마침내 나를 덮치는 순간, 나는 공 안으로 쑥 들어갑니다.

거대한 고민이 나를 짓누르지만, 나는 그 고민 안으로 편안하게 들어갑니다.

나의 호흡은 여전히 흔들리지 않습니다.

지금 나는 내 고민 안에 있습니다.

그러나 더 이상 내 고민이 보이지 않습니다.

내 눈앞에는 오직 고요한 공간만이 펼쳐져 있습니다.

고민 속을 가만히 들여다봅니다.

아, 그 속은 텅 비어 있습니다.

거대한 공처럼 보였던 고민 속에는 사실 아무것도 없습니다.

고민 속에 완전히 들어가니, 고민이 사실은 아무것도 아니었음을 명백하게 알 수 있습니다.

나는 내 고민 한가운데에 있습니다.

하지만 아무것도 들리지 않습니다.

아무것도 보이지 않습니다.

나는 고민 안에 있지만, 그곳은 텅 빈 공간일 뿐입니다.

더 이상 두렵지 않습니다.

고민은 내 안에 있지만, 동시에 나는 고민 속에 있습니다.

고민은 나를 구속하지 못합니다. 나를 억누르지 못합니다.

고민은 여전히 굴러가고, 나는 그 안에서 평온합니다.

나의 호흡은 변함없이 고요합니다.

이제 그 고민이 다시 굴러가기 시작합니다.

고민은 나를 통과해서 지나가고, 그 속에서 자연스럽게 빠져나옵니다.

고민은 나를 지나쳐 멀리 사라져갑니다.

거대한 고민이 나를 덮친 것 같았지만, 결국 나를 완전히 감싸 안았다가, 나를 통과해서 그냥 스쳐 지나갑니다.

내가 살아오면서 만났던 모든 고민은 나를 통과해서 그냥 지나갔을 뿐임을 이제 깨닫습니다. 고민은 그냥 지나갔습니다.

그 고민 앞에서, 그 고민 속에서, 고민이 다 지나간 다음에도 그 고민을 놓지 못하고 집착했기에 내가 괴로웠던 것입니다.

고민이 나를 괴롭힌 것이 아니라 고민을 핑계로 내가 나를 괴롭히고 있었던 것입니다.

나는 언제나 그대로 남아 있습니다.

고민이 내 앞에 있을 때도, 고민이 내 안에 있을 때도, 고민이 내

뒤로 사라질 때도, 내 호흡은 변하지 않습니다.

고민이 해결되든 해결되지 않든 모든 고민은 스쳐 지나가고, 나의 평온함에는 아무런 영향을 미치지 않습니다.

나는 평온합니다. 나는 나의 평온함입니다.
나는 나의 호흡과 함께 언제나 고요합니다.

6-5 감사 명상

편안한 자세를 취하세요. 누워도 좋고, 앉아서 해도 괜찮습니다. 눈을 감고 호흡에 집중합니다. 처음에는 호흡에 집중하는 게 잘되지 않을 수 있습니다. 그럴 때는 세 번 정도 의도적으로 깊이 들이마시고 천천히 내쉬어보세요.

숨을 들이마신 후, 다 들이쉰 상태에서 한 번 더 들이마십니다. 그리고 천천히 길게 내쉽니다.

다시 한번, 끊기지 않도록 부드럽게 들이마시고 내쉽니다.

마지막으로 한 번 더 반복한 후, 호흡을 자연스럽게 놔둡니다.

이제 호흡에 개입하지 않습니다. 그저 자연스럽게 들이마시고 내쉬는 호흡을 알아차립니다. 억지로 깊게 하거나 길게 할 필요 없이, 있는 그대로의 호흡을 관찰합니다. 들어오는 숨, 나가는 숨을 그저 알아차리며 따라갑니다.

들숨이 들어오죠? 이 순간, 숨을 들이쉴 수 있음에 감사하세요. 숨을 들이마신다는 것은 살아 있다는 의미입니다. 내 삶에, 나의 생명에 감사하세요.

들숨은 삶이고, 날숨은 작은 죽음입니다.

숨을 내쉰 후 다시 들이쉬지 않는다면, 그것이 바로 죽음입니다.

우리의 마지막 날숨은 언제 올지 모릅니다. 하지만 지금 이 순간, 나는 숨을 들이쉬고 있습니다. 이것이 얼마나 큰 축복인지 깨닫고, 깊이 감사해보세요.

실습편: 내면소통 명상 가이드

우리는 매 순간 죽음을 경험합니다. 하지만 동시에 매 순간 다시 살아납니다.

숨을 들이쉬는 순간, 우리는 다시 태어납니다. 지금 내 안에 생명이 살아 있음을 당연하게 여기지 마세요. 세상에 당연한 것은 없습니다. 오직 축복만이 있을 뿐입니다.

내가 지금 숨을 들이쉬는 것은 내가 잘나서가 아닙니다.

내가 무언가를 해서 얻은 것도 아닙니다.

숨을 들이쉬는 것은 나의 권리가 아닙니다. 그것은 나에게 주어진 생명의 선물입니다.

이 놀라운 축복과 은혜에 진심으로 감사하세요.

자, 우리 잠시 과거로 가봅시다. 시간을 거꾸로 돌려 어린 시절로 돌아갑니다. 막연히 어린 시절을 떠올리는 것이 아니라, 구체적인 가장 어린 시절의 시간과 장소를 기억해보세요.

언제였나요?

어디였나요?

몇 살쯤이었나요?

무엇을 하고 있었나요?

가장 오래된 기억을 떠올려봅니다.

사람은 대개 만 3세나 4세 이후의 일부터 기억합니다. 기억나지 않는다면 5세, 6세 무렵도 괜찮습니다.

그 시절의 나를 떠올려보세요. 귀엽고 사랑스러운 어린 나, 천진난만하게 웃고 있는 나의 모습을 생생하게 떠올려봅니다.

그리고 그때 나를 가장 사랑해주었던 사람을 떠올려보세요. 대부분의 사람은 어머니를 떠올립니다.

아버지, 할머니, 할아버지, 혹은 이모나 삼촌이 주 양육자였을 수도 있습니다. 여기서는 어머니라고 부르겠습니다.

어린 시절 나를 주로 보살펴주던 어머니의 모습을 떠올려보세요. 따뜻한 음식을 먹여주던 모습, 춥다고 옷을 챙겨 입혀주던 모습, 아플 때 이마를 쓰다듬어주던 기억이 떠오르나요?

가장 오래된 기억 속에서 나를 보살펴주었던 그 순간을 생생하게 떠올려보세요.

그리고 어린 나와 그 시절의 어머니를 함께 바라봅니다.

젊었던 나의 엄마를 생생하게 떠올려봅니다.

이제 진심으로 감사의 마음을 표현해봅니다.

'엄마, 감사합니다.'

'어머니, 고맙습니다.'

깊은 감사를 느끼면서 마음속에서 우러나오는 고마움을 전하세요. 어린 시절 나를 위해 얼마나 많은 노력을 하셨을까요?

얼마나 많은 사랑을 주셨을까요?

그 순간을 떠올리며 깊이 감사해봅니다.

어머니가 이 세상에 계시지 않더라도, 그때의 따뜻한 사랑을 떠올리며 감사하세요.

'어머니, 감사합니다. 덕분에 제가 이렇게 살아가고 있습니다. 저를 보살펴주셔서 감사합니다.'

이 감사를 온전히 느끼며 명상을 이어갑니다.

우리는 태어나서 한동안은 스스로 생존할 수 없는 존재였습니다. 다른 동물과 달리 인간은 태어나서도 오랜 기간 누군가의 보호가 필요합니다. 태어나서 1년 동안은 완전히 의존적인 존재입니다. 그때 우리를 지켜주고 돌봐준 어머니, 또는 보호자의 정성과 사랑에 감사하세요.

처음 1년간은 제2의 회임기간이라고도 불립니다. 어머니 뱃속에 있는 것과 마찬가지의 기간이란 뜻입니다.

그 시절 24시간 돌봐주셨던 어머니가 없었다면 우리는 살아남지 못했을 것입니다.

밤낮으로 보살펴주고, 돌봐주신 사랑에 감사하세요.

태어나 생존 능력이 전혀 없는 아기였을 때 우리를 살게 해주신 그분께 감사하세요.

지금 숨을 들이쉬고 내쉴 수 있는 것도 그분의 보살핌 덕분입니다.

천천히 숨을 들이마시고 내쉬면서, 마음속으로 반복하세요.

'엄마, 고맙습니다.' '어머니, 감사합니다.'

감사의 마음을 느끼면서, 마치 어머니 품속에 안긴 듯한 완벽한 보호와 편안함 속에서 평온하게 머뭅니다.

감사하는 마음이 나의 온몸으로 퍼져나갑니다.

나는 감사함 속에서 편안하게 호흡합니다.

6-6 존중 명상

가장 편안한 자세를 잡으세요. 누워도 좋고, 앉아도 좋고, 서서 해도 괜찮습니다. 애쓰려고 하지 말고, 모든 것을 내려놓는다는 마음으로 천천히 호흡에 집중해보세요.

먼저 세 번 정도 크고 깊게 의도적으로 호흡합니다. 천천히 하나, 둘, 셋, 넷까지 들이마시고, 잠시 멈추었다가 길게 내쉽니다.

다시 한번 깊게 들이마시고, 멈춘 후 부드럽게 내쉽니다.

마지막으로 한 번 더 들이마신 후, 천천히 길게 내쉽니다.

이제 자연스러운 호흡으로 돌아갑니다. 억지로 조절하지 말고, 흐르는 대로 맡기세요.

호흡을 따라가며 현재의 내 모습을 떠올려봅니다.

요즘의 나는 어떤 모습인가요?

내 모습이 만족스러운가요, 아니면 불만족스럽나요? 그 느낌을 그대로 알아차려보세요. 바꾸려 하지 말고, 있는 그대로의 감정을 받아들이는 것이 중요합니다.

자신에게 만족하는 사람도 있고, 그렇지 못한 사람도 있습니다. 아주 만족스럽거나, '이 정도면 됐지'라고 생각하거나, 약간 불만족스럽거나, 아니면 아주 많이 불만족스러울 수도 있지요. 나는 어느 쪽인가요?

내가 내 모습을 생각해봅니다.

과거의 내 모습이 아니라, 지금의 내 모습입니다. 현재의 나를 떠올릴 때, 기분이 좋기도 하고 나쁘기도 합니다. 만족스럽기도 하고,

불만스럽기도 합니다. 여기서 분명히 알 수 있는 것은 '나'라는 존재가 하나가 아니라는 사실입니다.

내가 나에 대해 불만족스럽다면, 그때 내 안에는 적어도 두 개의 '나'가 있습니다. 불만족스러운 모습을 지닌 '나'가 있고, 그 나를 바라보며 불만족스럽게 평가하는 또 다른 '나'가 있습니다.

그 두 개의 '나'를 느껴보세요. 그 둘을 알아차려보세요. 내가 나 자신에게 불만족스러울 때, 불만스러움의 대상이 되는 '나'가 있고, 그것을 느끼는 '나'가 있습니다.

내가 만족할 때는 그런 좋은 모습을 지닌 '나'가 있고, 그 모습을 좋다고 평가하는 또 다른 '나'가 있습니다. 그 둘은 완전히 다른 존재입니다. 내 안에는 적어도 두 개의 '나'가 존재합니다.

그 분명한 두 개의 '나'를 느껴보세요. 하나는 진짜이고, 하나는 가짜일까요? 아닙니다. 둘 다 '나'입니다.

차이가 있다면 하나는 끊임없이 변하고, 다른 하나는 잘 변하지 않는다는 것입니다.

불만스럽거나 만족스럽다고 느끼는 내 모습을 바라보는 나, 그 감정을 느끼는 나는 잘 변하지 않는 '나'입니다.

현재 이러저러한 모습을 하고 있는 나, 어떤 행동을 하고 있는 나, 그 모습은 끊임없이 변하는 '나'입니다.

직업이 바뀌고, 경험이 쌓이며, 성공과 실패를 반복하며 변하는 '나'가 있고, 그런 변화를 바라보며 판단하는, 잘 변하지 않는 '나'가 있습니다. 변하는 나도 '나'고, 변하는 나를 바라보며 만족스러워하거나 불만스러워하는 나도 '나'입니다. 그 두 개의 나를 있는 그대로 받아들이고 존중해보세요.

그 두 개의 나를 알아차리는 순간, 우리는 그 둘을 알아차리는 또 다른 조용한 '나'가 배경에 있다는 것을 알게 됩니다. 둘을 알아차리는 제3의 나를 알아차려봅니다.

배경에 있는 이 '나'는 절대 변하지 않습니다. 누구에게나 있는, 변하지 않는 그 '나'를 느껴보세요. 그 존재는 흠도 없고 거의 완벽한 존재입니다. 텅 비어 있기에 어떠한 흠결도 없습니다.

모든 사물에는 결점이나 문제점이 있습니다. 어떠한 사물도 완벽하지 않습니다. 그러나 그 사물이 차지하고 있는 공간은 완벽합니다. 텅 빈 공간에는 어떠한 흠결이나 문제점이 있을 수 없습니다. 모든 공간은 그대로 완벽합니다. 변하지도 않습니다.

내 안에서 나를 알아차리는 존재는 이렇게 텅 비어 있는 공간 같은 존재입니다. 텅 비어 있기에 거기에 감정도, 생각도, 기억도, 경험도 다 존재할 수 있게 됩니다. 텅 빈 공간으로서의 나는 늘 완벽합니다. 변하지도 않습니다.

나는 늘 감정적으로 불안하고 어수선해도 그러한 감정적 변화를 알아차리는 '나'가 존재합니다. 지금 왔다 갔다 하는 변화무쌍한 나에게 실망하는 '나'가 있지 않습니까? 그 '나'가 왜 실망할까요? 기준이 있기 때문입니다. 그러한 기준에 따라 '실망'이라는 스토리텔링을 만들어내는 '나'입니다. 그러한 스토리텔링을 우리는 '경험'이라 부릅니다. 지금 여기서 늘 '경험'을 스토리텔링으로 만들어내는 나는 판단하고, 불만스러워하곤 합니다. 내가 나에 대해 불만족스럽다고 할 때, 그 불만족스러움을 경험하는 '나'가 있는 것입니다.

이제 세 가지 '나'를 분명히 알아차려보세요.

단점이 있고, 부족하고, 결점도 많고, 불안해하고, 감정적으로 흔들리는 나. 기억자아입니다.

그리고 그 '나'를 싫어하고, 불만족스러워하는 경험을 하는 나. 경험자아입니다.

그리고 이 두 '나'를 조용히 알아차리는 텅 빈 공간과도 같은 변하지 않는 나. 배경자아입니다.

이제 잠시 지금 내 모습에 대해 불만스럽고 실망하는 나, 높은 기준을 가진 경험자아에게 집중합니다. 여기서의 나는 높은 기준을 갖고 있기에 현실에서의 지금 내 모습에 실망하는 것입니다.

현재 나 자신에게 실망을 느끼는 사람은 모두 자신의 내면에 상당히 훌륭하고 고귀한 '나'를 품고 있습니다. 고귀한 스토리텔링을 하고 싶어 하는 경험자아는 현실에서의 기억자아에 실망하기 마련이고 그렇기 때문에 괴로움을 느낍니다. 그 둘의 수준 차이가 괴로움을 만들어냅니다.

지금은 늘 불만을 가지는 나에게 잠시 집중하세요.

그 존재는 매우 높은 기준을 가지고 있으며, 스스로에게 엄격한 기준을 들이댑니다. 내가 나를 괴롭히는 원인이 되는 존재이지만, 결코 무시할 수 없는 존재입니다. 그 존재는 스스로 무엇이 잘못되었는지를 알고 있습니다. 그래서 불만을 느끼고 스스로에게 실망하는 것입니다.

이제 그렇게 완벽하고 높은 기준을 가진 나에게 이야기합니다.

그 '나'의 이름을 직접 부르며 말해보세요. 여기서 부르는 이름은 평소에 남들이 부르는 기억자아, 즉 에고로서의 '나'가 아닙니다. 평소에 세상을 살아가며 변하는 '나'에 대해 실망하는 고귀한 '나'를 부르는 것입니다.

천천히 호흡을 가다듬으며 따라 하세요.

'○○○야, 나는 너를 존중한다. 내 안에 있는 너는 고귀하다.'

'너는 무엇이 훌륭한 삶인지 잘 알고 있으며, 그걸 현실에서 실현하지 못해 괴로워하고 있다.'

'나는 그러한 너의 괴로움을 존중한다. 그 괴로움은 너의 고귀한 성품에서 나오는 것이다.'

'나는 너를 존중한다.'

한 번만 하지 말고, 두 번, 세 번 반복하세요.

천천히 호흡하면서, 그리고 깊이 느끼면서 말합니다.

'나는 너를 진심으로 존중한다. 너는 고귀한 존재다. 너의 높은 기준을 존중한다.'

경험자아는 삶의 매 순간에 의미를 부여하고 스토리텔링을 하는 '나'입니다. 그러한 스토리들이 쌓여서 결국 기억자아, 즉 에고를 만들어갑니다.

그러한 경험자아의 기준이 높을수록, 진심으로 고귀하고 성실하고 바르고 열심히 살려는 사람일수록, 그래서 멋지고 아름다운 삶의 이야기를 만들어가려는 사람일수록 자기 자신에게 실망하고 괴로움에 빠질 가능성이 높습니다.

이제 이 경험자아에게 이야기를 하세요.

나를 만들어가는 스토리텔러에게 이야기하세요.

'나는 너를 진심으로 존중한다.'

'너의 높은 기준을 존중한다.'

'너는 고귀하기에 괴로운 것이니 너의 괴로움을 존중한다.'

'○○○야, 나는 너를 존중한다. 내 안에 있는 너는 고귀한 존재다.'

'밤하늘의 별처럼, 끝없이 펼쳐지는 망망대해의 수평선처럼, 만년설이 덮인 거대한 산처럼, 대자연의 신비처럼, 엄청난 경외심을 불러일으키는 너. 나는 너를 진심으로 존중한다. 내 안에 있는 고귀한 너가 계속 나를 위해 멋진 스토리텔링을 해주기를 바란다.'

이제부터는 계속 이름을 부르며 반복합니다.

'○○○야, 나는 너를 존중한다.'

경험자아를 점점 더 선명하게 느껴보세요. 그리고 그 경험자아와 기억자아를 말없이 고요히 바라보고 있는 배경자아도 알아차려보세요.

텅 빈 고요함.

아무것도 없는 우주와도 같은 텅 빈 고요함 속에서 나의 기억자아와 경험자아를 따뜻한 마음으로 알아차립니다.

지금 이대로, 있는 그대로 온전합니다.

평온합니다.

행복합니다.

내면소통 명상 수업

마음근력 향상을 위한 명상 가이드

초판 1쇄 2025년 3월 25일
초판 3쇄 2025년 4월 5일

지은이 김주환

발행인 문태진
본부장 서금선
책임편집 한성수   **편집 1팀** 송현경 이예림

기획편집팀 임은선 임선아 허문선 최지인 이준환 송은하 김광연 이은지 김수현 원지연
마케팅팀 김동준 이재성 박병국 문무현 김윤희 김은지 이지현 조용환 전지혜 천윤정
저작권팀 정선주
디자인팀 김현철 이아름
경영지원팀 노강희 윤현성 정헌준 조샘 이지연 조희연 김기현
강연팀 장진항 조은빛 신유리 김수연 송해인

펴낸곳 ㈜인플루엔셜
출판신고 2012년 5월 18일 제300-2012-1043호
주소 (06619) 서울특별시 서초구 서초대로 398 BnK디지털타워 11층
전화 02)720-1034(기획편집) 02)720-1024(마케팅) 02)720-1042(강연섭외)
팩스 02)720-1043
전자우편 books@influential.co.kr
홈페이지 www.influential.co.kr

ISBN 979-11-6834-275-0 (03400)